"十三五"高等教育教学改革行动计划系列教材 • 经管类专业基础课

Fundamentals of Computer Science

计算机公共基础

主编 • 孔德瑾 乔冰琴

副主编 • 王建虹 孙 波 姚晓玲

電子工業出版社
Publishing House of Electronics Industry
北京 · BEIJING

图书在版编目（CIP）数据

计算机公共基础 / 孔德瑾，乔冰琴主编. —北京：电子工业出版社，2017.9
ISBN 978-7-121-32020-0

Ⅰ. ①计… Ⅱ. ①孔… ②乔… Ⅲ. ①电子计算机－高等学校－教材 Ⅳ. ①TP3

中国版本图书馆 CIP 数据核字(2017)第 140971 号

策划编辑：刘淑丽
责任编辑：李慧君
印　　刷：天津嘉恒印务有限公司
装　　订：天津嘉恒印务有限公司
出版发行：电子工业出版社
　　　　　北京市海淀区万寿路 173 信箱　邮编 100036
开　　本：787×1092　1/16　印张：16.25　字数：402 千字
版　　次：2017 年 9 月第 1 版
印　　次：2019 年 7 月第 2 次印刷
定　　价：39.00 元

凡所购买电子工业出版社图书有缺损问题，请向购买书店调换。若书店售缺，请与本社发行部联系，联系及邮购电话：（010）88254888，88258888。
质量投诉请发邮件至 zlts@phei.com.cn，盗版侵权举报请发邮件至 dbqq@phei. com.cn。
本书咨询联系方式：（010）88254199，sjb@phei.com.cn。

出版前言

本教材采用 Windows 7 操作系统和 Microsoft Office 2010 软件作为实训环境。

Windows 7 是由微软公司开发的操作系统，可供家庭及商业工作环境、笔记本电脑、平板电脑、多媒体中心等使用。Windows 7 延续了 Windows Vista 的 Aero 风格，并且在此基础上增添了一些功能。

Microsoft Office 2010 是微软推出的新一代办公软件，开发代号为 Office 14，实际是第 12 个发行版。由于程序功能的日益增多，微软专门为 Office 2010 开发了新界面，此新界面简洁明快，清晰明了，没有丝毫混淆感。另外，Office 2010 的标识也由原来的四种颜色改为全橙色。

本教材按照项目引导的编写思路进行整体框架设计，围绕众惠电脑官方旗舰店（作者虚构企业）的业务活动和日常管理工作，设计了 6 个项目。在每个项目中，以“学以致用，以用促学”的方针组织各项目内容，体现“用中学，学中用，学用结合”的教学思想。全书为每个项目设计了多个案例，将 Windows 7、Microsoft Office 2010、Internet 应用的技能操作与案例相结合，以案例驱动技能需求。

项目一主要围绕用户如何从众惠电脑官方旗舰店选购一台适合自己的计算机进行设计，包括如何选购台式机、如何选购笔记本电脑、如何使用金山打字通练习打字。

项目二主要围绕众惠电脑官方旗舰店各部门日常使用计算机的情况进行设计，包括如何定制个性化的操作系统、如何在操作系统中管理文件、如何使用操作系统的各种工具软件及如何安装打印机。

项目三主要围绕众惠电脑官方旗舰店综合管理部的日常工作进行设计，包括如何定制员工招聘与录用管理制度、如何定制员工入职登记表、如何定制《办公软件 Word 应用能力测试试卷》、如何批量制作《入职通知书》、如何定制综合管理部工作制度。

项目四主要围绕众惠电脑官方旗舰店的进销存业务进行设计，包括如何制作商品基本信息表、如何管理日常出入库数据、如何管理期末库存、如何分析公司出入库业务。

项目五主要围绕众惠电脑官方旗舰店销售部文秘的工作进行设计，包括如何制作入职培训演示文稿、如何制作年度报告演示文稿、如何制作公司产品宣传册演示文稿。

项目六主要围绕众惠电脑官方旗舰店的国庆促销活动进行设计，包括如何搭建无线网络办公环境、如何使用搜索引擎、如何安装客户交流软件、如何群发国庆活动邀请函、如何网络采购智能定时插座。

本教材的编写组成员由首批国家示范高职院校的长期从事计算机公共基础教学工作的一线教师担任。

为了方便老师教学，本教材提供配套的电子课件、案例素材、习题参考答案等教学资源，请发邮件至 qiaobingqin@sxftc.edu.cn 获取上述资料，或从学售网获取。

本教材由孔德瑾、乔冰琴担任主编，负责全书的项目规划、案例设计、编写体例设计与统稿等工作。王建虹、孙波、姚晓玲担任副主编。教材各部分编写分工如下：项目一由朱壮华编写，项目二由姚晓玲编写，项目三由李琳编写，项目四由乔冰琴编写，项目五由张海玉编写，项目六由张贵军编写。衷心感谢各位老师的辛勤付出。

由于作者水平、经验有限，书中难免存在一些错误和缺点，敬请读者批评指正！

编者

2017 年 3 月

目　　录

项目一　计算机认知 1

任务一　计算机发展史的认知 1

任务二　计算机选购 11

任务三　计算机文字录入 24

项目小结 36

习题与实训 36

项目二　Windows 操作 37

任务一　定制个性化的工作环境 37

任务二　管理文件和文件夹 55

任务三　使用 Windows 7 的常用附件 65

任务四　安装打印机 67

项目小结 68

习题与实训 69

项目三　Word 文档处理 70

任务一　定制员工招聘与录用管理制度 70

任务二　定制员工入职登记表 81

任务三　定制《办公软件 Word 应用能力测试试卷》 92

任务四　制作《入职通知书》 104

任务五　定制综合管理部工作制度 108

项目小结 121

习题与实训 121

项目四　Excel 表格处理 124

任务一　制作商品基本信息表 124

任务二　管理日常出入库数据 137

任务三　管理期末库存 148

任务四　分析公司出入库业务 155

项目小结 172

习题与实训 173

项目五　PowerPoint 演示文稿制作 178

任务一　制作入职培训演示文稿 178

任务二　制作年度报告演示文稿 191
任务三　制作公司产品宣传册演示文稿 204
项目小结 221
习题与实训 221
项目六　Internet 应用 223
任务一　搭建无线网络办公环境 223
任务二　使用搜索引擎 228
任务三　安装客户交流软件 232
任务四　群发国庆活动邀请函 237
任务五　网络采购智能定时插座 244
项目小结 252
习题与实训 252
参考文献 253

项目一　计算机认知

学习目标

随着计算机的普及，越来越多的大学生开始拥有计算机，但是面对种类繁多的计算机品牌和类型，了解并选购一台适合自己使用的计算机是许多刚入学的大学生面临的一大难题。

通过本项目的学习，能够使读者了解计算机的发展历史，熟悉计算机硬件的基本构成及相关参数，根据自己的需要选购合适的计算机，同时能够熟练使用键盘录入文字信息。

工作任务

利用百度搜索引擎查询计算机发展历史、计算机特点、计算机系统组成等内容；通过中关村在线网站（http://www.zol.com.cn）掌握微型计算机硬件的性能参数及选购标准；使用金山打字通 2016 熟练掌握键盘文字信息录入。

项目引例

王明是一名刚入学的计算机应用技术专业学生，为了学习的需要，他决定深入了解计算机的相关知识，然后购买一台能够满足自己学习和娱乐需求的计算机。作为计算机应用技术专业的学生，他决定自己组装一台计算机。通过百度搜索引擎，王明查询了很多关于计算机的信息，对计算机的发展历史、计算机的系统组成及计算机硬件的性能参数有了非常详细的了解。通过网络，王明了解到众惠电脑官方旗舰店是一家以电脑硬件销售和整机组装销售为主要业务的电商公司，公司产品种类丰富，王明决定通过众惠电脑官方旗舰店选购计算机。

任务一　计算机发展史的认知

【任务引例】

王明听说计算机有很多种类，每种计算机的用途有很大的不同。因此，他利用业余时间，通过百度搜索引擎查询了很多关于计算发展的相关信息，对计算机的发展历史及系统组成有了详细的了解。

【相关知识】

计算机产生的动力是人们想发明一种进行科学计算的机器，从它一诞生，就立即成为先进生产力的代表，引发自工业革命后的又一场新的科学技术革命。

众所周知的第一台计算机由美国军方定制，专门为了计算弹道和射击特性而研制。承担开发任务的“莫尔小组”由四位科学家和工程师埃克特、莫克利、戈尔斯坦、博克斯组成。1946 年 2 月 14 日，标志着现代计算机诞生的第一台计算机 ENIAC（The Electronic Numerical Integrator And Computer）在费城宾夕法尼亚大学公之于世。ENIAC 是计算机发展史上的里程碑，它通过在不同部分之间重新接线进行编程，还拥有并行计算能力。

ENIAC 长 50 英尺，宽 30 英尺，使用了 1 500 个继电器，18 800 个电子管，占地 170 平方米，重 30 吨，耗电 150kW，造价 48 万美元。ENIAC 每秒能完成 5 000 次加法运算，400 次乘法运算，比当时最快的计算工具快 300 倍，是继电器计算机的 1 000 倍，手工计算的 20 万倍。以今天的标准看，它是那样的“笨拙”和“低级”，其功能远不如一个掌上可编程计算器，但它使科学家们从复杂的计算中解脱出来，它的诞生标志着人类进入一个崭新的信息革命时代。

【业务操作】

步骤 1：了解计算机发展史。

计算机发展到今天，可以简单地归纳为五个发展阶段。

（1）第一代电子管计算机（1946—1957）

这一阶段计算机的主要特征是采用电子管元件作基本器件，用光屏管或汞延时电路作为存储器，输入与输出主要采用穿孔卡片或纸带，体积大、耗电量大、速度慢、存储容量小、可靠性差、维护困难且价格昂贵。在软件上，通常使用机器语言或者汇编语言来编写应用程序，因此这一代的计算机主要用于科学计算。第一代电子计算机是计算工具革命性发展的开始，它所采用的二进位制与程序存储等基本技术思想，奠定了现代电子计算机的技术基础。第一代电子管计算机外观如图 1-1 所示。

图 1-1　电子管计算机（ENIAC）

这一时期的典型机器：国外的有 ENIAC、UNIVAC，国内的有 103、104 等。

拓展阅读

20 世纪 40 年代中期，美籍匈牙利科学家冯·诺依曼（1903—1957）加入了宾夕法尼亚大学的小组，他提出程序存储的思想，并成功将其运用在计算机的设计中。根据这一原理制造的计算机被称为冯·诺依曼结构计算机，世界上第一台冯·诺依曼结构计算机是 1949 年研制的电子离散可变自动计算机 EDVAC（Electronic Discrete Variable Automatic Computer），将程序和数据以相同的格式一起储存于存储器中。这使得计算机可以在任意点暂停或继续工作，机器结构的关键部分是中央处理器，它使计算机的所有功能通过单一的资源统一起来。由于对现代计算机技术的突出贡献，冯·诺依曼被尊称为“现代计算机之父”。

（2）第二代晶体管计算机（1957—1964）

在 20 世纪 50 年代以前，第一代计算机都采用电子管元件。电子管元件在运行时产生的热量太多，可靠性较差，运算速度不快，价格昂贵，体积庞大，这些都使计算机发展受到限制，而晶体管的发明大大促进了计算机的发展。

1956 年，晶体管代替了体积庞大的电子管，使电子设备体积不断减小。在整体性能上，第二代计算机体积小、速度快、重量轻、寿命长、效率高、发热少、功耗低、性能更稳定。首先使用晶体管技术的是早期的超级计算机，主要用于原子科学的大量数据处理，这些机器价格昂贵，生产数量极少。晶体管计算机外观如图 1-2 所示。

图 1-2　晶体管计算机

这一时期的典型机器：国外的有 IBM7090 等，国内的有 441B 等。

拓展阅读

1948 年 7 月 1 日，美国《纽约时报》曾用 8 个句子的篇幅，简短地公布了贝尔实验室发明晶体管的消息。它就像 8 颗重磅炸弹，在电脑领域引发一场晶体管革命，电子计算机从此大步跨进第二代的门槛。晶体管的发明，为半导体和微电子产业的发展指明了方向。采用晶体管代替电子管成为第二代计算机的标志。除了科学计算，计算机也开始应用于企业商务。

1960年，出现了一批成功应用在商业领域、大学和政府部门的第二代计算机，还有现代计算机的一些部件，如打印机、磁带、磁盘、内存、操作系统等。计算机中存储的程序使得计算机有很好的适应性，可以更有效地用于商业用途。在这一时期出现了更高级的COBOL（Common Business-Oriented Language）和FORTRAN（Formula Translator）等语言，以单词、语句和数学公式代替了二进制机器码，使计算机编程更容易。新的职业如程序员、分析员、计算机系统专家及整个软件产业由此诞生。

（3）第三代中小规模集成电路计算机（1964—1971）

虽然晶体管比起电子管是一个明显的进步，但晶体管还是会产生大量的热量，这会损害计算机内部的敏感部分。20世纪60年代中期，随着半导体工艺的发展，人们成功制造了集成电路。中小规模集成电路成为计算机的主要部件，主存储器也渐渐过渡到半导体存储器，使计算机的体积更小，大大降低了计算机计算时的功耗。由于减少了焊点和接插件，进一步提高了计算机的可靠性。中小规模集成电路计算机如图1-3所示。

图1-3 中小规模集成电路计算机

在软件方面，有了标准化的程序设计语言和人机会话式的Basic语言，使得计算机在中心程序的控制协调下可以同时运行许多不同的程序，其应用领域也进一步扩大。

这一时期的典型机器：国外的有IBM360等，国内的有709等。

（4）第四代大规模和超大规模集成电路计算机（1971—2015）

随着大规模集成电路的成功制作并应用于计算机硬件生产过程，计算机的体积进一步缩小，性能进一步提高。超大规模集成电路（VLSI）在芯片上容纳了几十万个元件，后来的ULSI将数字扩充到百万级。可以在硬币大小的芯片上容纳如此数量的元件，使得计算机的体积和价格不断下降，而功能和可靠性不断增强。

基于“半导体”的发展，1972年，第一部真正的个人计算机诞生了。其所使用的微处理器内包含了2 300个“晶体管”，可以一秒内执行60 000个指令，体积也缩小很多。而世界各国随着“半导体”及“晶体管”的发展，开拓了计算机史上新的一页。微型计算机在社会上的应用范围进一步扩大，几乎所有领域都能看到计算机的“身影”。超大规模集成电路计算机如图1-4所示。

图 1-4 超大规模集成电路计算机

这一时期典型机器：国外的有 IBM370 等，国内的有银河等。

拓展阅读

微型计算机的发展大致经历了四个阶段：

第一阶段是 1971—1973 年，微处理器有 4004、4040、8008。1971 年 Intel 公司研制出 MCS4 微型计算机（CPU 为 4040，4 位机）。

第二阶段是 1974—1977 年，微型计算机的发展和改进阶段。微处理器有 8080、8085、M6800、Z80。

第三阶段是 1978—1983 年，16 位微型计算机的发展阶段，微处理器有 8086、8088、80186、80286、M68000、Z8000。微型计算机代表产品是 IBM-PC（CPU 为 8086）。本阶段的顶峰产品是 APPLE 公司的 Macintosh（1984）和 IBM 公司的 PC / AT286（1986）微型计算机。

第四阶段是从 1983 年开始的 32 位微型计算机的发展阶段。微处理器相继推出 80386、80486。1993 年，Intel 公司推出了 Pentium 或称 P5（中文译名为“奔腾”）的微处理器，它具有 64 位的内部数据通道。

由此可见，微型计算机的性能主要取决于它的核心器件——微处理器（CPU）的性能。

（5）第五代人工智能计算机

第五代计算机是人类追求的一种更接近人的人工智能计算机。它能理解人的语言、文字和图形。人们无须编写程序，靠讲话就能对计算机下达命令，驱使它工作。新一代计算机是把信息采集存储处理、通信和人工智能结合在一起的智能计算机系统。它不仅能进行一般信息处理，而且能面向知识处理，具有形式化推理、联想、学习和解释的能力，将会帮助人类开拓未知的领域和获得新的知识。

IBM 发表声明称，该公司已经研制出一款能够模拟人脑神经元、突触功能以及其他脑功能的微芯片，从而完成计算功能，这是模拟人脑芯片领域所取得的又一大进展。IBM 表示，这款微芯片擅长完成模式识别和物体分类等烦琐任务，而且功耗还远低于传统硬件。

有一点可以肯定，在现在的智能社会中，计算机、网络、通信技术会三位一体化。未来的计算机将把人类从重复、枯燥的信息处理中解脱出来，从而改变人类的工作、生活和学习方式，给人类社会拓展了更大的生存和发展空间。人工智能计算机如图 1-5 所示。

图 1-5　人工智能计算机

拓展阅读

AlphaGo 是谷歌旗下 DeepMind 公司开发的一款围棋人工智能程序。2015 年 10 月谷歌阿尔法围棋以 5∶0 完胜欧洲围棋冠军、职业二段选手樊麾。2016 年 3 月，谷歌围棋人工智能 AlphaGo 与韩国棋手李世石进行最后一轮较量，AlphaGo 获得比赛胜利，最终人机大战总比分定格在 1∶4。据谷歌发表在《自然》上的论文，AlphaGo 装有 48 个 CPU 和 8 个 GPU，而且在云计算平台上运行，接入一个 1 202 个 CPU 组成的网络上，计算能力达到每秒 275 万亿次浮点运算左右。

步骤 2：了解计算机的特点。

（1）运算速度快

计算机的运算速度指的是单位时间内所能执行指令的条数，一般以每秒能执行多少条指令来描述。早期的计算机由于技术的原因，工作频率较低；当今计算机系统的运算速度已达到每秒百万亿次，微机也可达每秒几十亿次以上，使大量复杂的科学计算问题得以解决。例如，卫星轨道的计算、大型水坝的计算、24 小时天气预报的计算需要花费人力几年甚至几十年，而现在用计算机只需几分钟就可完成；一个航天遥感活动数据的计算，如果用 1 000 个工程师手工计算需要 1 000 年，而用大型计算机计算则只需 1~2 分钟。

（2）计算精确度高

科学技术的发展特别是尖端科学技术的发展，需要高度精确的计算。计算机控制的导弹之所以能准确地击中预定的目标，是与计算机的精确计算分不开的。计算机可以有十几位甚至几十位（二进制）有效数字，计算精度可由千分之几到百万分之几，是任何计算工具所望尘莫及的。

（3）逻辑运算能力强

计算机不仅能进行精确计算，还具有逻辑运算功能。这使得计算机不仅能对数值数据进行计算，也能对非数值数据进行处理，对信息进行比较和判断，并能根据判断的结果自动执行下一条指令。高级计算机还具有推理、诊断、联想等模拟人类的思维能力，因而计算机又俗称为电脑。

（4）存储容量大

计算机拥有许多存储记忆载体，它们具有记忆特性，可以存储大量的信息，可以将运行的数据、指令程序和运算的结果存储起来，供计算机本身或用户使用，还可即时输出。如果说一个大型图书馆使用人工查阅犹如大海捞针，现在普遍采用计算机管理，所有的图书目录及索引都存储在计算机中，而计算机又具备自动查询功能，若需要查找一本图书只需要几秒钟。

（5）自动化程度高

计算机内具有运算单元、控制单元、存储单元和输入输出单元，人们可以将预先编好的程序纳入计算机内存，在程序控制下，计算机可以连续、自动地工作，不需要人的干预。例如生产车间的流水线管理及各种自动化生产设备，均是因为植入了计算机控制系统。目前，计算机已广泛应用于工农业生产、国防、文教、科研及日常生活等诸多领域。

步骤 3：了解计算机系统的组成。

计算机系统由两大部分组成：硬件系统和软件系统。其中，硬件系统是借助电、磁、光、机械等原理构成的各种物理部件的有机组合，是系统赖以工作的实体，包含主机和外部设备；软件系统是各种程序和文件，用于指挥全系统按指定的要求进行工作，包含系统软件和应用软件。人们使用计算机实际上就是通过操作软件来驱动硬件工作。计算机系统组成如图 1-6 所示。

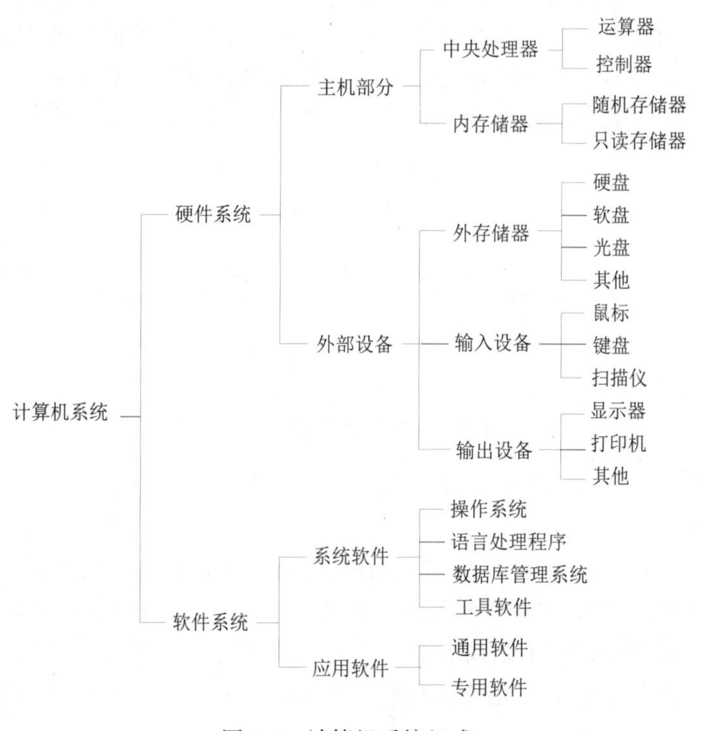

图 1-6　计算机系统组成

拓展阅读

1945 年 6 月，冯·诺依曼提出了在数字计算机内部的存储器中存放程序的概念（Stored Program Concept），这是所有现代电子计算机的模板，被称为“冯·诺依曼结构”，按这一结构建造的计算机称为存储程序计算机（Stored Program Computer），又称为通用计算机。

冯·诺依曼理论的要点是：程序以二进制代码的形式存放在存储器中；所有的指令都由操作码和地址码组成；指令按照执行的顺序存储；以运算器和控制器作为计算机结构的中心等。

按照冯·诺依曼体系结构构成的计算机，必须具有如下功能：把需要的程序和数据送至计算机中；必须具有长期记忆程序、数据、中间结果及最终运算结果的能力；能够完成各种算术、逻辑运算和数据传送等数据加工处理的能力；能够根据需要控制程序走向，并能根据指令控制机器的各部件协调操作；能够按照要求将处理结果输出给用户。

为了完成上述的功能，计算机必须具备五大基本组成部件：输入数据和程序的输入设备；记忆程序和数据的存储器；完成数据加工处理的运算器；控制程序执行的控制器；输出处理结果的输出设备。

步骤 4：了解计算机的硬件系统。

计算机的硬件系统是指组成计算机的各种物理设备，也就是能看得见、摸得着的实际物理设备。它包括计算机的主机和外部设备，具体由运算器、控制器、存储器、输入设备和输出设备五大功能部件构成。这五大部分相互配合，协同工作。

计算机的工作原理是，首先由输入设备接受外界信息（程序和数据），控制器发出指令将数据送入（内）存储器，然后再向存储器发出取指令命令；在取指令命令下，程序指令逐条送入控制器。控制器对指令进行译码，并根据指令的操作要求，向存储器和运算器发出存数、取数命令和运算命令，经过运算器计算并把计算结果存在存储器内；最后在控制器发出的取数和输出命令的作用下，通过输出设备输出计算结果。计算机硬件系统工作原理如图 1-7 所示。

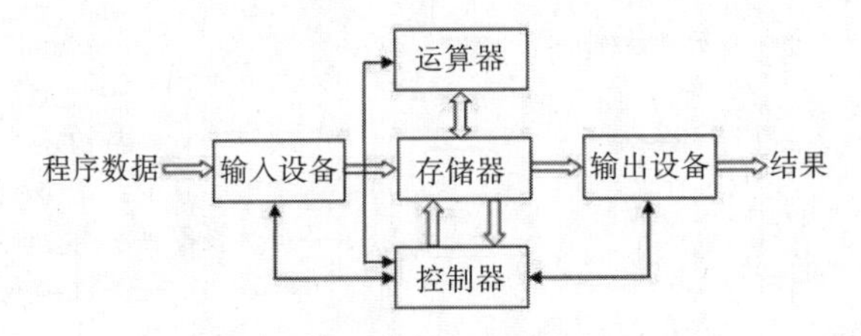

图 1-7　计算机硬件系统工作原理

下面分别介绍这五大部件的基本功能。

（1）运算器

运算器又称为算术逻辑单元 ALU（Arithmetic Logic Unit），是实现各种算术运算和逻辑运算的实际执行部件。算术运算是指各种数值运算；逻辑运算则是指因果关系判断的非数值运算。运算器的核心部件是加法器和高速寄存器，前者用于实施运算，能进行加、减、乘、除等数学运算，也能作比较、判断、查找、逻辑运算等，后者用于存放参加运算的各类数据和运算结果。

（2）控制器

控制器是计算机的指挥中心，是分析和执行指令的部件，负责决定执行程序的顺序，给出执行指令时机器各部件需要的操作控制命令。其工作过程和人的大脑指挥和控制人的各器官一样。计算机之所以能自动、连续地工作就是依靠控制器的统一指挥。控制器通常由一套复杂的电子电路组成，现在普遍采用超大规模的集成电路。

控制器与运算器都集成在一块超大规模的芯片中，形成整个计算机系统的核心，这就是常说的中央处理器 CPU（Central Processing Unit）。中央处理器是计算机硬件的核心，是计算机的心脏。微型计算机的中央处理器又称为微处理器。

（3）存储器

存储器分为内存储器和外存储器。

内存储器又称为“主存储器”。内存储器是计算机的记忆部件，用于存放正在运行的程序及数据。内存储器通常由许许多多的记忆单元组成，各种数据存放在这一个个存储单元中，当需要存入或取出时，可通过该数据所在单元的地址对该数据进行访问。内存储器按其存储信息的方式可以分为只读存储器 ROM（Read Only Memory）、随机存储器 RAM（Random Access Memory）和高速缓冲存储器 Cache 三种。

外存储器又称为“辅助存储器”，它的种类很多。外存储器通常是磁性介质或光盘，像硬盘、U 盘、磁带、CD 等，能长期保存信息，并且不依赖于电来保存信息，其读写速度与 CPU 运算速度相比就显得慢很多。

（4）输入设备

输入设备是指计算机用来接收外界信息的设备，人们利用它送入程序、数据和各种信息。输入设备一般由两部分组成：输入接口电路和输入装置。输入接口电路是输入设备中将输入装置与主机相连的部件，如键盘接口和鼠标接口，通常集成于计算机主板上。也就是说，输入装置一般必须通过输入接口电路挂接在计算机上才能使用。

常见的输入设备有键盘、鼠标、扫描仪等。

（5）输出设备

输出设备的功能与上面介绍的输入设备相反，它是将计算机处理后的信息或中间结果以某种人们可以识别的形式表示出来。输出设备与输入设备一样，也包括两个部分，即输出接口电路和输出装置。输出接口电路用来连接计算机系统与外部输出设备，如显卡用来连接显示器，声卡用来连接主机与音箱，打印机接口用来连接打印机与主机系统。

常见的输出设备有显示器、音箱、打印机等。

步骤 5：了解计算机的软件系统。

软件系统是指为运行、管理和维护计算机系统所编制的各种程序的总和，可分为系统软件和应用软件。软件系统的组成如图 1-8 所示。

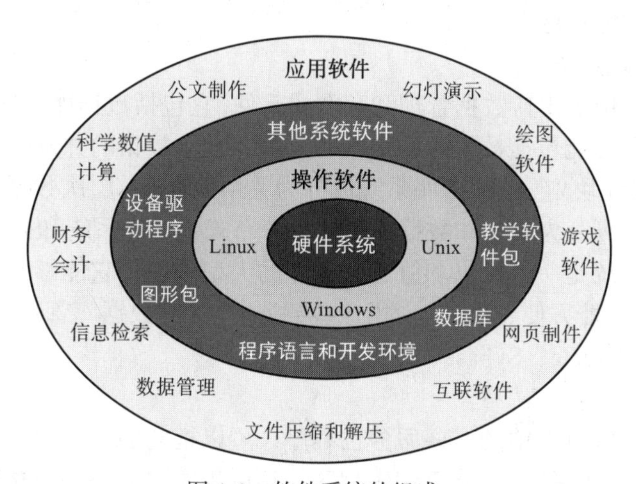

图 1-8 软件系统的组成

（1）系统软件

系统软件是指管理、监控和维护计算机资源（包括硬件和软件）的软件。系统软件由操作系统、语言处理程序、数据库管理系统及工具软件等组成。

① 操作系统

操作系统是指管理软硬件资源、控制程序执行，改善人机界面，合理组织计算机工作流程和为用户使用计算机提供良好运行环境的一种系统软件。操作系统位于硬件层之上，所有软件层之下的一个必不可少的、最基本最重要的一种系统软件。它对计算机系统的全部软、硬件和数据资源进行统一控制、调度和管理，是计算机裸机与应用程序及用户之间的桥梁。没有它，用户也就无法使用某种软件或程序。

从用户角度看，操作系统可以看成对计算机硬件的扩充；从人机交互方式看，操作系统是用户与机器的接口；从计算机的系统结构看，操作系统是一种层次、模块结构的程序集合，属于有序分层法，是无序模块的有序层次调用。它在计算机系统中的作用，大致有两个方面：对内，操作系统管理计算机系统的各种资源，扩充硬件的功能；对外，操作系统提供良好的人机界面，方便用户使用计算机。它在整个计算机系统中具有承上启下的地位。

常用的系统有 DOS、Windows、UNIX、Linux 和 Netware 等操作系统。

② 语言处理程序

语言处理程序是指各种软件语言的处理程序，如编译程序等。它把用户用软件语言书写的各种源程序转换为可被计算机识别和运行的目标程序，从而获得预期结果。语言处理程序如汇编语言汇编器、C 语言编译、连接器等。

机器语言是指用二进制代码编写，能够直接被机器识别的程序设计语言。它的优点是不需要翻译就能够被计算机识别，执行速度快。它的缺点是不易书写和阅读，直观性差（全是 0 和 1 的数字），在使用时难记、易出错，且针对具体机型，局限性大。

由于计算机只能识别和执行机器语言，因此对于汇编语言或高级语言编写的程序，计算机不能立即执行，需要经过语言处理程序翻译成计算机能够直接识别和执行的机器指令代码。把汇编语言编写的源程序翻译成机器代码的过程，称为汇编，完成此项工作的软件称为汇编程序。将高级语言编写的程序（“源程序”）翻译成机器语言程序（“目的程序”），计算机才能执行。

③ 数据库管理系统

数据库系统是用于支持数据管理和存取的软件，它包括数据库、数据库管理系统等。数据库系统的主要功能包括数据库的定义和操纵、共享数据的并发控制、数据安全和保密等。按数据定义模块划分，数据库系统可分为关系数据库、层次数据库和网状数据库。按控制方式划分，可分为集中式数据库系统、分布式数据库系统和并行数据库系统。

数据库管理系统是一种操纵和管理数据库的大型软件，它能够有组织地、动态地存储大量数据，使人们能方便、高效地使用这些数据。常见的数据库管理系统有 SQL Server、FoxPro、Access、Oracle、Sybase、DB2 和 Informix 等。

④ 工具软件

工具软件是系统软件中的一些服务性程序，可以把它们称为“软件研制开发工具”、“支持软件”、“软件工具”，主要有编辑程序、调试程序、装备和连接程序、调试程序及存储器格式化、文件系统管理、用户身份验证、驱动管理、网络连接等方面的工具，是为了便于用户对计算机的使用和维护而编制的程序。

（2）应用软件

应用软件和系统软件相对应，是用于解决客户各种实际问题的程序，是为了解决用户的各种实际问题而编制或购买的软件的统称。具体来说，应用软件是由各软件开发公司及用户利用系统软件和程序设计语言编制的应用程序。它可以拓宽计算机系统的应用领域，放大硬件的功能。

按照软件开发过程的技术经济特点，软件提供商将软件分为通用软件和专用软件两种。

① 通用软件

通用软件属于应用软件，它为许多商业、科学和个人应用的程序提供工作框架 ，它既可以在计算机上使用，也可以在平板电脑和手机上使用。主要包括字处理软件、报表处理软件、地理信息软件、网络软件、游戏软件、企业管理软件、多媒体应用软件、辅助设计与辅助制造（CAD/CAM）软件、信息安全软件、其他通用软件。

按目标群体应用分类，通用软件亦可分为个人消费类、商业应用类通用软件。

② 专用软件

专用软件按照单个客户的个性化要求，以软件项目的方式为其提交个性化的解决方案。例如给某单位开发一套该单位专用的系统，一般用户对于软件要完成哪些功能已经有了一个比较清楚的轮廓，而且往往在开发合同中已经大致规定了。换句话说，专用软件是为某个特定企业“量体裁衣”制作的软件。

任务二 计算机选购

【任务引例】

通过在互联网上查询信息，王明已经对计算机的发展有了非常详细的了解，他得知自己准备购买的计算机称为微型计算机，也叫做个人计算机 PC（Personal Computer）。同时，他在中关村在线平台学习了计算机硬件的性能参数及选购标准，为购买自己中意的计算机做准备。

【相关知识】

无论是购买品牌计算机还是组装计算机，都必须先拟定采购方案。采购方案包括确定计算机的硬件配置和软件配置两项重要内容。目前，微型计算机内安装的系统软件和应用软件都大致相同，因此购买计算机的主要任务是确定计算机的硬件采购方案。在选购计算机时，需要遵循如下原则。

（1）实用性原则

按用途决定所购买计算机的硬件配置，是选购计算机硬件最基本的原则。在购买计算机前一定要明确自己的用途，也就是说，用户究竟让计算机做什么工作、具备什么样的功能。明确了这一点，才能有针对性地选择不同档次的计算机。普通的需求可选购硬件性能一般的计算机，较高的需求就必须选购硬件性能较高的计算机。如果选购的计算机性能能够满足实际需求，并有一定的前瞻性，就满足了实用性原则。

（2）高性价比原则

选购计算机硬件不能盲目攀高，而应追求较高的性能价格比。具体来说，就是在满足使用的同时精打细算，不要花大价钱去选那些配置高档、功能强大的硬件。同性能的硬件价格实际存在着很大差异，如国外品牌比国内品牌往往高很多，新产品比主流产品价格高。有些产品价格高是因为附加功能多，但实际用不上。因此实现较高的实用性能和较低的采购价格是配置计算机硬件的另一项重要原则。

（3）可靠性原则

可靠性包括两个方面的内容：一是性能稳定，故障率低；二是兼容性好，不存在硬件和软件冲突问题。实用和高性价比只有在可靠和稳定的基础上才有意义。因此，选购硬件应该优先考虑信誉度高的品牌产品或老牌厂家的产品，并在选购中注意考察产品的做工、标牌、序列号及售后服务，防止假冒、伪劣产品。

【业务操作】

步骤 1：认识计算机硬件。

微型计算机硬件主要包含 CPU、主板、内存、硬盘、显卡、声卡、网卡、光驱、鼠标、键盘、显示器、电源以及机箱等。微型计算机硬件组成如图 1-9 所示。

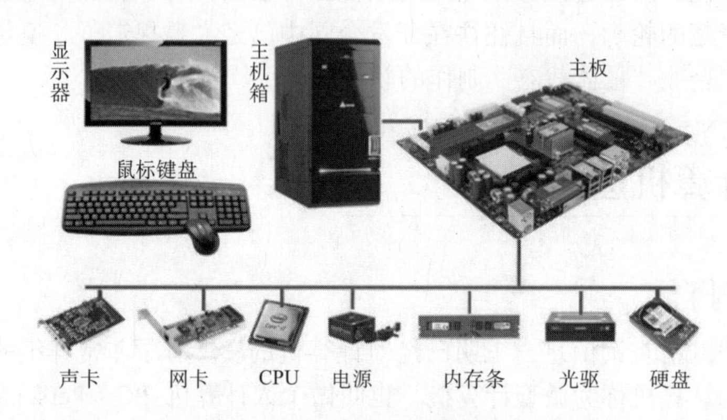

图 1-9 微型计算机硬件组成

步骤 2：了解如何选购 CPU。

CPU 的性能是衡量一台计算机档次的重要评判标准。CPU 外观如图 1-10 所示。CPU 的性能参数主要包括主频、外频、前端总线频率、缓存、指令集、工作电压、制作工艺、CPU 接口类型等。

图 1-10 CPU

在选购 CPU 的时候要注意以下几点原则：

- 不可盲目地追求频率，要看架构，要根据自己的需求选购。
- 选购 AMD 处理器时，勿盲目追求大容量二级缓存。
- 了解盒装 CPU 和散装 CPU 的区别。
- 选购时要考虑性价比。

温馨提示

目前市面上已很难看到单核处理器，双核、四核、六核已经成了主流 CPU。所谓双核，就是基于单个半导体的一个处理器上拥有两个一样功能的处理器核心。换句话说，就是将两个处理器的核心整合到一个处理器上。四核及六核 CPU 也是类似的道理。

步骤 3：了解如何选购主板。

主板，又称为主机板、系统板或母板；它安装在机箱内，是计算机主机中最重要的一块电路板，用于连接其他硬件设备。如 CPU、内存、显卡、网卡、硬盘等部件都通过相应的插槽安装在主板上。显示器、鼠标、键盘等设备也通过相应的接口连接在主板上。计算机的所有部件都通过主板连接在一起，形成一台完整的计算机。

主板通常由 CPU 插座、芯片组、BIOS 芯片、CMOS 电池、前面板接口插针、电源插座、内存条插槽、PCI 扩展槽、IDE 接口、SATA 接口、串行口、并行口、PS/2 接口、USB 接口等组成。了解主板的结构和功能，对于组装与维护计算机是非常重要的。主板结构如图 1-11 所示。

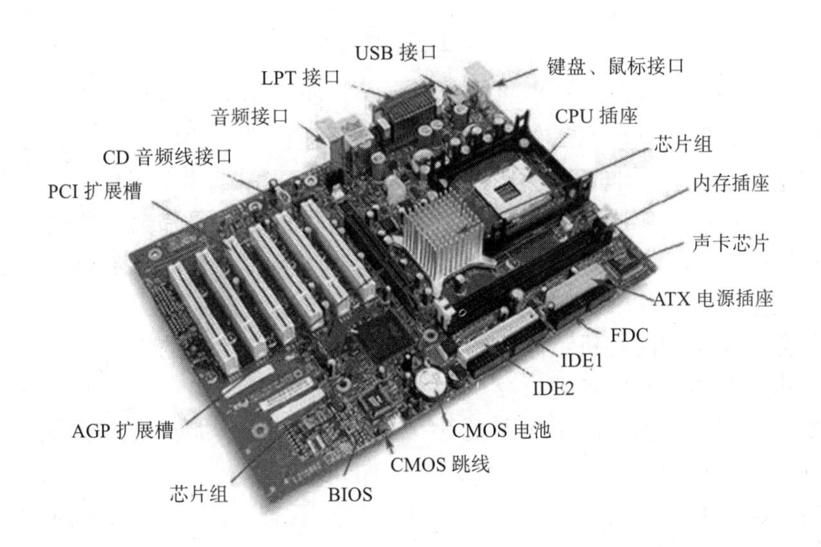

图 1-11　主板结构

目前使用的 ATX 主板的后面有一系列外设接口，包括键盘接口（PS/2）、鼠标接口（PS/2）、串行口、并行口、USB 接口、网线接口及音频接口等，外置 I/O 接口外观如图 1-12 所示。

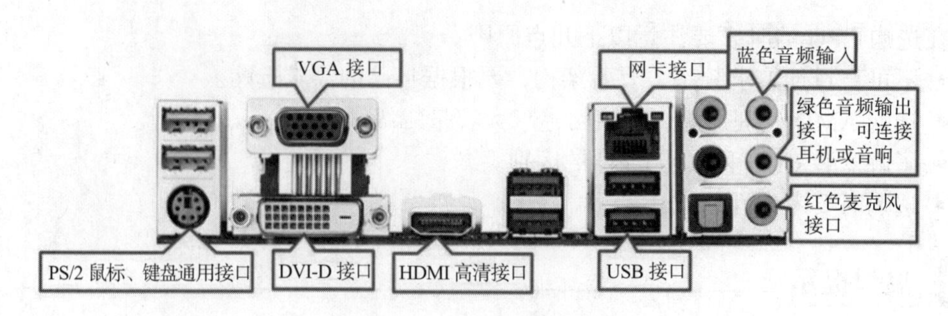

图 1-12　外置 I/O 接口

首先，在选购主板之前应该明确三点：芯片组性能、售后保障、主板的兼容性。

其次，在选购主板时要从三方面检查主板的质量及工艺水平。先看主板的做工，主要看焊点是否工整简洁、走线是否清晰。再看主板所用元器件，观察主板所用元器件是否质量优良，包括主板上的各色电解电容和贴片元件及插槽接口等。一般来说，同样尺寸大小的主板，分量越重，所用元器件质量越好。最后看主板的设计结构和总体布局，主要是观察主板的结构布局是否合理，是否有利于散热，安装各种插卡配件是否方便。

步骤 4：了解如何选购内存。

内存是计算机中临时存放数据的设备，它与 CPU 直接交换数据，因此内存的大小和性能的高低，直接关系到计算机性能的高低。内存外观如图 1-13 所示。

图 1-13　内存

内存是电脑中的主要部件。平时使用的程序，如 Windows 系统、Office 办公软件、游戏等，一般都是安装在硬盘等外存上的。如果想运行某个软件，计算机必须把这个软件从硬盘调入内存中。平时输入一段文字，或者玩一个游戏，其实都是在内存中进行的。

从外观上看，内存实质就是一组或多组具备数据输入输出和数据存储功能的集成电路，其作用是用于暂时存放 CPU 中的运算数据，并与硬盘等外部存储器交换数据。一旦关闭电源或发生断电，其中的程序和数据就会丢失。

根据内存条所应用的主机不同，内存产品也各自具有不同的特点。主要分为台式机内存、笔记本电脑内存和服务器内存。经过长时间的发展，内存也因为新旧交替而产生了很多类型。不同类型内存的工作方式不一样，因此它们不能互换甚至协同工作。目前市面上常见的内存有 DDR、DDR2、DDR3 和 DDR4。

内存的性能参数主要包括存储容量、工作频率、存取时间、内存数据带宽、针脚数、工作电压等。

由于内存条的容量和稳定性直接关系到计算机整体性能的发挥和稳定性，所以在选购时要注意以下选购要点：

① 购买时要注意内存的性能参数。要了解内存的速度，内存存取时间越小速度越快；要尽量选择单条大容量的内存，方便今后升级；要根据 CPU 的前端总线频率选择内存数

据带宽，内存数据带宽要与 CPU 前端总线频率一致。

② 购买时要明确其内存类型。目前市场上内存的类型主要有 DDR3 和 DDR4，在购买 DDR4 时，要看所选择的主板是否支持 DDR4 内存。

③ 注意 Remark 内存。有些“作坊”把低档内存芯片上的标识打磨掉，重新再写上一个新标识，从而把低档产品当作高档产品卖给用户，这种情况叫 Remark。由于要打磨或腐蚀芯片的表面，一般都会在芯片的外观上表现出来。

④ 仔细察看印刷电路板做工。印刷电路板的做工要求线路板板面要光洁，色泽均匀；元件焊接要求整齐划一，绝对不允许错位；焊点要均匀有光泽；金手指要光亮，不能有发白或发黑的现象；板上应该印有厂商的标识。

步骤 5：了解如何选购硬盘。

硬盘是计算机重要的外部存储设备，是计算机不可或缺的硬件之一，硬盘是计算机系统的数据存储中心。用户使用的操作系统以及各种应用程序、游戏和多媒体软件都存放在硬盘里。无论 CPU 和内存的速度有多快，但是如果硬盘的速度不够快，势必会成为制约整机速度的瓶颈。因此，拥有一块高品质、大容量、高转速的硬盘是一台计算机不可或缺的要素。

目前的硬盘产品，按内部的盘片尺寸可分为 3.5 英寸、2.5 英寸和 1.8 英寸，后两种常用于笔记本电脑及部分袖珍精密仪器中。在台式机中使用最为广泛的是 3.5 英寸的硬盘。按是否固定在计算机内部，硬盘可分为内置式与外置式（可移动硬盘）。按硬盘与计算机之间的数据接口，可分为 IDE 接口、SATA 接口、SCSI 接口三大类型硬盘。

硬盘的内部结构通常专指盘体的内部结构。盘体是一个密封的腔体，里面密封着磁头、盘片（磁片、碟片）等部件，包括有浮动磁头组件、磁头驱动机构、盘片、主轴驱动装置及前置读写控制电路等部分，硬盘外观如图 1-14 所示。

图 1-14 硬盘

硬盘的性能参数主要包括硬盘容量、转速、缓存容量、平均寻道时间、平均访问时间、数据传输速率、硬盘接口类型等。

目前，硬盘的主要品牌有：希捷 Seagate、西部数据 Western Digital、三星 Samsung、日立 Hitachi 等。SATA 硬盘处在一个发展的重要阶段，基本上已经取代了 IDE 硬盘。选购硬盘时，一般从硬盘的性能指标、价格因素等方面考虑。

① 容量。当选购一块硬盘时，首先考虑的就是容量。对任何一个用户来说，当然希望自己硬盘的容量越大越好。目前，主流硬盘的容量都在 500GB 以上。当然，硬盘的选

购同其他的硬件一样，如果没有充足的经济支持，就不应盲目追求大容量。

② 速度。硬盘的速度是购买硬盘时必须考虑到的问题。影响速度的因素较多，主轴转速、单碟容量、缓存大小等都是至关重要的。相同容量的硬盘，上述参数不同，在性能上会有较大的差异。选购时，在相同容量、转速的情况下，应尽可能选用单碟容量大、缓存大的硬盘。

③ 接口技术。目前，硬盘的接口方面选择余地不大。SCSI 价格相对昂贵，不适合普通用户的选用；市场上基本都是 SATA 接口的硬盘。

④ 价格因素。硬盘市场的竞争非常激烈，价格战更是此起彼伏。希捷作为硬盘制造业的超级巨人，拥有业界先进的硬盘制造技术，硬盘的出货量大，价格也适中；西部数据一直被认为是低价的代名词，市场上很难找到其他像它这样价格便宜但质量又较有保证的硬盘。

步骤 6：了解如何选购光驱。

光存储产品一直在 IT 行业和用户中占有十分重要的地位，它的高存储容量、数据持久性、安全性一直深受广大用户的青睐。光存储设备包括光驱和光盘两部分。光盘和光盘驱动器（简称光驱）需要配套使用，在使用光存储设备时，二者缺一不可，光驱是读取或写入数据的工具，而光盘则用于存储数据。光驱的全名是“光盘驱动器”，用于读取光盘上的数据，或者将电脑中的数据刻录到光盘上进行存储。光驱也是电脑标准配置之一。目前市场上以 DVD 刻录机为主，CD 光驱已经被淘汰了。光驱外观如图 1-15 所示。

图 1-15 光驱

按照功能的不同，光驱大致可以分为：CD 光驱、DVD 光驱、DVD 刻录机三种。按照接口类型不同，可以分为 SCSI 接口光驱、IDE 接口光驱、USB 接口光驱和 SATA 接口光驱四种。

光驱的性能参数主要包括：缓存容量、数据传输率、读盘能力等。

在选购光驱的时候，要从以下几个方面考虑：

① 选择前要明确自己的需求。在购买前要先明确自己的需求，有的放矢，这样才不会造成浪费。如 SCSI 接口的光驱价格偏高，还需要购买额外的 SCSI 卡，不建议普通用户购买；IDE 接口的光驱，安装简单，价格便宜，适合普通用户使用。

② 选择同等价格倍速高的产品。倍速是指 DVD 光驱在读写过程中传输数据的速度。在关注最大刻录速度的同时，还应查看 DVD 的读取速度、双层刻录速度和复写速度。

③ 选择兼容性强的产品。通常兼容性越强，DVD 刻录机能刻录的光盘类型就越多。在资金充裕的情况下，用户可优先选购全兼容 DVD 刻录机。

④ 选择缓存大的产品。在实际选择过程中，还要注意刻录机的缓存大小，尽量选择缓存容量大的光驱。

步骤 7：了解如何选购显卡。

显卡又称为显示卡、图形加速卡，它是计算机的重要配件之一。显卡是计算机中进行数模信号转换的设备，安装在计算机主板上。它能够将计算机中的数字信号转换成模拟信号由显示器显示出来；换句话说，显示器必须依靠显卡提供的显示信号才能显示出各种字符和图像。同时，显卡还具有图像处理能力，可协助 CPU 工作，提高整机的运行速度。因此，一块性能优良的显卡能给用户在玩游戏、看电影、进行 3D 设计时带来更逼真的视觉效果。

一般显卡的构造都有一个 15 针的 VGA 输出端口、显示芯片、显示内存、RAMDAC 及 BIOS 芯片等。同时由于显卡运算速度快，发热量大，在主芯片上，还加装了一个散热风扇（有的是散热片），在显卡上有一个 2 芯或 3 芯电源插座为其提供电源，显卡外观如图 1-16 所示。

图 1-16　显卡

显卡的性能参数主要包括核心频率、显存频率、显存位宽、显存容量、最大分辨率等。

在选购光驱的时候，要从以下几个方面考虑：

① 要注重显卡的 GPU。显卡的 GPU，就如同人体的大脑和心脏。在看到一款显卡的时候，首先要知道 GPU 的类型。目前设计、制作显示芯片的厂家只有 NVIDIA 和 AMD 等少数几家公司。

② 正确看待显存。大容量的显存对高分辨率、高画质设定的游戏来说是非常必要的，但并不是说显存容量越大越好。用户应该根据主机的整体配置和计算机的主要用途等来选择匹配的显卡。

③ 区别对待独立显卡和整合显卡。显卡分为独立显卡和整合显卡，如果用户平时只是上网或者进行文字处理，使用整合显卡就已经足够了；但如果用户对游戏有需求，尤其是要进行大型 3D 游戏或从事图形图像处理，就应该选购独立显卡了。

步骤 8：了解如何选购显示器。

显示器又称为监视器（Monitor），是计算机的主要输出设备，是用户和计算机交互的信息平台，没有显示器，人们就无法与计算机打交道。显示器的功能是把在计算机中处理的内容以图形图像的形式显示出来，是计算机最重要的输出设备。很多人在购买计算机时，只关心显示器的尺寸，而不关心显示器的其他性能，其实购买一台计算机最不应该省钱的就是显示器。

按照工作原理不同，显示器可以分为阴极射线（CRT）显示器、液晶（LCD）显示器、等离子体（PDP）显示器和真空荧光（VFD）显示器。其中，最常见的是CRT显示器和液晶显示器，如图1-17所示。

图1-17 CRT显示器和液晶显示器

显示器的性能参数主要包括：屏幕尺寸、屏幕比例、对比度、亮度、可视角度、色彩数、响应时间等。

选购液晶显示器要从以下几个方面考虑：

① 尽量选择品牌知名度高的产品。目前市场上常见的知名品牌有三星、LG、Philips等。在市场上还可以见到一些杂牌彩显，售价较低，由于其质量（分辨率、带宽、显像管等级、安全性能等）不能保证，为了眼睛的健康，最好不要购买。

② 尽量选择性价比高的产品。根据自己的经济实力，在价格基本确定的情况下，选择高性能的产品。主要考虑屏幕尺寸、亮度、对比度、响应时间和可视角度等参数。

③ 注意液晶显示器屏幕坏点。在挑选液晶显示器时一定要开机仔细检验，分别将屏幕画面调成黑、白、红、绿四种颜色查找坏点，如果发现坏点，应及时退换。

步骤9：了解如何选购键盘。

键盘是最常用也是最主要的输入设备之一，大部分命令、程序、指令、数据的输入都是通过键盘来完成的。随着键盘制造技术的发展，键盘的样式和功能也是多种多样，不仅能满足普通的输入和控制计算机的功能，而且还能提供多媒体的功能。如今，虽说鼠标的应用越来越广泛，但在文字输入领域，键盘依旧有着不可动摇的地位。作为重要的输入工具，为了顺应潮流，键盘正向着多媒体、多功能和人体工程学方向不断发展，凭借新奇、实用、舒适的特点，不断巩固着输入设备巨人的地位。键盘外观如图1-18所示。

图1-18 键盘

市面上常见的键盘有多媒体键盘、人体工程学键盘、超薄键盘等。

在选购键盘时，主要从以下三方面考虑：

① 选择键盘的类型。键盘的内部设计通常为机械式和电容式两类。机械式键盘击键

响声大，用力较大，手感较差，长时间使用容易造成手部疲劳，并且机械式键盘损坏较快，故障率高。电容式键盘击键声小，手感较好，寿命较长，基本克服了机械式键盘的缺点。

② 检验查看键盘的品质。不同厂家生产的键盘品质有很大的差异，在选购键盘时，首先要查看键盘外露部件的加工是否精细，外观设计是否美观。劣质的键盘不仅粗糙，而且按键弹性很差。

③ 注意键盘的手感。选择一款键盘时，首先要用双手在键盘上敲打几下，由于个人的喜好不一样，只有在键盘上试敲几下，才知道自己的满意度。另外还要注意，键盘在新买时候的弹性要强于多次使用后的弹性。

步骤 10：了解如何选购鼠标。

鼠标是一项伟大的发明，它的出现真正改变了人们的生活，让人们的工作更加高效，娱乐更加多彩。随着 Windows 环境的流行，鼠标已经成为计算机的重要输入设备，通过它可以对计算机屏幕上的光标进行定位，并利用其左右按键和滚轮装置对屏幕元素进行控制操作。鼠标外观如图 1-19 所示。

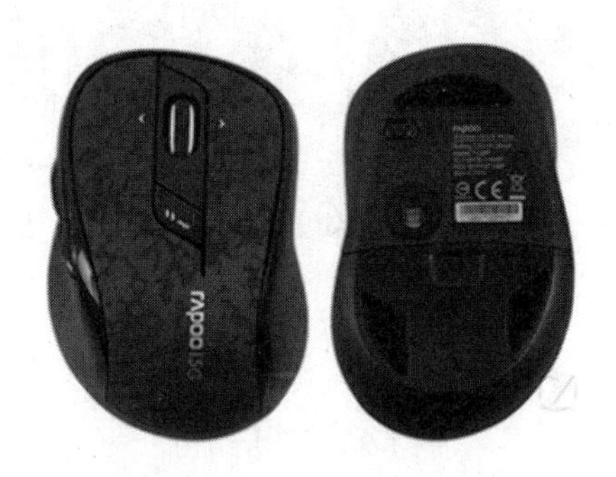

图 1-19 鼠标正面与反面

按照鼠标的性质和工作原理，鼠标可以分为三类：

① 机械鼠标。机械鼠标的结构简单且成本低廉，曾经是鼠标市场上的主流，但由于其能达到的精度有限，已经被光电鼠标所取代。

② 光电鼠标。光电鼠标通过发光二极管（LED）与光敏管协作来测量鼠标的位移，能够达到相当高的精度，且由于与桌面的接触部件较少，其抗污垢能力也大幅度增强。

③ 无线鼠标。无线鼠标内装微型遥控器，以干电池为电源，可以远距离控制光标的移动，且不受角度限制，但价格较贵。

现在，光电鼠标已经是绝对的主流产品，而无线技术也越来越多地得到应用。市场上的光电鼠标产品不计其数，在选购鼠标的时候要注意以下几点：

① 分辨率。鼠标分辨率用于衡量鼠标定位的精确度，一般分为硬件分辨率和软件分辨率两类。硬件分辨率反映的是鼠标的实际定位精确度，软件分辨率是通过软件模拟出一定的效果，来显示鼠标的控制能力。鼠标分辨率的衡量单位为 dpi，目前市面上的光电鼠标，分辨率一般为 300~400dpi，分辨率越高价格越贵。

② 扫描次数。扫描次数是指每秒钟鼠标的光眼（光学接收器）接收到的光反射信号转换为电信号的次数，次数越多，鼠标在高速移动的时候屏幕指针就越稳定准确。

③ 功能。鼠标的种类繁多，不同的鼠标具有不同的功能。标准的两键或三键鼠标完

全能够满足普通用户的常规操作要求；从事设计行业的专业人士，可选购一款高精度的鼠标或者带有专业轨迹球的鼠标，这样在绘制图形过程中能让鼠标更加精确地定位。

④ 手感。好的鼠标应该具有人体工程学设计的外形，在使用时能够感觉到整个手掌和鼠标紧密的结合，按键轻松有弹性，移动时定位精确。

步骤 11：了解如何选购声卡。

声卡是多媒体技术中最基本的组成部分之一，用于实现声波与数字信号的相互转换。声卡的基本功能是把来自麦克风、光盘等设备的原始声音信号加以转换，输出到耳机、音响等音频设备中，或通过音乐设备的数字接口（MIDI）使乐器发出美妙的声音。

声卡由音频处理芯片、功放芯片、总线接口和输入/输出接口等组成。通过声卡，可以录制有关的声音信号；还可以把经过声卡处理的声音信号，通过音箱播放出来。声卡结构如图 1-20 所示。

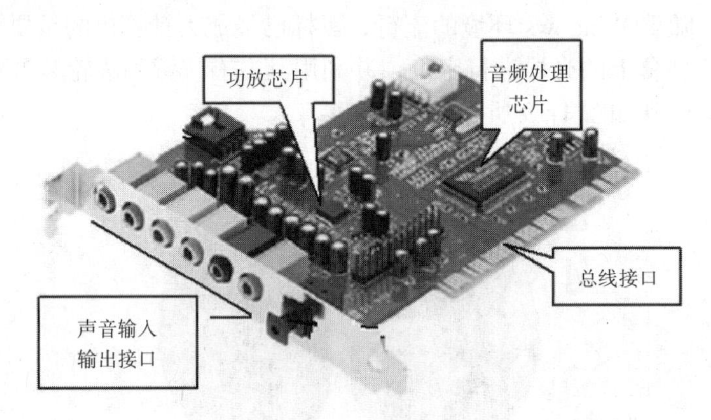

图 1-20　声卡结构

声卡的性能参数主要包括采样位数、采样的频率、声道数等。

目前，主流主板上都集成了声卡。对音质没有太高要求的用户，实际上就没有必要单独配置声卡；而对于音乐发烧友及游戏玩家来说，主板上的集成声卡的音质可能就难以满足需要了。若要选择独立声卡，需要关注以下几个事项：

① 正确搭配多声道声卡与音箱。PCI 声卡要与音响系统（如音箱）相匹配。例如，有些用户的声卡只是普通 4 声道输出，却购买了高端的输入音箱，只能使用模拟音频连接，根本无法发挥高端音箱的性能，实在是浪费。

② MIDI 接口功能声卡的取舍。目前市场上的声卡都带有 MIDI 功能，而且都可以动态地加载较大容量的音色库，再加上高速的 CPU 处理，其 MIDI 性能完全可以满足普通用户游戏、工作的需要。如果没有特殊需要，不必过分追求声卡的 MIDI 功能。

步骤 12：了解如何选购网卡。

网卡也被称为网络适配器，网卡是计算机接入局域网时常用的网络设备，其作用是提供主机与网络间进行数据交换的通路。它只是传输信号，不分析高层数据。可以使服务器、工作站、打印机等通过传输介质达到互连，实现数据的接收或发送。

基本上所有的主板都集成了网卡。常见的网卡按其传输速度来划分，可分为 10 MB 网卡、10/100 MB 自适应网卡及千兆（1 000 MB）网卡。网卡外观如图 1-21 所示。

图 1-21　网卡

网卡的性能参数主要包括传输速率、全双工、接口类型等。

由于制造网卡的技术含量相对较低，所以购买网卡时也比较轻松，只要注意以下几点，就可以买到适合的网卡了。

① 选择知名品牌。就品牌而言，国外的 3COM、Intel 等品牌的产品性能稳定、质量出众，但是价格相对较高。国内比较知名的品牌有智邦（Accton）、胜创（Kingmax）、神州数码（D-Link）等，它们的产品同样性能优秀，且价格适中。

② 看清包装和说明书。正规厂商生产的网卡做工精良、用料讲究，金手指外观明亮光泽，触感光滑无晦涩感，基本没有虚焊现象，且附带有精美包装和详细说明书，以及驱动程序。

③ 查看网卡卡号。全球的网卡卡号都是由唯一固定组织分配后才进行生产的，未经认证或未获得授权的厂家无权生产网卡。每个固定的卡号对应一块网卡，所以不会出现网卡卡号重复的现象。

④ 识别网卡接口。主流网卡有 BNC 和 RJ-45 两种接口，但由于 BNC 接口网卡的速率无法超过 10MB，因此市面上 100MB 网卡或 10/100MB 自适应网卡只有一个 RJ-45 接口。

步骤 13：了解如何选购机箱。

机箱是计算机大部分零配件的容器。机箱的用途就是用于安装和保护计算机中的核心硬件，这些硬件包括 CPU、主板、内存、硬盘、光盘驱动器、声卡、显卡、网卡等。

一款理想的机箱，除了能对硬件进行有效的保护外，其良好的散热系统、较强的防辐射能力、时尚的外观等都是必不可少的。组装计算机时，不少用户在主机配件上大量投资，而在机箱的选择上往往是能省就省，或者只图外观漂亮。实际上，机箱的选择也是非常重要的，设计合理的机箱有利于内部板卡工作的稳定。

按照放置样式分类，机箱分为立式机箱和卧式机箱。机箱外观如图 1-22 所示。

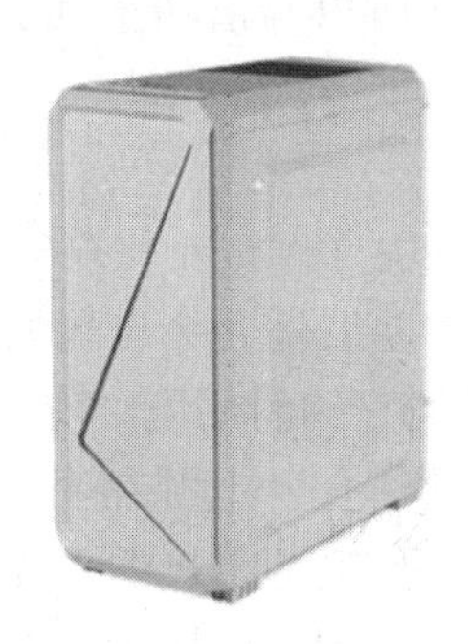

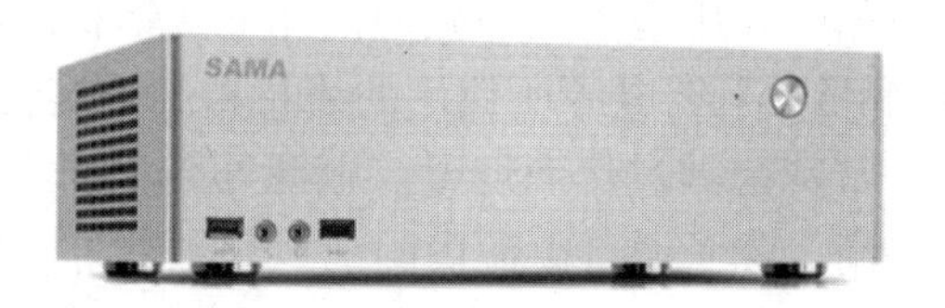

图 1-22　立式机箱和卧式机箱

机箱的性能参数主要包括仓位、机箱结构等。

由于机箱是计算机配件的容器，其材料、设计、做工与外观的好坏，不仅影响到计算机整体的外形美观，同时也会影响到计算机运行的稳定性，因此在选购计算机机箱时应注意以下几点：

① 机箱用料与做工。机箱由前部的塑料面板和主体的钢板框架两部分构成。做工优良的机箱前面板采用硬度较高的 ABS 或 HIPS 工程塑料制成，保持长时间使用不泛黄或开裂，而且易于清洁。做工优良的机箱框架采用的是经过冷锻压处理的 SECC 镀锌钢板，外壳部分的钢材厚度应该达到 1mm 以上，具有电磁屏蔽性好、抗辐射、硬度大、弹性强和耐冲击腐蚀等优点。

② 机箱设计。首先，要看机箱各个配件在装卸时是否方便。其次，要看机箱的扩展性。最后，要看易安装性。

③ 机箱的散热性。机箱的散热性将直接影响到机箱内部配件的使用寿命。如果机箱没有良好的散热性就会缩短配件的使用寿命，甚至会对配件产生永久性的损害。

步骤 14：了解如何选购电源。

电源是整个计算机系统的能源中心，为主机中的所有设备提供动力。如果说计算机中的 CPU 相当于人的大脑，那么电源就相当于人的心脏了。作为计算机运行动力的唯一来源、计算机主机的核心部件，其质量好坏直接决定了计算机的其他配件能否可靠地运行和工作。所以应该为计算机配备一个质量好的电源。

与计算机上其他部件迅速发展不同的是，电源的发展是十分缓慢的，至今在个人计算机上的配置也仅有 AT、ATX 和 Micro ATX 3 种电源类型。电源外观如图 1-23 所示。

图 1-23 电源

电源的性能参数主要包括最大功率、额定功率、峰值功率等。峰值功率指电源短时间内能达到的最大功率，通常仅能维持 30 秒左右的时间。所以峰值功率其实没有任何实际意义的，因为电源一般不能在峰值输出时稳定工作。

在选购电源时，应该关注以下几个要素：

① 电源外壳。在电源外壳的选材上，有两种标准厚度：0.8 mm 和 0.6 mm。并且使用的材质也不相同。用指甲在外壳上刮几下，钢材品质较差的外壳会出现划痕。

② 线材和散热孔。电源所使用的线材粗细直接关系到它的耐用度，较细的线材经过长时间使用，常常会因过热而烧毁。电源外壳上面都有散热孔，电源在工作的过程中，温度会不断升高，除了通过电源内附的风扇散热外，散热孔也是散热的重要措施。

③ 电源认证。目前，我国最常见的电源认证是强制性 3C 认证，其又可以细分为 CCC（S）安全认证；CCC（S&E）安全与电磁兼容认证；CCC（EMC）电磁兼容认证；CCC

（F）消防认证。电源产品的安全认证越多，表示电源的质量和安全越可靠。

上面介绍了如何选购台式机，下面将介绍如何选购笔记本电脑。

步骤 15：了解如何选购笔记本电脑。

由于台式计算机携带不方便，所以很多人都愿意购买便于携带的笔记本电脑。在选购笔记本电脑的过程中要注意以下几个问题。

（1）不能盲目追赶潮流

所谓的笔记本电脑潮流，很多只是刚刚推出的新产品，广告的覆盖密度比较大，商家的宣传比较多，并不一定是消费者在日常应用中所必需的。买什么样的笔记本电脑取决于个人的需要，一定要把握住“够用就行”的原则，笔记本电脑的潮流是用户永远也赶不上的。

因此，首先明确自己买笔记本电脑是用来做什么的，对机器性能、便携性、电池的续航能力又有些什么要求，然后再考虑其他的额外要求，基本上就能确定自己所需要的是什么笔记本电脑。

（2）不能盲目砍价

很多人有一个误区，笔记本电脑动辄就是五六千元的价格，肯定有很大的降价空间，于是许多消费者去电脑城和商家大打还价牌。其实在笔记本电脑价格屡创新低的今天，一般来说笔记本电脑产品已经没有太多利润空间了，基本上正规商家的报价都没有那么大的压缩空间。

（3）不能迷信评测

现在各大 IT 类媒体关于笔记本电脑产品的第三方评测非常丰富，好多用户在买数码产品之前都会到处查询相关评测。这样做的好处是可以让自己充分了解到机器的详细信息，但在选择的时候还是要按照自己的需求考虑，不能一味迷信评测。

（4）确认三个序列号一致

认真检查一下笔记本电脑外包装箱上的序列号是否与机器机身上的序列号相符合。机身上的序列号一般都在笔记本电脑机身的底座上。在查序列号的同时，还要检查其是否有过被涂改、被重贴过的痕迹。另外，在开机时，要先进入笔记本电脑的主板 BIOS 里，检查一下 BIOS 中的序列号和机身的序列号是否一致。三个号都一致时，笔记本电脑的来源基本没有问题，如果有一个不一致，那就要慎重了。

温馨提示

开机时直接按下键盘上的 F2、F12、Delete、F8 或 Esc 键进入 BIOS（不同机型按键不同，一般开机的时候屏幕都会有提示）。进入 BIOS 后，一般查看第一个应用选项就会有序列号、出厂日期等信息。

（5）进行硬件检测

首先，检查一下笔记本电脑的外观是否有碰、擦、划、裂等伤痕，液晶显示屏是否有划伤、坏点、波纹，螺丝是否有掉漆等现象。

其次，可以使用鲁大师查看笔记本电脑硬件的参数、生产厂家、生产时间，检测显示屏坏点等。特别是显示屏的坏点问题，一般商家会说国家规定在三个坏点之内的不给换机，但是只要坚持要求换新机，大多数商家都会同意的。

拓展阅读

在平板电脑和智能手机盛行的今天，大多数人还是认为笔记本电脑可以带来更好的办公、娱乐体验。的确，便于携带的同时还能满足用户的日常需求，笔记本电脑无疑是最佳的选择。面对各种尺寸、功能和价格的笔记本电脑，从中挑选出属于自己的那一款实在是一个挑战。什么样的笔记本电脑最适合自己，是一个需要多方面考量的问题。

① 选择苹果笔记本电脑还是其他品牌笔记本电脑？

苹果笔记本电脑使用的是MAC操作系统，其他品牌使用的是Windows操作系统。

Windows操作系统的优点是：兼容性高，生态圈完善，自由度高，拥有丰富的硬件；各大厂商的产品都能往上装，不论是攒机还是整机，都没有问题；普及程度更高，有很多软件和游戏都针对其开发，娱乐性强。

Windows操作系统的缺点是：兼容性高是一把双刃剑，同时带来的还有安全隐患，流氓软件等问题。黑客也更乐于攻击Windows系统，这可以说是该系统较大的问题。相对稳定性较差，容易出现蓝屏重启。

MAC操作系统的优点是：具有高规格的设计和美观的操作界面；软件基本都是密封的，外部文件很难破坏操作系统；不用担心各种杂七杂八的流氓软件；相比Windows来说具有更强的续航能力；对于高分屏的支持更好，具备出色的稳定性。

MAC操作系统的缺点是：日常应用软件版本落后于Windows系统，很多游戏和安全控件目前不支持MAC操作系统。

② 是否需要一台2-IN-1笔记本电脑？

如今许多笔记本电脑厂商都做起了2-IN-1，区别于传统的翻盖模式，2-IN-1电脑屏幕可以向后弯曲360度，拥有可完全脱落的键盘，通过触摸操控屏幕，这都令其使用起来拥有更高的自由度（可以单独作为平板或笔记本电脑）。不过2-IN-1笔记本电脑的键盘往往为了体积厚度等问题忽略其功能性与手感，给人以不甚牢固的感觉，而且计算机的性能一般不会太高。

③ 如何选择合适尺寸的笔记本电脑？

11~12英寸：轻薄本往往使用11~12英寸的屏幕，重量大概1.1~1.5千克。

13~14英寸：便携性和易用性的最佳平衡，重量一般在1.8千克左右。

15英寸：游戏本常用尺寸，15英寸的笔记本电脑通常重达2~3千克。如果想有一个更大的屏幕用来娱乐，可以考虑这个尺寸。

任务三　计算机文字录入

【任务引例】

王明经过一番挑选，终于在众惠电脑官方旗舰店购买到了自己中意的计算机，但是在使用过程中发现，自己使用鼠标非常灵活，而一旦使用键盘录入信息，速度就会非常慢。因此，王明决定使用金山打字通2016软件练习键盘录入，提高自己的打字速度，满足平时学习的需要。

【相关知识】

键盘是计算机中最常用的输入设备，在未来很长的一段时间内其地位不会改变。键盘的工作原理比较简单，实际上就是组装在一起的键位矩阵，当某一个键被按下的时候，就会产生与该键对应的二进制代码，并通过 I/O 接口将该二进制代码送入系统。

常见的键盘有 101 键、104 键等若干种，为了便于记忆，按照功能的不同，把这 101 个键划分成主键盘区、功能键区、控制键区、数字键区、状态指示区。键盘键区如图 1-24 所示。

图 1-24　键盘键区

（1）主键盘区

键盘中最常用的区域是主键盘区，主键盘区中的键又分为三大类，即字母键、数字（符号）键和功能键，主键盘区如图 1-25 所示。

图 1-25　主键盘区

- 字母键：A~Z 共 26 个字母键。在字母键的键面上标有大写英文字母 A-Z，每个键可打大小写两种字母。
- 数字（符号）键：包括数字、运算符号、标点符号和其他符号，每个键面上都有上下两种符号，也称为双字符键，可以输入符号和数字。上面的一行称为上档符号，下面的一行称为下档符号，数字（符号）键如图 1-26 所示。

图 1-26　数字（符号）键

- 功能键：功能键共有 14 个，为了操作方便，Alt、Shift、Ctrl、Windows 键各有两个，对称分布于主键盘的左右两边，功能完全一样，功能键如图 1-27 所示。

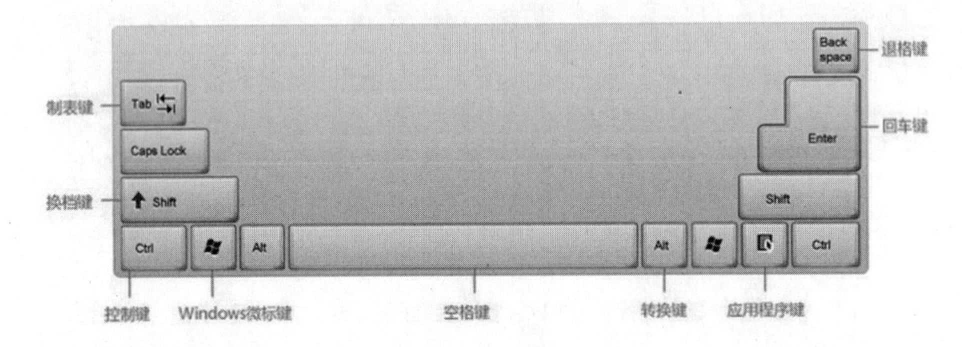

图 1-27　功能键

（2）功能键区

位于键盘的最上方，包括 Esc 和 F1~F12 键，这些按键用于完成一些特定的功能，功能键区如图 1-28 所示。

图 1-28　功能键区

- Esc 键：也叫取消键，位于键盘的左上角。在许多软件中被定义为退出键，一般用于脱离当前操作或退出当前运行的软件。
- F1~F12：功能键，一般软件利用这些键来充当软件中的功能热键，例如用 F1 键寻求帮助。
- PrintScreen（屏幕硬拷贝键）：在打印机已经联机的情况下，按下该键可以将计算机屏幕的显示内容通过打印机输出，还可以将当前屏幕的内容复制到剪贴板。
- ScrollLock 键：屏幕滚动锁定键，目前很少用到该键。
- Pause/Break：暂停键，按下该键能使计算机正在执行的命令或应用程序暂时停止工作，直到按下任意一个键继续。

（3）控制键区

控制键区位于主键盘区的右侧，包括所有对光标进行操作的按键以及一些页面操作功能键，这些按键用于在进行文字处理时控制光标的位置，控制键区如图 1-29 所示。

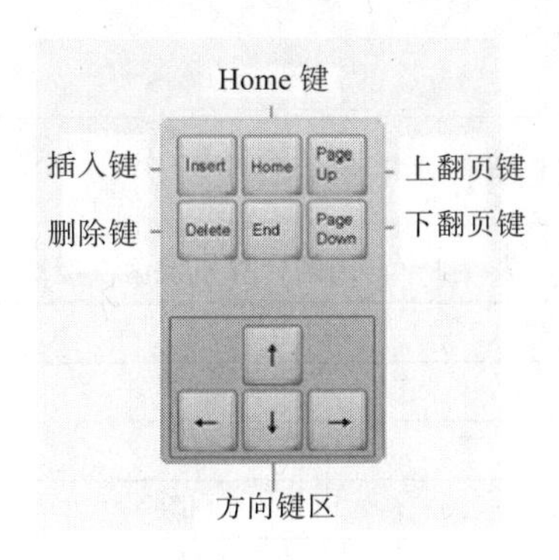

图 1-29　控制键区

- Page Up 键：按键可以使屏幕向前翻一页。
- Page Down 键：按键可以使屏幕向后翻一页。
- Home 键：按键可以使光标快速移动到本行的开始。
- End 键：按键可以使光标快速移动到本行的末尾。
- Insert 键：按键可以改变插入与改写状态。
- Delete 键：删除光标所在位置后的字符。
- 方向键：使光标在屏幕内上下左右移动。

（4）数字键区

数字键区位于键盘的右侧，又称为“小键盘区”，主要是为了输入数据方便。数字键区共有 17 个键，其中大部分是双字符键，其中包括 0~9 的数字键和常用的加减乘除运算符号键，这些按键主要用于输入数字和运算符号，数字键区如图 1-30 所示。

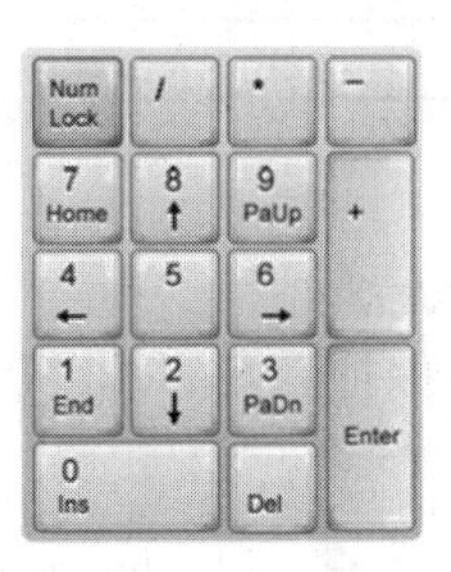

图 1-30　数字键区

NumLock 键：又称为数字锁定键，当 NumLock 指示灯亮时，表示数字键区的上位字符数字输入有效，可以直接输入数字；当 NumLock 指示灯灭时，表示下位字符编辑键有效，可以控制光标的移动。

（5）状态指示区

状态指示区位于数字键区的上方，包括 3 个状态指示灯，用于提示键盘的工作状态。状态指示区如图 1-31 所示。

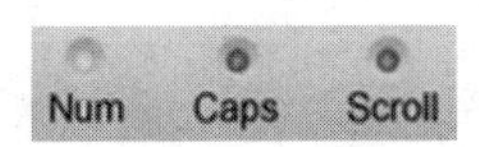

图 1-31　状态指示区

相关链接

常用的计算机键盘快捷键如表 1-1 所示。

表 1-1　常用的计算机键盘快捷键

序　号	快捷键	功　能
1	Ctrl+C	复制
2	Ctrl+X	剪切
3	Delete	删除
4	Ctrl+V	粘贴
5	Ctrl+A	全选
6	Ctrl+Z	撤销
7	Ctrl+S	保存
8	Ctrl+Alt+Del	打开任务管理器
9	Ctrl+空格键	输入法中英文之间切换
10	Caps Lock	大小写字母切换
11	Ctrl+Shift	输入法之间相互切换
12	Shift+空格键	输入法半角全角之间切换
13	Alt+Tab	打开的窗口之间切换
14	Ctrl+W	关闭当前打开的窗口
15	Alt+F4	关闭当前应用程序
16	Windows 键+D	最小化所有被打开的窗口
17	Windows 键+F	打开“查找：所有文件”对话框
18	Windows 键+R	打开“运行”对话框

【业务操作】

步骤 1：训练正确的键盘操作姿势。

在进行计算机文字录入时，要保持良好的操作姿势。键盘操作姿势如图 1-32 所示。

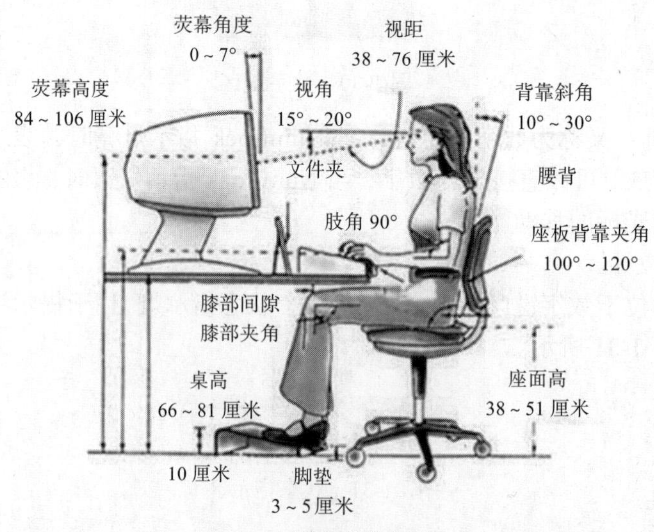

图 1-32　键盘操作姿势

正确的键盘操作姿势包括：

- 座椅高度合适，坐姿端正自然，两脚平放，全身放松，上身挺直并稍微前倾。
- 椅座的高度应调到与手肘有近 90°弯曲，手指能够自然地架在键盘的正上方。
- 屏幕及键盘应该在身体的正前方，离身体一个手臂的距离，脖子及手腕不能倾斜。
- 两肘贴近身体，下臂和腕向上倾斜，与键盘保持相同的斜度。
- 手、手腕及手肘应保持在一条直线上，手指略弯曲，指尖轻放在基本键位上。
- 大腿应尽量保持与前手臂平行的姿势，脚应能够轻松平放在地板或脚垫上。

温馨提示

文字录入时的注意事项包括：

- 每次打字之前，请先互相摩擦手掌及伸展手指、手掌及手腕。
- 打字时手腕下面不应该放置任何护垫，只有休息时才可把手腕完全放下。
- 如果椅子设计本身没有护背曲线，可以买一个护背垫。要保持腰到背的曲线。
- 稿件宜置于键盘的左侧或右侧，按键要轻巧，用力要均匀。

每过一个小时，最好能离开座位休息一下，伸展一下手、肩膀及脖子。

步骤 2：训练基准键的击键指法。

“A”、“S”、“D”、“F”、“J”、“K”、“L”和“;”这 8 个键被称为基准键，其中 F 键和 J 键上分别有一个突起，操作者不看键盘就能通过触摸此突起来确定基准键的位置，为“盲打”提供基准定位。打字前应将手指放在基准键上。基准键指法如图 1-33 所示。

图 1-33　基准键

步骤 3：训练其他键的击键指法。

以基准键为核心，其他键与手指的对应关系如图 1-34 所示。指法规定：左手管左半边键盘，右手管右半边键盘 ，以 G 和 H 为分界线，将键盘一分为二。每一部分的键位从中间到两边依次由食指、中指、无名指和小指管理，其中食指管理中间两个键位（因为食指最灵活）。自上而下各排键位均与之对应，右大拇指管理空格键。

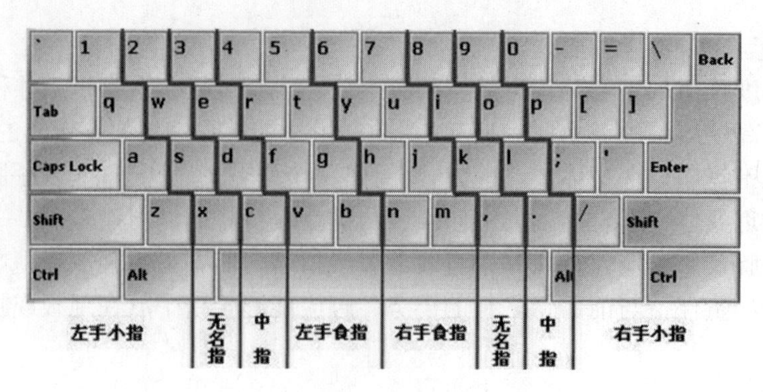

图 1-34 其他键与手指的对应关系

拓展阅读

电脑键盘指法学习步骤：

- 先把 26 个字母的位置背下来，第一排“QWERT，YUIOP”，第二排“ASDFG，HJKL”，第三排“ZXCVB，NM”。
- 手指放在八个基准键上，两个拇指轻放在空格键上，手指自然弯曲，手是空心的。
- 练习基准键击键法。以 F 键为例，提起左手约离键盘两厘米，食指向下弹击 F 键，其他手指同时稍向上弹开。击键要能听见响声，击其他键类似。
- 练习其他键击键需要掌握两个原则。一是平行移动原则，也就是说，从把手搭到键盘上起，每个手的四个手指就要并列对齐并且“同上同下”。二是倾斜移动原则，即无论是左手还是右手，都要遵从“左高右低”的方式上下移动。例如，左手的食指的移动规范是“4、R、F、V”一条线，右手食指的移动规范是“7、U、J、M”一条线。

步骤 4：训练数字小键盘的击键指法。

数字小键盘在生活中经常用到，比如各种账号密码，都离不开数字小键盘。数字小键盘的击键指法如图 1-35 所示。

小键盘的基准键是“4、5、6”，分别由右手的食指、中指和无名指负责。在基准键位基础上，小键盘左侧自上而下的“7、4、1”三键由食指负责；“8、5、2”由中指负责；“9、6、3”由无名指负责；“–、+、Enter”由小指负责；“0”由大拇指负责。

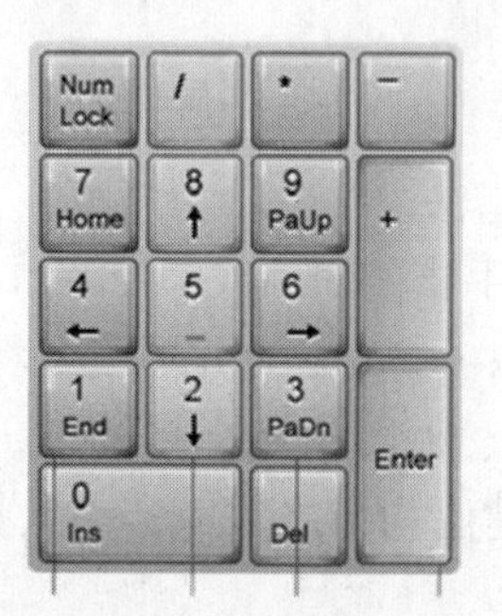

图 1-35 数字小键盘指法

温馨提示

计算机现已成为学习和工作的必备工具，打字作为一项基本技能，其速度直接影响着学习和工作的效率。要想提高打字速度，需要正确的学习方法。

- 正确使用手指

学习打字时要注重培养正确使用手指的习惯，将字母与手指联系起来，每个手指都有其负责的字母，必须熟悉键盘中字母按键的位置。

- 选择适合的输入法

提高打字速度，除了自己对键盘字母位置熟记于心之外，还要选择一款适合自己的智能输入法。它可以智能地根据用户打字的习惯推测出需要的词汇，有效地提升打字速度。

- 注重平常的练习

打字速度也遵循熟能生巧这个规律。不管使用什么技巧，平时的基础练习必不可少。

步骤 5：了解金山打字通软件。

金山打字通是专为电脑初学者开发的打字练习软件，帮助初学者从零开始成为打字高手。金山打字通 2016 有打字教程、打字测试、打字游戏、英文打字、拼音打字、五笔打字等实用功能。软件下载网址：https://www.51dzt.com/，金山打字通 2016 的主界面如图 1-36 所示。

图 1-36 金山打字通 2016 的主界面

金山打字通 2016 主要分为“新手入门”、“英文打字”、“拼音打字”、“五笔打字”四个主功能。同时，还有打字测试、打字教程、打字游戏、在线学习和安全上网等辅助功能。

步骤 6：使用金山打字通软件进行打字测试。

在图 1-36 所示的主界面中，点击右下角的“打字测试”按钮，进入测试页面，即可针对英文、拼音、五笔分别测试，如图 1-37 所示。系统会根据用户打字速度与正确率进行打分，得分越高，阶段学习效果越好。

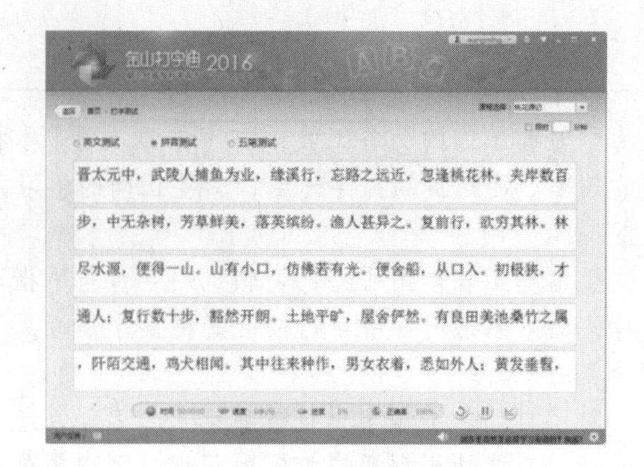

图 1-37 打字测试

在图 1-37 右上角的“课程选择”中，可以选择不同的内容进行测试，可分别进行英文测试和拼音测试，课程选择如图 1-38 所示。

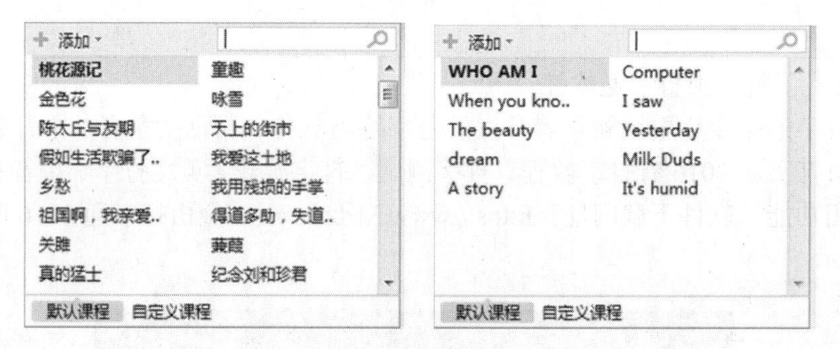

图 1-38 课程选择

步骤 7：学习金山打字通软件的打字教程。

打字教程分为新手篇、中级篇、高级篇，高级篇又分为拼音打字和五笔打字。打字教程如图 1-39 所示。

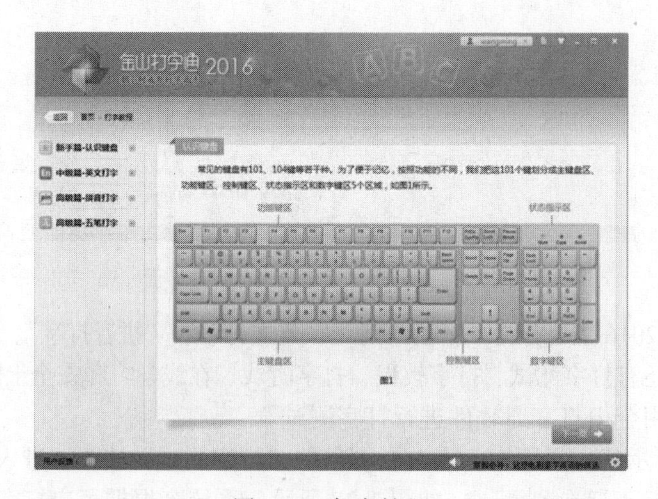

图 1-39 打字教程

新手篇主要介绍键盘的基本知识，包括认识键盘、打字姿势、基准键位、手指分工、击键方法等内容；中级篇主要介绍英文打字的基本知识，包括英文字母大小写、英文标点符号、英文打字指法输入、提高英文打字速度等内容；高级篇拼音打字主要介绍汉语拼音的基本内容，包括使用拼音输入法、汉语拼音、声母/韵母/音节、前鼻音/后鼻音、平舌音/翘舌音等内容；高级篇五笔打字主要介绍五笔打字的基本用法，包括使用五笔输入法、五笔组成原理、字根分区讲解、拆字原则、简码、词组等内容。

步骤 8：了解金山打字通软件的打字游戏。

学习打字也能轻松有趣，寓教于乐的打字游戏能帮助用户娱乐的同时熟悉键盘，循序渐进，从零开始成为打字高手。打字游戏包括键盘积木、生死时速、激流勇进等经典游戏，打字游戏如图 1-40 所示。

图 1-40　打字游戏

步骤 9：熟悉金山打字通软件的新手入门功能。

首次使用金山打字通 2016，必须从新手入门开始，在未完成新手入门之前，不允许进行任何操作。在金山打字通 2016 软件的主界面中，单击“新手入门”，弹出“创建昵称”界面，输入任意昵称，单击“下一步”，如图 1-41 所示。

用户可以选择“绑定”按钮，绑定 QQ 账号后，可以保存打字记录、查看打字成绩及查看全球排名。如果用户不选择“绑定”，可直接单击右上角的“关闭”按钮；若一直不绑定，勾选左下角的“不再显示”即可，如图 1-42 所示。

图 1-41　创建昵称

图 1-42　绑定 QQ

新手注册账户后会自动登录，此时单击主界面中的“新手入门”按钮，打开“选择练习模式”对话框，其中有“自由模式”和“关卡模式”两种选项，用户可根据自己的情况选择其中一种练习模式。如图 1-43 所示。

如果选择“关卡模式”，用户只能从“打字常识”开始练习，无法操作后面的模块，如图 1-44 所示；如果选择“自由模式”，则用户可以随意练习任何模块。

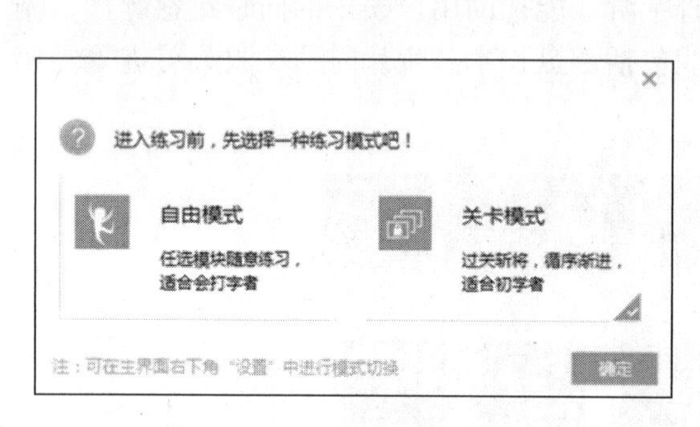

图 1-43 选择练习模式

图 1-44 关卡模式

步骤 10：在金山打字通 2016 软件中练习英文打字。

在金山打字通 2016 软件的主界面中，选择“英文打字”功能，进入英文打字界面。英文打字包括单词练习、语句练习、文章练习三部分内容，如图 1-45 所示。

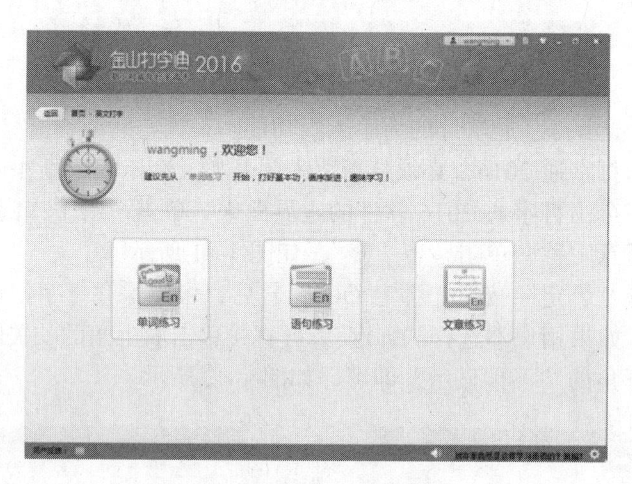

图 1-45 英文打字界面

单击“单词练习”按钮，打开“单词练习”窗口，如图 1-46 所示。单击右上角的“课程选择”下拉列表，从中可以选择不同水平的练习内容，这里选择“大学英语四级词汇 1”如图 1-47 所示，用户可根据提示多加练习，以提高单词输入速度。

在图 1-45 界面中选择“文章练习”功能，打开“文章练习”窗口；单击右上角的“课程选择”下拉列表，在课程列表中选择“Elias’ story”如图 1-48 所示，按照内容提示反复进行练习，练熟后可在课程列表中重新选择其他文章，然后继续练习。

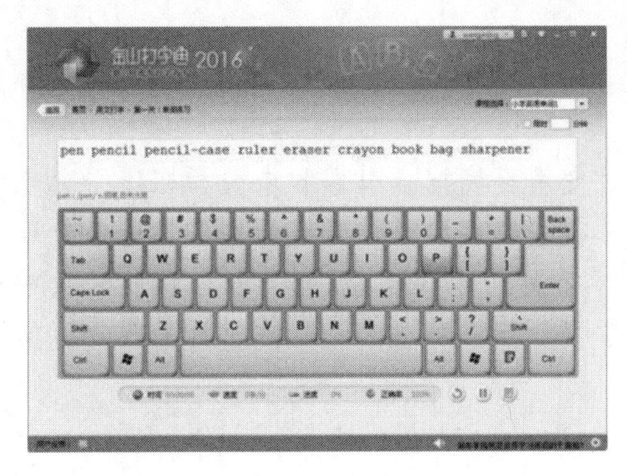

图 1-46　单词练习界面

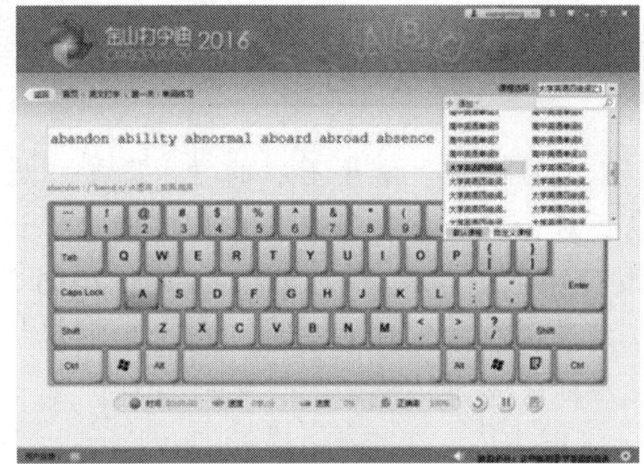

图 1-47　大学英语四级词汇 1

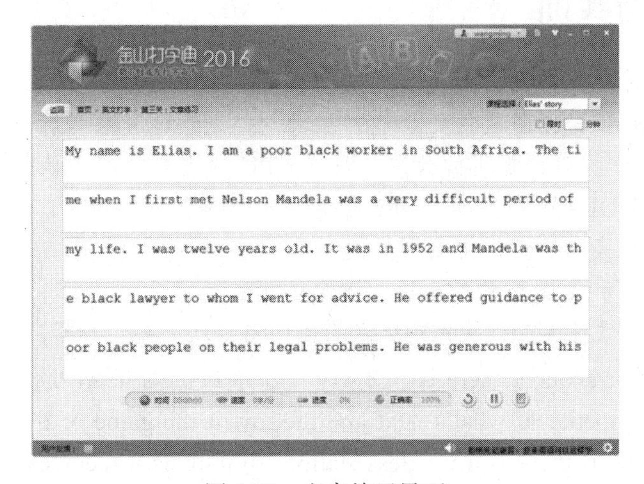

图 1-48　文章练习界面

步骤 11：在金山打字通 2016 软件中练习拼音打字。

在图 1-36 所示的“金山打字通 2016 的主界面”中，单击“拼音打字”按钮，打开“拼音打字”窗口，如图 1-49 所示，单击其中的“文章练习”按钮，打开“文章练习”窗口，单击右上角的“课程选择”下拉列表，从中选择“咏雪”，如图 1-50 所示。请按照提示反复进行练习，熟练后，可在课程列表中重新选择其他课程继续练习，直到每分钟正确录入 45 个汉字。

图 1-49　拼音打字界面

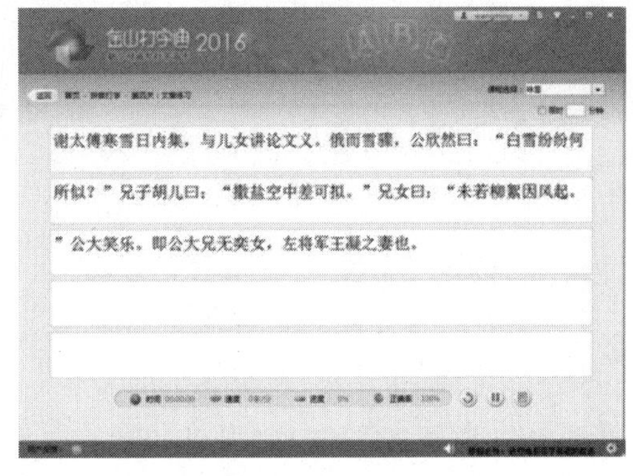

图 1-50　文章练习

项目小结

本项目围绕大学生王明的学习需要，通过使用百度搜索引擎和中关村在线平台查询信息，对计算机发展历史、计算机特点、计算机系统组成及计算机硬件的性能参数等内容有了详细的了解；通过金山打字通 2016 的学习对计算机键盘、键盘操作的指法及中英文信息录入有了熟练的掌握。通过本项目的学习，能够解决大一新生对计算机知识的困惑，帮助大学生快速掌握计算机信息。

习题与实训

1．对于一台计算机来说，哪些硬件是必不可少的组成部分？

2．对比系统软件与应用软件的功能，思考它们之间的关系是什么？

3．有人将 CPU 称为计算机的大脑，那么 CPU 的主要功能是什么？

4．市场上的 DDR4 内存条和 DDR3 内存条有什么区别？

5．独立显卡和集成显卡的主要区别是什么？

6．CRT 显示器和液晶显示器相比，各自的优势是什么？

7．打开记事本软件，在该软件的编辑界面中输入以下英文内容，测试所使用的时间。

Whether sixty or sixteen, there is in every human being’s heart the lure of wonders, the unfailing childlike appetite of what’s next and the joy of the game of living. In the center of your heart and my heart there is a wireless station: so long as it receives messages of beauty, hope, cheer, courage and power from men and from the infinite, so long are you young.

8．打开记事本软件，在该软件的编辑界面中输入以下中文内容，测试使用的时间。

念奴娇·赤壁怀古

[宋代] 苏轼

大江东去，浪淘尽，千古风流人物。故垒西边，人道是，三国周郎赤壁。乱石穿空，惊涛拍岸，卷起千堆雪。江山如画，一时多少豪杰。

遥想公瑾当年，小乔初嫁了，雄姿英发。羽扇纶巾，谈笑间，樯橹灰飞烟灭。故国神游，多情应笑我，早生华发。人生如梦，一尊还酹江月。

项目二　Windows 操作

学习目标

操作系统（Operating System，OS）是有效控制和管理计算机软硬件资源，并为用户提供交互操作界面的系统软件的集合，是计算机系统的核心和基础，任何其他软件都必须在操作系统的支持下才能运行。Windows 7 是微软公司推出的新一代“视窗”操作系统，是当前主流的操作系统之一，它为用户正常、安全、高效地使用计算机提供了保障。

通过本项目的学习，使读者能够掌握 Windows 7 基本操作；理解文件系统的基本概念，熟练掌握文件及文件夹的操作方法；熟悉启动应用程序的方法，了解如何安装和卸载软件；能够根据自己的使用习惯设置计算机的使用环境。

工作任务

通过本项目的实践，熟练掌握 Windows 7 操作系统，能够利用计算机对公司业务进行归类、整理、划分，并建立对应的文件及文件夹，进行相应的文件管理。

项目引例

众惠电脑官方旗舰店是一家以电脑硬件销售和整机组装销售为主要业务的电商企业，随着公司业务和规模的扩大，根据用户需求，公司要求各工作部门的计算机全部升级成 Windows 7 操作系统，并按照各部门实际情况对系统的工作环境进行个性化定制和管理。

任务一　定制个性化的工作环境

【任务引例】

为了能借助 Windows 7 操作系统及其安装的应用软件进行高效的办公自动化应用，首先应对系统的工作环境进行个性化定制。

本任务包含的操作有：桌面显示设置、设置桌面背景、设置输入法、设置屏幕保护程序、设置 Windows 系统声音、调整系统时间和日期、设置任务栏、设置鼠标指针的形状样式、创建新用户账户。

本任务完成后的效果如图 2-1 所示。

图 2-1 重新定制后的 Windows 7 外观

【相关知识】

（1）桌面

启动 Windows 7 后，出现在整个屏幕上的界面称为“桌面”。 Windows 7 桌面包含的元素主要有桌面图标、任务栏等，如图 2-2 所示。

图 2-2 Windows 7 桌面组成

桌面图标是整齐地排列在桌面上的、具有明确含义的计算机图形，代表着一个文件、程序、网页或命令。双击图标可以快速启动对应的程序或者打开窗口。桌面上快捷图标的多少主要取决于计算机中安装的软件数量，用户可以根据需要增加或减少桌面图标。这些快捷图标是原程序图标的复制，由一个左下角带一个小箭头的图标表示。快捷图标指向保存在另一个位置的实际程序或文件（夹）。

任务栏位于桌面下方的一个条形区域，通常包含“开始”按钮、快速启动区、语言栏（输入法）、通知区域、打开的应用程序图标等。

“开始”按钮是 Windows7 的应用程序入口。单击位于任务栏最左侧的“开始”按钮，系统将展开“开始”菜单。“开始”菜单主要有常用程序列表、所有程序、常用位置列表、搜索框、关闭按钮组 5 个部分，如图 2-3 所示。

图 2-3　Windows 7“开始”菜单

（2）窗口

窗口是 Windows 7 系统中的应用程序工作时的区域，该界面为用户提供了操作软件的图形界面。窗口也是 Windows 系统里最常见的图形界面。双击桌面上的“计算机”图标，打开其所对应的窗口界面，该窗口的组成部分如图 2-4 所示。

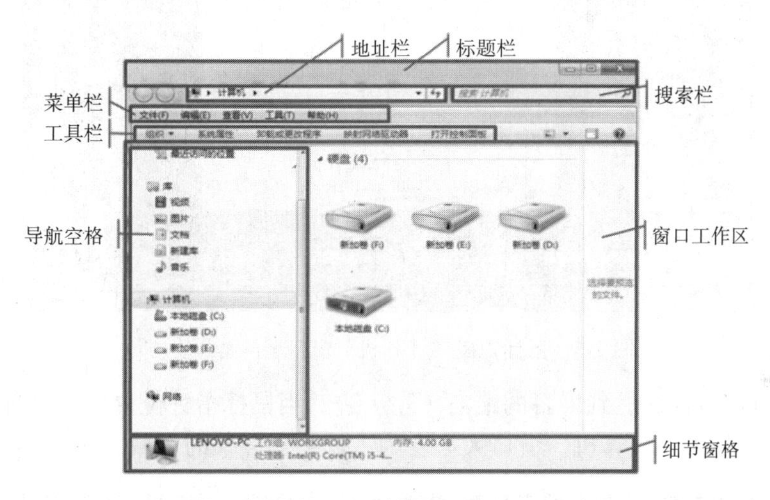

图 2-4　“计算机”窗口

“计算机”的窗口元素主要包括标题栏、地址栏、菜单栏、搜索栏、工具栏、窗口工作区等。

- 标题栏：位于窗口顶端，标题栏的最右端有“最小化”、“最大化/还原”、“关闭”三个按钮。通常用户可通过标题栏移动窗口、改变窗口的大小和关闭窗口。
- 地址栏：位于标题栏下方，用于显示和输入当前浏览位置的详细路径信息。地址栏最左侧的“后退”、“前进”两个按钮为“浏览导航”按钮。
- 搜索栏：位于标题栏的下方、地址栏的右侧，帮助用户在当前窗格范围内查找相关内容。搜索时，地址栏会显示搜索进度情况。
- 菜单栏：位于地址栏的下方，它提供了用户在操作过程中所用命令的各种访问途径。
- 工具栏：位于菜单栏的下方，其中放置了一些常用的菜单命令按钮，单击这些按钮可以很方便地完成日常操作。

- 窗口工作区：窗口的主要部分。
- 导航窗格：位于窗口左侧的位置，提供了树状结构文件夹列表，方便迅速定位文件。
- 细节窗格：位于窗口最底部，用于显示当前操作的状态及提示信息，或当前用户选定对象的详细信息。

【业务操作】

步骤 1：改变窗口位置与大小。

双击桌面中的“计算机”图标，打开“计算机”窗口。将光标指向窗口的标题栏，拖曳鼠标至屏幕最上方，当鼠标指针位置碰到屏幕的上方边沿时，会出现该窗口的虚拟边框占据整个屏幕，如图 2-5 所示，此时松开鼠标，“计算机”窗口即可全屏显示。若要还原窗口大小，只需将最大化的窗口向下拖动即可。

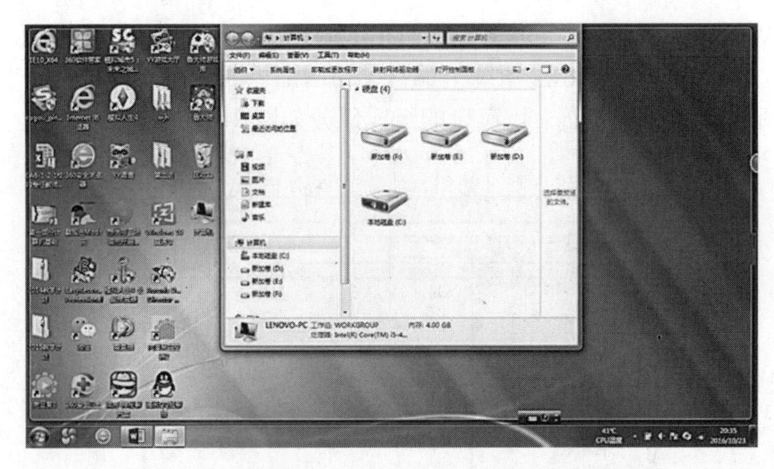

图 2-5　鼠标拖曳“计算机”窗口至屏幕最上方

继续拖曳窗口标题栏到屏幕的最右（左）边，当鼠标指针位置碰到屏幕的右（左）边沿时，松开鼠标，“计算机”窗口大小变为占据一半屏幕的区域，如图 2-6 所示。

图 2-6　“计算机”窗口大小变为占据一半屏幕的区域

单击窗口标题栏的最大化或最小化按钮，将窗口最大化或最小化。

将鼠标指针移动到窗口四周的边框或四个角上，当光标变成双箭头形状时，按住鼠标左键不放进行拖曳，可以拉伸或收缩窗口，从而改变窗口的大小。

温馨提示

Windows 7 的 Aero 晃动功能可以快速清理窗口，用户只需将当期要保留的窗口拖住，然后轻轻摇动鼠标，其余的窗口即可全部自动最小化；再次摇动当前窗口，又可使其他窗口重新恢复原状。

步骤 2：排列、切换窗口。

分别双击桌面上“计算机”、“回收站”和“网络”三个图标，同时打开这三个程序的窗口。

在任务栏空白处右击，在弹出的如图 2-7 所示的快捷菜单中选择“层叠窗口”命令，打开的三个窗口以层叠的方式在桌面显示，如图 2-8 所示；选择“堆叠显示窗口”命令，打开的三个窗口以堆叠的方式在桌面显示，如图 2-9 所示；选择“并排显示窗口”命令，打开的三个窗口以并排的方式在桌面显示，如图 2-10 所示。

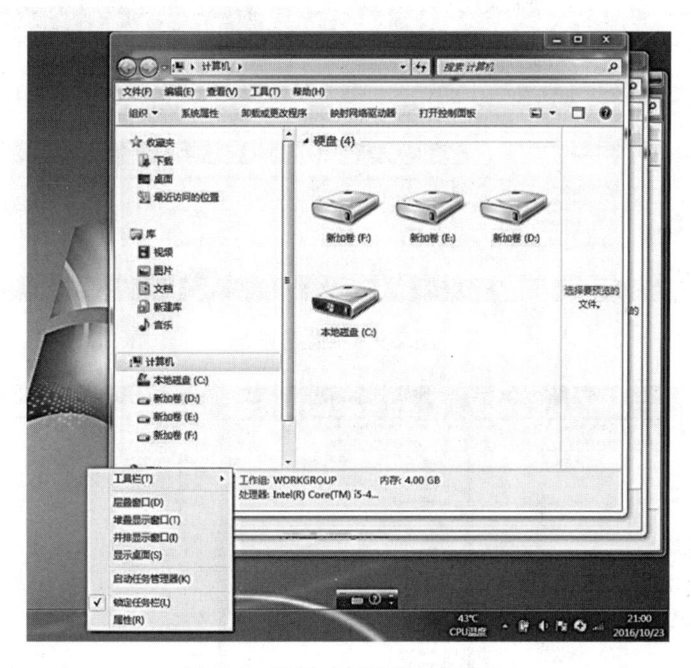

图 2-7 选择“层叠窗口”命令

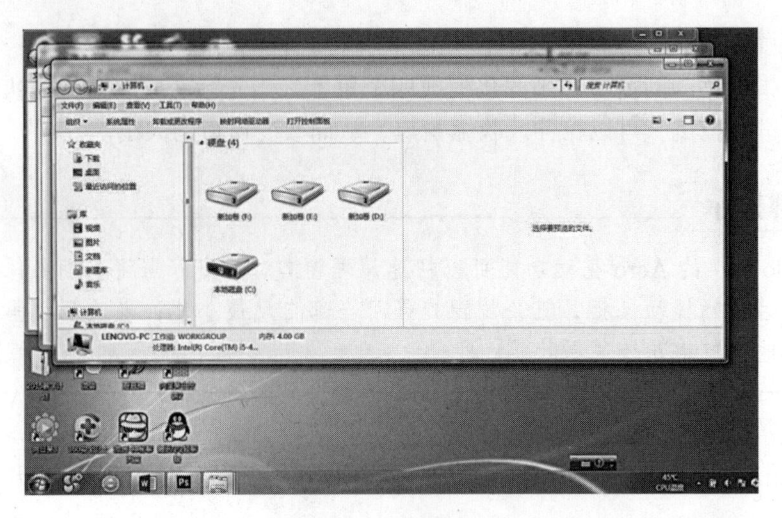

图 2-8　层叠窗口

图 2-9　堆叠窗口

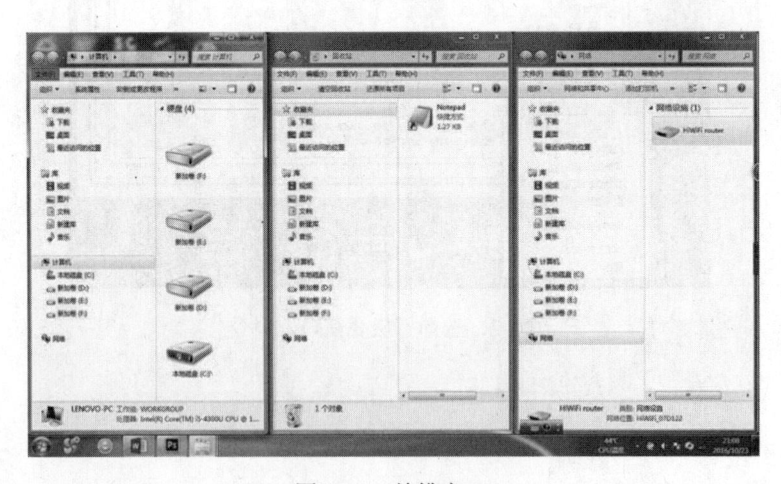

图 2-10　并排窗口

步骤 3：在不同的窗口间切换。

将鼠标指针移至任务栏中显示的某程序图标上，在该图标的上方显示出该程序打开的所有窗口预览缩略图，如图 2-11 所示，单击其中一个缩略图，即可切换至该窗口。

图 2-11　任务栏中程序的预览窗口

按 Alt +Tab 键，切换面板中显示当前打开的窗口缩略图，除了当前选定的窗口外，其余的窗口都呈现透明状态。按住 Alt 不放，再按 Tab 键或滚动鼠标滚轮就可以在现有窗口缩略图中切换，如图 2-12 所示。

图 2-12　按 Alt+Tab 键切换窗口

按 Win+Tab 键切换窗口，可以看到窗口的 3D 效果，按住 Win 不放，再按 Tab 键或滚动鼠标滚轮，便可以在各个窗口间切换，如图 2-13 所示。

图 2-13　按 Win+Tab 键切换窗口

步骤 4：更改桌面图标。

在桌面空白处单击鼠标右键，在弹出的快捷菜单中选择“个性化”命令，打开“个性化”窗口，如图 2-14 所示。

单击“个性化”窗口左侧的“更改桌面图标”，打开“桌面图标设置”对话框（见图 2-15），选中“计算机”和“网络”复选框，单击“确定”按钮，就可在桌面添加这两个系统图标。

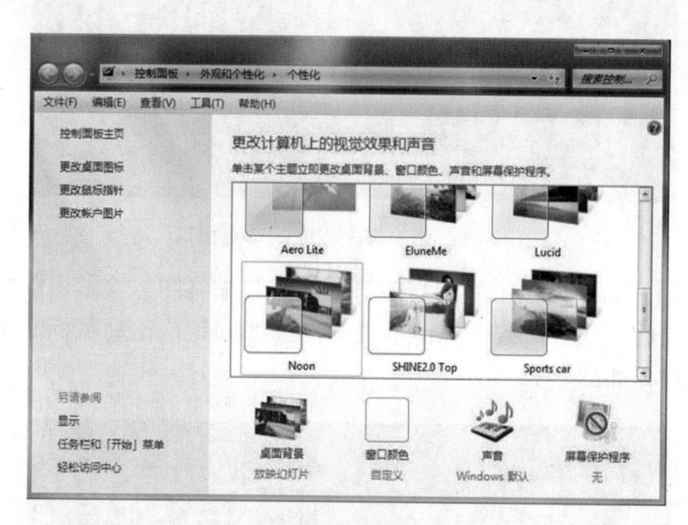

图 2-14 “个性化”窗口

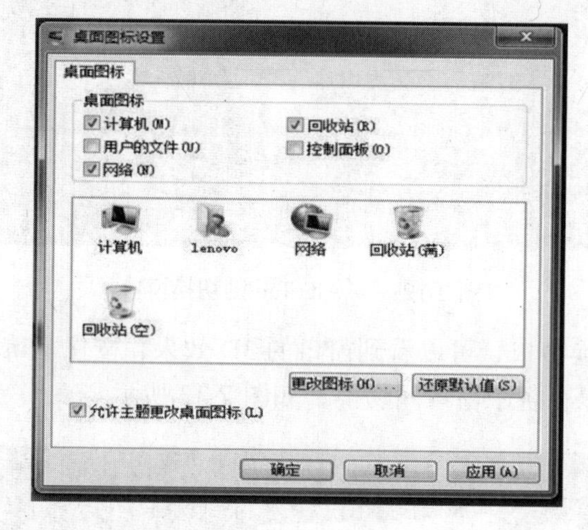

图 2-15 “桌面图标设置”对话框

温馨提示

刚装好的 Windows 7 桌面比较干净，用户可根据需要单击“个性化”窗口中的“更改桌面图标”，在弹出的“桌面图标设置”对话框中添加和更改系统图标。

从桌面上删除图标，只是删除了快捷方式，并没有将快捷方式所代表的应用程序或文档从计算机中卸载或删除。

步骤 5：排列桌面图标。

在桌面空白处单击鼠标右键，打开快捷菜单，将鼠标指向快捷菜单中的“排序方式”，展开下级菜单（见图 2-16），分别选择“大小”、“项目类型”、“修改日期”命令，则桌面上的图标可按照所选择排列方式重新排列。

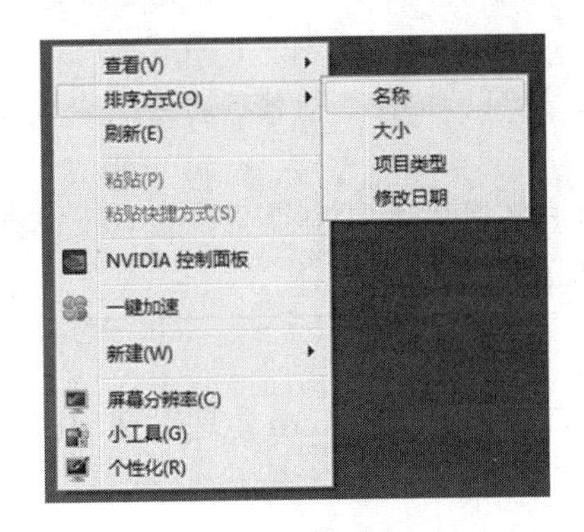

图 2-16　排列图标菜单

步骤 6：设置桌面背景。

在图 2-14 所示的“个性化”命令窗口中，单击“桌面背景”图标，打开“选择桌面背景”窗口，在“图片位置”下拉菜单里选择“Windows 桌面背景”选项，此时，会在预览窗口中看到“Windows 桌面背景”中所有图片的缩略图，如图 2-17 所示。

图 2-17　“桌面背景”窗口

在默认设置下，所有图片都处于选定状态，用户可单击“全部清除”按钮，清除图片选定状态。单击选中“中国”中的“CN-wp5”图片，在“图片位置”选择“填充”，再单击“保存修改”按钮，即可将该图片设置为桌面背景。

若在“桌面背景”窗口里单击“全选”按钮，或者通过单击选定多张图片，在“更改图片时间间隔”下拉列表中选择“10 秒钟”，则表示桌面背景图片以幻灯片的形式每隔 10 秒钟更换一张背景图片，若用户选择“无序播放”复选框，图片将随机切换，否则图片将按顺序切换。

温馨提示

- 桌面背景图片可以使用系统自带的，也可以由用户单击“浏览”按钮，选择存储设备中的图像文件。
- “图片位置”提供填充、适应、拉伸、平铺、居中五个选项，用于调整图片大小和屏幕大小之间的适应性。
- 除了设置桌面背景，用户还可以在“个性化”窗口下打开“窗口颜色”窗口，根据自己的喜好自定义 Windows 外观。

步骤 7：设置桌面主题。

在打开的“个性化”窗口中，单击“Aero 主题”选项区中的“自然”选项，更换桌面主题，如图 2-18 所示。

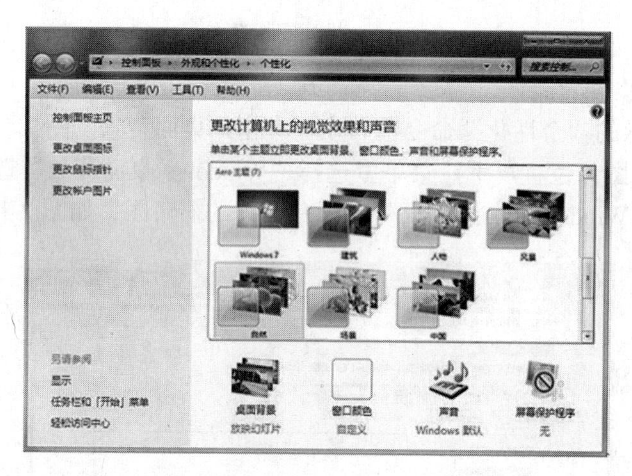

图 2-18 选择“自然”主题

在桌面右击，在弹出的快捷菜单中选择“下一个桌面背景”命令，即可更换该主题系列中的桌面墙纸，如图 2-19 所示。

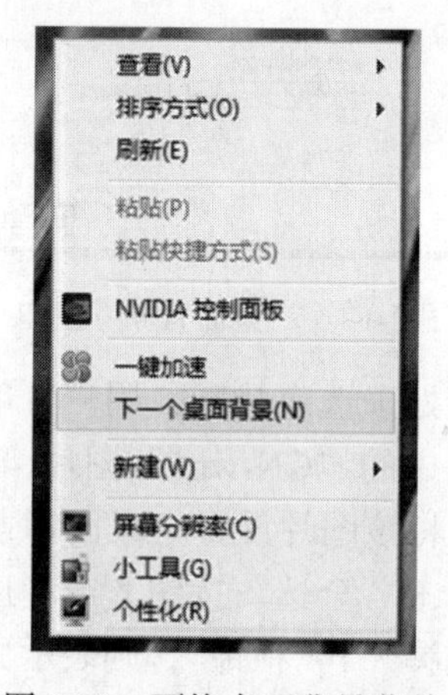

图 2-19 更换桌面背景菜单

做中学

主题是 Windows 为用户搭配完整的系统外观和系统声音的一套设置方案，包括风格、壁纸、屏保、鼠标指针、系统声音事件、图标等。Windows 7 系统为用户提供了多种风格的主题，常使用的为“Aero 主题”和“基本和高对比度主题”两大类，用户也可以到网上下载更多地主题。其中“Aero 主题”具有 3D 渲染效果和半透明效果，可以将系统界面装扮得更加美观时尚。

步骤 8：使用小工具。

在桌面空白处右击，从快捷菜单中选择“小工具”，打开小工具窗口，如图 2-20 所示。分别双击“日历”和“CPU 仪表盘”，将这两个工具添加到桌面上。

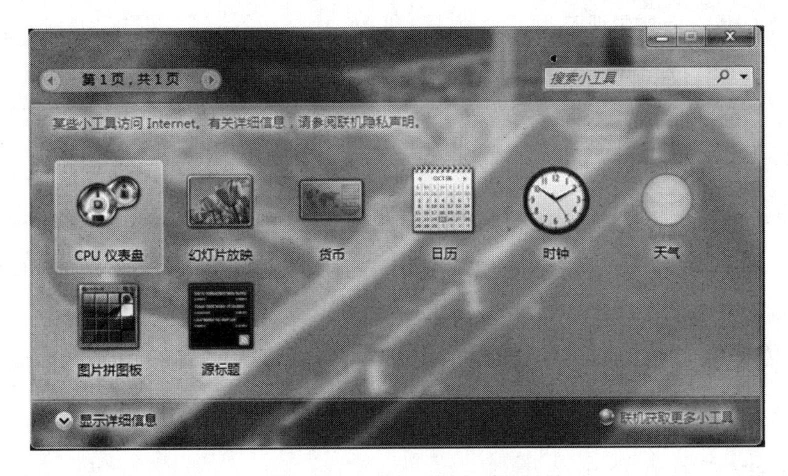

图 2-20 “小工具”窗口

步骤 9：添加和删除输入法。

右击任务栏中的语言栏，在弹出的快捷菜单中单击“设置”命令，打开“文本服务和输入语言”对话框，如图 2-21 所示。

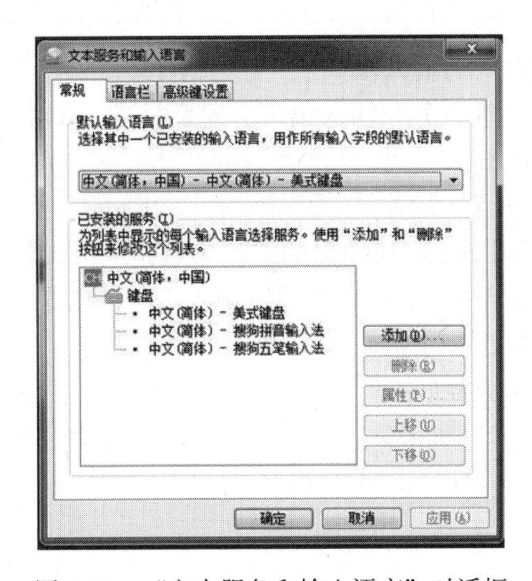

图 2-21 “文本服务和输入语言”对话框

单击“已安装的服务”列表右侧的“添加”按钮，打开“添加输入语言”对话框，如图 2-22 所示，勾选该对话框中的“中文（简体）-微软拼音 ABC 输入风格”复选框，单击“确定”按钮，返回“文本服务和输入语言”对话框。此时在“已安装的服务”列表里可以看到刚添加的输入法，如图 2-23 所示。

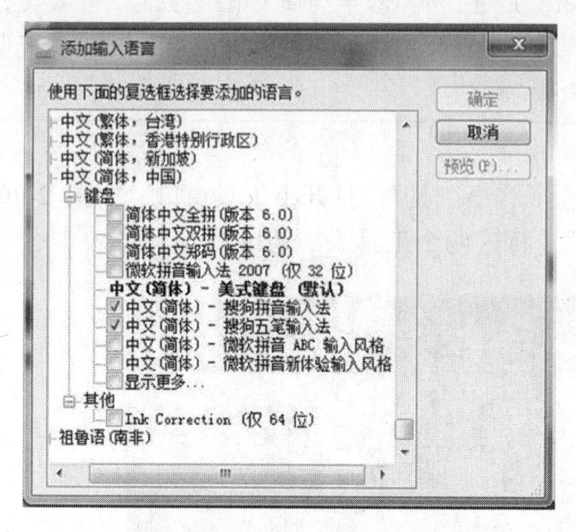

图 2-22 “添加输入语言”对话框

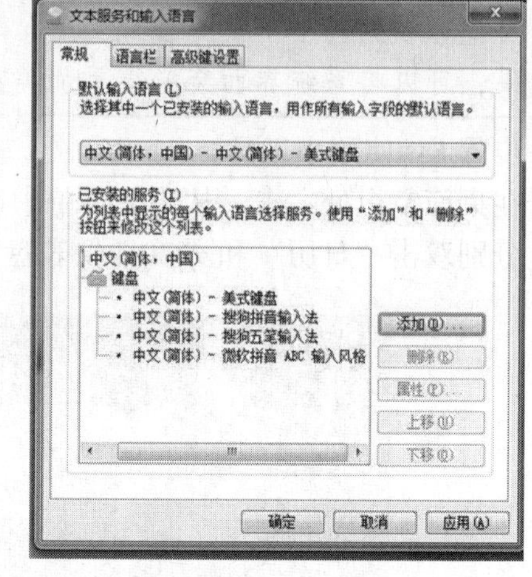

图 2-23 已经添加微软 ABC 输入法

单击“确定”按钮，完成输入法的添加。

在“已安装的服务”列表里选择“搜狗拼音输入法”选项，单击“删除”按钮，可删除已安装的输入法。

做中学

在“控制面板”窗口中单击“更改键盘和其他输入法”，打开“区域和语言”对话框，在该对话框中单击“更改键盘”按钮，也可以打开“文本服务和输入语言”对话框。

步骤 10：设置开机默认的输入法。

在图 2-21 所示的“文本服务和输入语言”对话框中，单击“默认输入语言”项的下拉列表，可设置默认的输入法。

步骤 11：切换输入法。

单击任务栏上的语言栏图标，在弹出的菜单中选择需要的输入法，即可切换输入法。也可同时按下键盘上的 Ctrl+Shift 组合键切换输入法。同时按下键盘上的 Ctrl+空格键，可以在中文和英文输入法之间切换。

步骤 12：设置屏幕保护程序。

打开如图 2-14 所示的个性化窗口，单击窗口右下方的“屏幕保护程序”，打开“屏幕保护程序设置”对话框，如图 2-24 所示。

图 2-24　“屏幕保护程序设置”对话框

选择“屏幕保护程序”下拉列表框中“三维文字”选项；在“等待”微调框内设置时间为“1”分钟；选中“在恢复时显示登录屏幕”复选框。此三项操作表示屏幕保护程序的样式为“三维文字”；在不操作计算机 1 分钟后自动启动；如果用户设置了计算机登录密码，则在恢复时需要输入登录密码。

单击“设置”按钮，进入“三维文字设置”对话框，在“自定义文字”文本框中输入“欢迎使用 Windows7 系统”，然后详细设置屏幕保护的文字大小、旋转速度、字体颜色等，如图 2-25 所示。设置完成后，单击“确定”按钮，返回到“屏幕保护程序设置”对话框，单击“确定”按钮，完成设置。

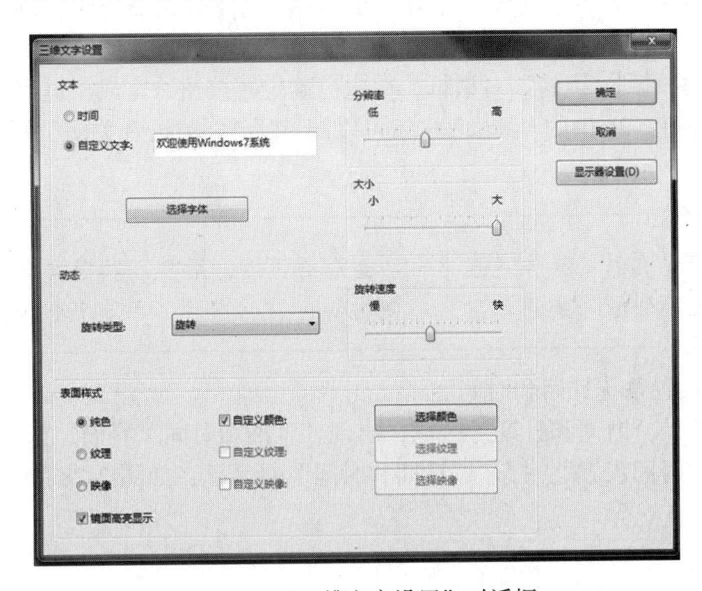

图 2-25　“三维文字设置”对话框

温馨提示

如果用户在一段时间内既没有按键盘，也没有移动鼠标，Windows 系统将自动启动屏幕保护程序，该程序运行的界面将遮盖用户操作的界面，起到保护用户系统和数据的作用。

步骤 13：设置系统声音。

打开如图 2-14 所示的个性化窗口，单击窗口下的“声音”，打开“声音”对话框，选择“声音”选项卡，如图 2-26 所示。

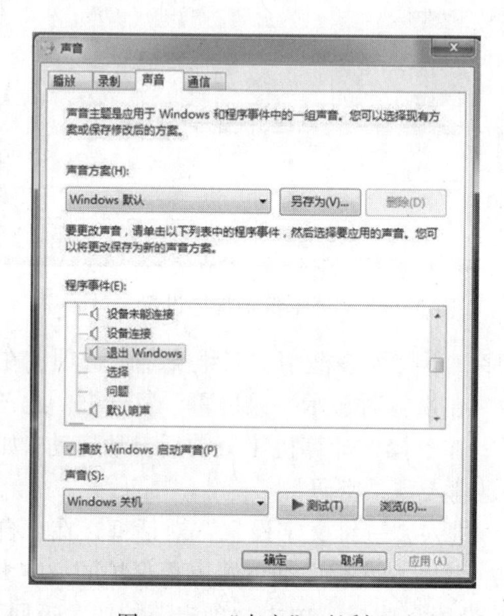

图 2-26 “声音”对话框

在“程序事件”列表里选择“退出 Windows”选项，然后单击“浏览”按钮，打开“浏览新的退出 Windows 声音”对话框，在里面选择“语音关闭”音乐文件，然后单击“打开”按钮，返回到“声音”对话框，单击“确定”按钮，完成“退出 Windows”时的声音设置。单击图 2-26 中的“测试”按钮可以测试所选的“语音关闭”声音文件的效果。

温馨提示

系统声音是在系统操作过程中自动播放的声效，用户可以根据自己的喜好更改系统声音。注意设置系统声音时只能使用 wav 波形文件，不能直接使用 mp3 文件。

步骤 14：设置系统日期和时间。

单击任务栏的“时间和日期”区域，出现“日期和时间”界面，如图 2-27 所示，单击“更改日期和时间设置”，打开“日期和时间”对话框，如图 2-28 所示。

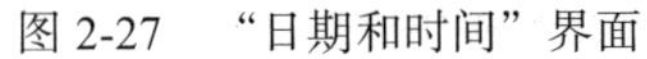
图 2-27　“日期和时间”界面　　　　图 2-28　“日期和时间”对话框

单击“更改日期和时间”按钮，进入“日期和时间设置”对话框，在“日期”列表框里设置正确的日期，在“时间”数字框内输入正确的时间，如图 2-29 所示。单击“确定”按钮，返回“日期和时间设置”对话框，再单击“确定”按钮，则当前系统时间显示为新设置的时间。

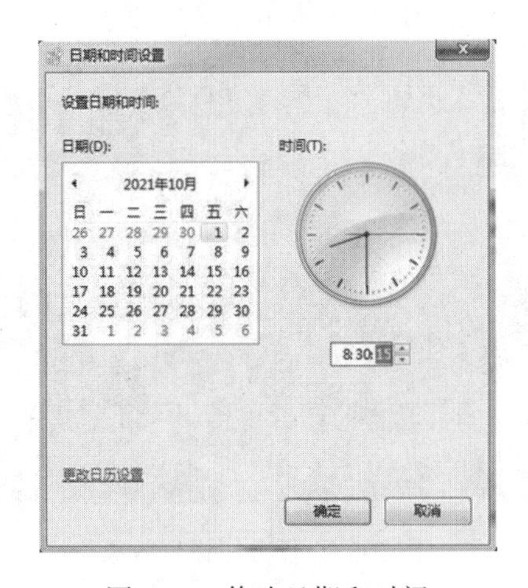

图 2-29　修改日期和时间

温馨提示

如果用户想要将设置的日期和时间与 Internet 时间同步，可选择“日期和时间”对话框中“Internet 时间”选项卡，在“Internet 时间设置”对话框中进行设置。

如果想在任务栏“日期和时间”的对应区域上同时查看其他国家和地区的日期和时间，可在“日期和时间”对话框中“附加时钟”选项卡中进行设置。在任务栏“日期和时间”的对应区域内，一般最多显示 3 个时区的时钟。

步骤 15：设置任务栏。

右击任务栏空白处，在弹出的快捷菜单中取消选择“锁定任务栏”，如图 2-30 所示。然后将鼠标指针移到任务栏的边框，当指针变成双箭头形状时，拖动鼠标，调整任务栏为自己想要的大小。

再次右击任务栏，在如图 2-30 所示的快捷菜单中单击“属性”选项，打开“任务栏和“开始”菜单属性”对话框，如图 2-31 所示。在“任务栏”选项卡中勾选“锁定任务栏”、“自动隐藏任务栏”和“使用小图标”复选框，在“屏幕上的任务栏位置”下拉列表框内选择“右侧”选项。单击“确定”按钮。

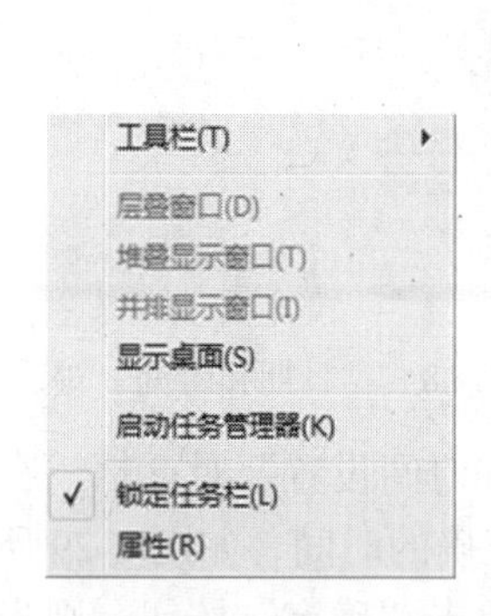

图 2-30 解除锁定任务栏

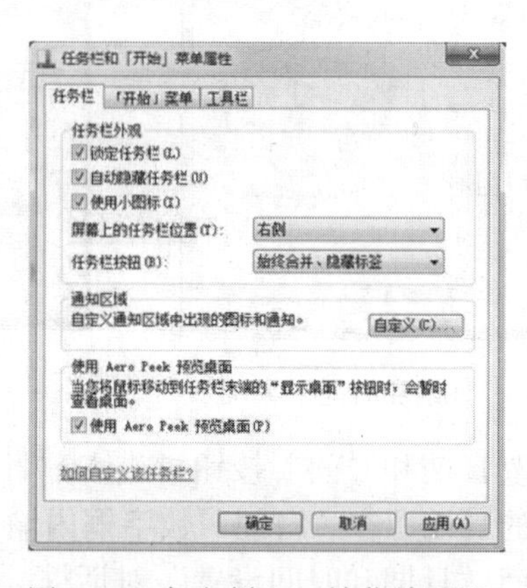

图 2-31 任务栏和开始菜单属性

任务栏设置后的最终效果如图 2-32 所示。

图 2-32 任务栏设置效果

温馨提示

未锁定的任务栏可以左右拉动，而锁定的任务栏择不能调整左右位置。

在图 2-30 中，利用其中的“工具栏”，用户可以在任务栏添加或取消相应的工具。此设置也可在“任务栏和‘开始’菜单属性”对话框中的“工具栏”选项卡中进行设置。

当任务栏被隐藏时，用户可以按下键盘左下角 Ctrl 和 Alt 之间的键（Windows 键）来打开“开始”菜单。

步骤 16：更改鼠标指针的形状。

右击桌面，在弹出的快捷菜单中选择“个性化”命令，打开“个性化”窗口。

单击窗口左边的“更改鼠标指针”，打开“鼠标属性”对话框。选择“指针”选项卡，如图 2-33 所示。

在“方案”下拉列表框内选择“Windows Aero（特大）（系统方案）”，鼠标指针即变为特大鼠标样式。

在“自定义”列表中选中“正常选择”选项，然后单击“浏览”按钮，打开“浏览”对话框，如图 2-34 所示，在对话框中选择笔样式后，单击“打开”按钮，返回“鼠标属性”对话框，单击“确定”按钮，此时鼠标指针的样式改变成笔，形状也变得更大。

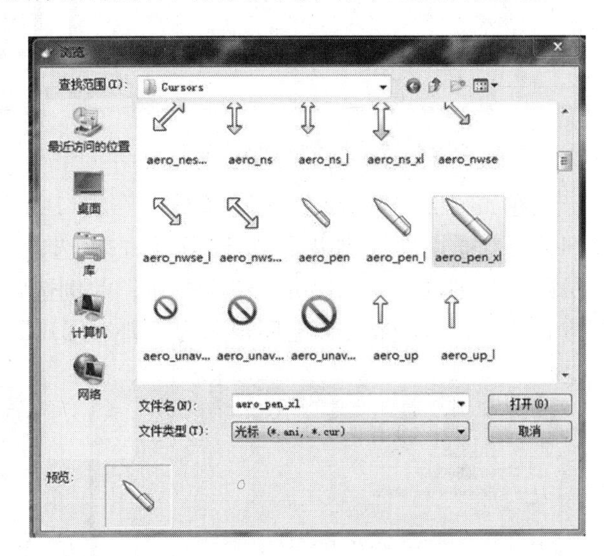

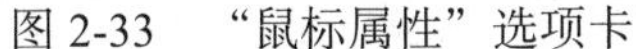

图 2-33 “鼠标属性”选项卡

图 2-34 改变鼠标样式

温馨提示

在默认情况下，Windows 7 操作系统中的鼠标指针为 形状，系统自带了很多鼠标形状，用户可以根据自己喜好更改鼠标指针外形。

通过控制面板里的“鼠标”图标也可以进入鼠标属性的设置，如：更改鼠标上的按键属性、更改鼠标的灵敏度、更改指针的样式等。

通过控制面板里的“键盘”图标也可以进入键盘属性的设置，如：调整键盘的字符重复和光标的闪烁速度。

步骤 17： 创建新用户账户。

单击“开始”按钮，打开“开始”菜单，单击其中的“控制面板”命令，打开控制面板窗口，如图 2-35 所示。

在该窗口中单击“用户账户和家庭安全”组中的“添加或删除用户账户”，打开“管理账户”窗口，如图 2-36 所示，单击“创建一个新账户”，打开“创建新账户”窗口。

图 2-35 “控制面板”窗口

图 2-36 “管理账户”窗口

在如图 2-37 所示的“创建新账户”窗口中，在“新账户名”文本框内输入新用户的名称“普通用户”。如果是创建标准账户，选中“标准账户”单选按钮；如果是创建管理员账户，则选中“管理员”单选按钮；此例选中“标准账户”单选按钮。单击“创建账户”按钮，即可成功创建用户名为“普通用户”的标准账户，如图 2-38 所示。

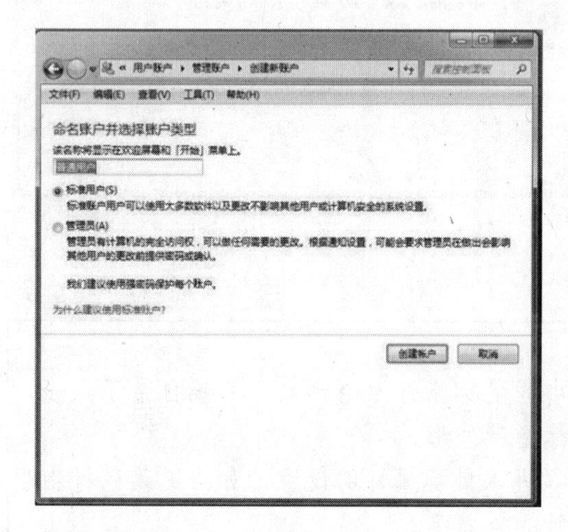

图 2-37 “创建新账户”窗口

图 2-38 创建“普通用户”标准账户

温馨提示

安装完 Windows 7 系统后，系统默认自动建立的用户账户是管理员账户。用户可以根据需要创建新的用户账户。

一般来说，用户账户的类型有 3 种：管理员账户、标准账户和来宾账户，不同账户拥有不同的操作权限。创建完新账户后，可以根据实际需要更改账户的类型，以此来改变该账户的操作权限。账户类型确定后，管理员也可以修改账户的设置，比如账户的名称、密码、头像图片，这些设置都可以在“管理账户”窗口中进行修改。

做中学

“控制面板”是配置系统环境的工具。用户根据实际需要配置系统环境时，也可以通过“控制面板”进行。在“开始”菜单中选择“控制面板”命令，即可以打开“控制面板”。

任务二　管理文件和文件夹

【任务引例】

公司在利用计算机实现办公自动化时经常需要对计算机上的文件进行分类存放，这涉及在 Windows 7 系统中建立文件、文件夹，并对文件或文件夹进行查找、选择、复制、移动或删除等操作。

本任务包含的操作有：创建文件、新建文件夹、文件或文件夹的重命名、文件复制或移动、文件删除、隐藏或显示该文件夹、搜索文件以及回收站操作。

【相关知识】

（1）文件

文件是指存储在计算机磁盘中的相关信息的集合，如一份文档、一张图片、一首歌、一个应用程序等。通常，这些信息最初是在内存中建立的，然后以用户给予的名称转存在磁盘上。文件名主要由“基本名”和“文件扩展名”构成，它们之间用英文的“.”隔开。

用户给文件命名时，必须遵循以下规则，文件名不能使用“？ ”、“*”、“/”、“<”、“、”等符号；文件名不区分大小写；文件名开头不能为空格；文件、文件夹名称长度不得超过 255 个字符。

在 Windows 中常用的文件扩展名及其表示的文件类型如表 2-1 所示。

表 2-1　Windows 7 常用文件扩展名及文件类型

扩展名	文件类型	扩展名	文件类型	扩展名	文件类型	扩展名	文件类型
AVI	视频文件	DAT	数据文件	FON	字体文件	RTF	文本格式文件
BAK	备份文件	DCX	传真文件	HLP	帮助文件	SCR	屏幕文件
BAT	批处理文件	DLL	动态链接库	INF	信息文件	TTF	TrueType 字体文件
BMP	位图文件	DOC	Word 文件	MID	乐器数据接口文件	TXT	文本文件
EXE	可执行文件	DRV	驱动程序文件	MMF	Mail 文件	WAV	声音文件

（2）文件夹

文件夹用于管理计算机中的文件，通过将不同的文件分类保存在相应的文件夹中，可以让用户方便快捷地找到所需文件。

文件夹的外观由文件夹图标和文件夹名称组成。文件夹中可以包含文件，也可以包含其他文件夹。

（3）磁盘

磁盘通常是指计算机硬盘上划分出的分区，如图 2-39 所示，是存放计算机的各种资源的物理设备。磁盘由盘符来加以区别，盘符通常用大写英文字母加一个冒号来表示，如 D：盘。

用户可根据工作的需要在不同的磁盘内存放不同的文件。一般来说，C：盘是第一个磁盘分区，常用来存放系统文件；D：盘常用来存放安装的用户程序，E：盘则可用来保存工作学习中使用的文件。

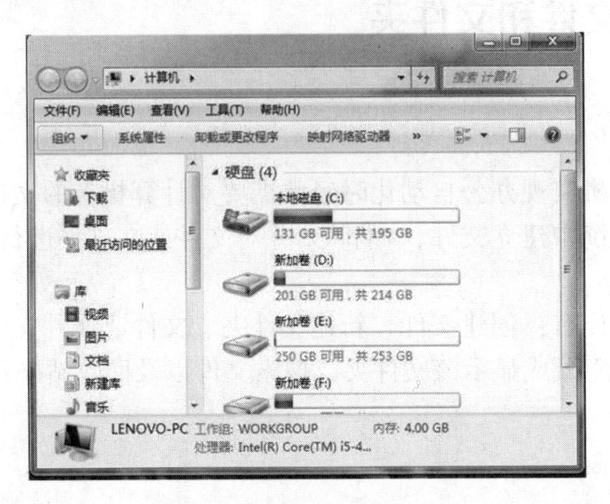

图 2-39　计算机的各个磁盘

（4）磁盘、文件和文件夹之间的关系

文件和文件夹都存放在计算机的磁盘中，文件夹可以包含文件、子文件夹，子文件夹内又包含文件或子文件夹，依次类推，形成文件和文件夹的树形关系，如图 2-40 所示。

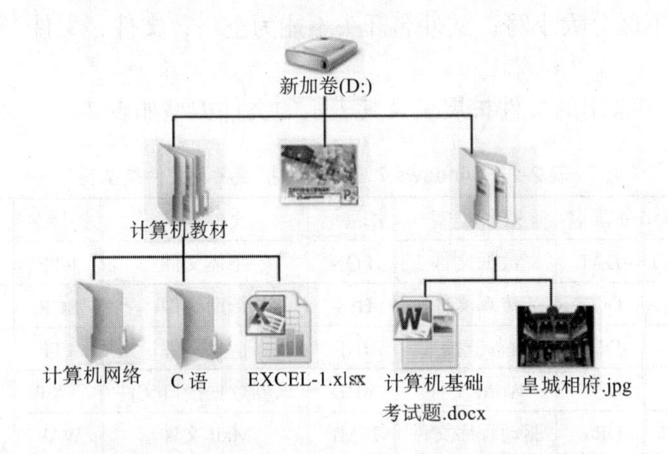

图 2-40　磁盘、文件和文件夹之间的关系

（5）磁盘、文件和文件夹的路径

路径是指文件或文件夹在计算机中的存储位置。当打开某个文件夹时，在地址栏中即可看到该文件夹的路径。路径的结构一般包括磁盘名称、文件夹名称和文件名称，它们之间用“\”隔开。例如，在 D：盘下的“计算机基础考试”文件夹里的“皇城相府.jpg”，文件路径为“D：\计算机基础考试\皇城相府.jpg”。

【业务操作】

步骤 1：创建文件并重新命名。

双击桌面上的“计算机”图标，打开“计算机”窗口，然后双击“本地磁盘（E:）”盘符，打开 E：盘。

在窗口空白处右击，在弹出的快捷菜单中选择【新建】|【文本文档】命令，如图 2-41 所示。此时窗口内出现“新建文本文档.txt”文件，并且文件名“新建文本文档”呈可编辑状态，如图 2-42 所示，用户输入“软件序列号”，则变为“软件序列号.txt”文件。

图 2-41 新建文本文档

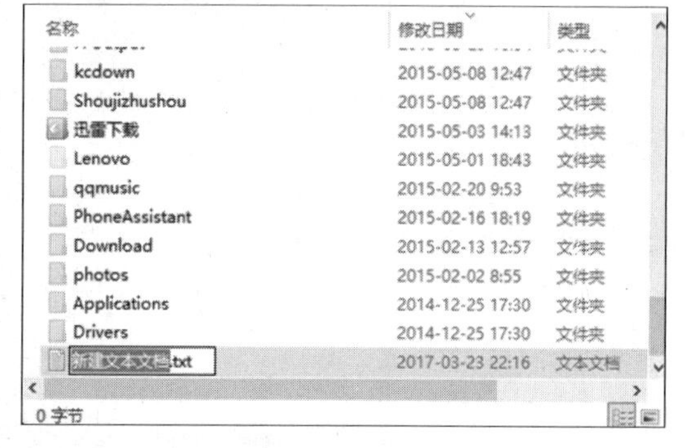

图 2-42 选择【新建】|【文本文档】命令

用同样的方法，在窗口空白处右击，在弹出的快捷菜单中选择【新建】|【Microsoft Word 文档】命令，此时窗口内出现“新建 Microsoft Word 文档.docx”文件，并且文件名“新建 Microsoft Word 文档”呈可编辑状态，用户输入“员工招聘”，则变为“员工招聘.docx”文件；同样再新建“员工名单.xlsx”和“营业执照.bmp”文件。

选择 E 盘，右击“员工招聘.docx”文件，在弹出的快捷菜单中选择【重命名】命令，文件名变为可编辑状态，如图 2-43 所示，此时输入“录用制度”，则“员工招聘.docx”文件改名为“录用制度.docx”文件。

图 2-43 文件重命名

步骤 2：创建文件夹并重新命名。

在“计算机”窗口左边导航窗格选择 D：盘，打开 D：盘窗口，单击【文件】菜单中的【新建】|【文件夹】命令，此时窗口中出现名字为“新建文件夹”的文件夹，由于文件夹名称处于可编辑状态，直接输入“综合部”，则变成“综合部”文件夹，如图 2-44 所示。

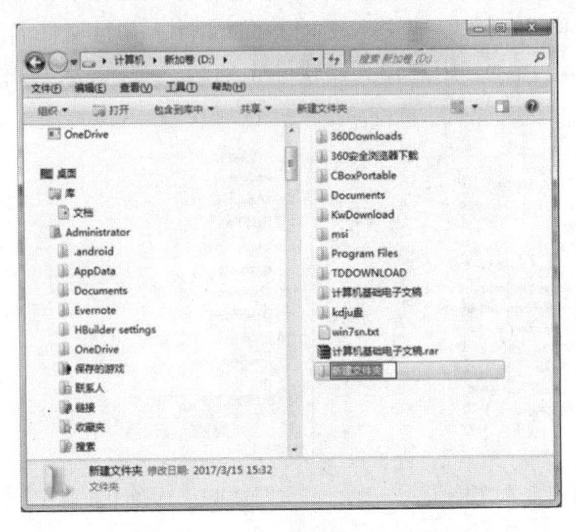

图 2-44 新建“综合部”文件夹

双击“综合部”文件夹图标，打开该文件夹，用鼠标右击窗口空白处，在弹出的快捷菜单中选择【新建】|【文件夹】命令，然后输入文件夹名“办公”；同样再建立“下载”文件夹。

选择 D 盘，打开“综合部”文件夹，右击“下载”文件夹，在弹出的菜单中选择【重命名】命令，文件夹名称变为可编辑状态，此时输入“软件”，则“下载”文件夹改名为“软件”文件夹。

温馨提示

用户对文件或文件夹进行操作之前，先要选定文件或文件夹，选定的目标在系统默认下呈蓝色状态显示。

- 选择单个文件或文件夹：单击文件或文件夹图标。
- 选择多个相邻的文件或文件夹：选择第一个文件或文件夹后，按住 Shift 键，然后单击最后一个文件或文件夹。
- 选择多个不相邻的文件或文件夹：选择第一个文件或文件夹后，按住 Ctrl 键，逐一单击要选择的文件或文件夹。
- 选择所有文件或文件夹：按下键盘上的 Ctrl+A 组合键，即可选定当前窗口中所有文件或文件夹。
- 选择某一区域的文件或文件夹：在需要选择的文件或文件夹起始位置按下左键进行拖动，此时窗口出现一个蓝色矩形框，当该矩形框包含了需要选择的文件或文件夹后，松开左键，即可完成选择。

步骤 3：复制和移动文件或文件夹。

打开“计算机”窗口，双击“本地磁盘（E:）”盘符，打开 E：盘，选中其中的“录用制度.docx”文件，右击该文件，在弹出的快捷菜单中选择【复制】命令，如图 2-45 所示。

选择 D：盘，双击打开“综合部”文件夹，再双击打开“办公”，右击窗口空白处，在弹出的快捷菜单中选择【粘贴】命令，如图 2-46 所示，“录用制度.docx”文件即可复制到“办公”文件夹中。

图 2-45　“复制”命令　　　　图 2-46　“粘贴”命令

打开 E：盘，右击“软件序列号.txt”文件，在弹出的快捷菜单中选择“剪切”命令，如图 2-47 所示。

打开 D：盘，选择“综合部”下面的“软件”文件夹打开，右击窗口空白处，在弹出的快捷菜单中选择【粘贴】命令，则“软件序列号.txt ”文件被移动到 D：盘“软件”文件夹里，如图 2-48 所示。

图 2-47　“剪切”命令　　　　图 2-48　移动至“软件”文件夹

温馨提示

复制、移动文件或文件夹都是将文件或文件夹从原来的位置放到目标位置，二者的区别在于：复制时，文件或文件夹在原位置仍保留，仅仅是将副本放到目标位置；移动时，文件或文件夹在原位置被删除并放到目标位置。

使用鼠标将文件或文件夹在不同的磁盘分区之间进行拖动时，Windows 的默认操作是复制；在同一分区中拖动时，Windows 的默认操作是移动。如果要在同一分区中从一个文件夹复制对象到另一个文件夹，必须在拖动鼠标时按住 Ctrl 键，否则将会移动所选对象。同样，在不同的磁盘分区之间移动文件，必须在拖动鼠标的同时按 Shift 键。

复制和移动操作也常使用组合快捷键完成。复制的快捷键是 Ctrl+C，粘贴的快捷键是 Ctrl+V，剪切的快捷键是 Ctrl+X。

步骤 4：删除文件或文件夹。

打开 E 盘，选择“录用制度.docx”文件，右击选中的文件，在打开的快捷菜单中选择【删除】命令，如图 2-49 所示；或者选中“录用制度.docx”文件，按 Delete 键删除，“录用制度.docx”文件即可被删除。

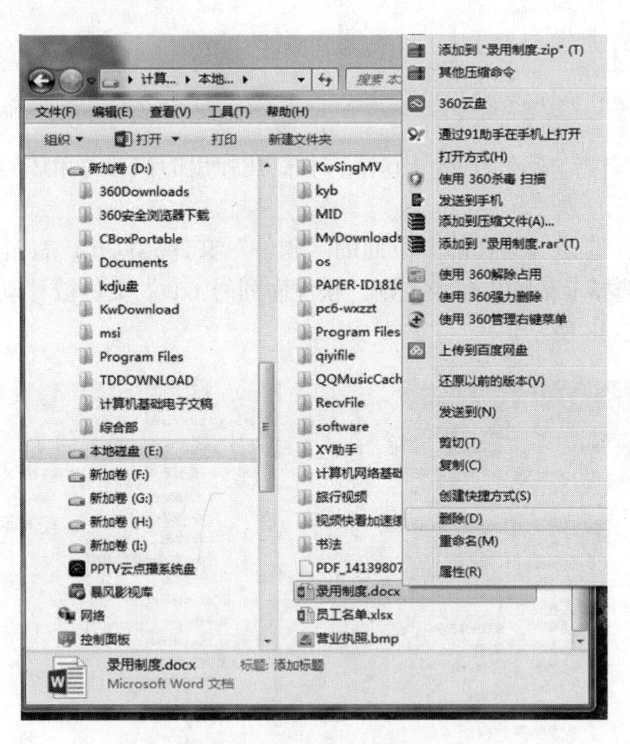

图 2-49 “删除”命令

打开 E 盘，选择“营业执照.bmp”文件，直接拖动该文件到桌面的“回收站”图标上，如图 2-50 所示，放开鼠标，“营业执照.bmp”文件也可删除。

图 2-50　鼠标拖动删除

温馨提示

对于不需要的文件或文件夹，应及时清理，这样既能保证计算机存储的文件(夹)都是有用的，也可以及时收回磁盘空间，有助于提高系统的性能。

除上述删除文件或文件夹的方法外，还可以单击窗口工具栏中的“组织”按钮，在弹出的下拉菜单中选择“删除”命令进行删除。

步骤 5：隐藏文件或文件夹。

右击 D 盘的“综合部”文件夹，在弹出的快捷菜单中选择【属性】命令，打开“综合部”文件夹的属性对话框。在“综合部 属性”对话框中的“常规”选项卡里，勾选“属性”组中的“隐藏”复选框，如图 2-51 所示。单击“确定”按钮，即可完成隐藏该文件夹的设置。

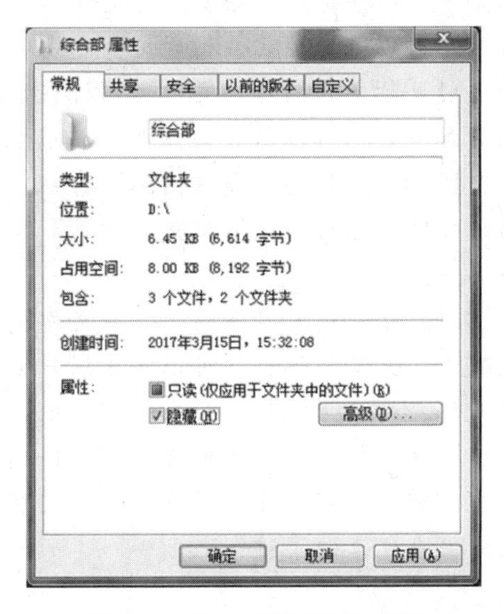

图 2-51　选中“隐藏”复选框

步骤6：显示具有隐藏属性的文件或文件夹。

系统一般不显示设置了隐藏属性的文件或文件夹，若想查看这些隐藏的文件或文件夹，可在“资源管理器”窗口或“计算机”窗口中，单击工具栏上的“组织”按钮，在弹出的菜单中选择“文件夹和搜索选项”命令，如图2-52所示。

在打开的“文件夹选项”对话框中，切换至“查看”选项卡，选中“高级设置”列表框中“隐藏文件和文件夹”组中的“显示隐藏的文件、文件夹和驱动器”单选按钮，如图2-53所示，单击“确定”按钮后，系统将显示被隐藏的“办公”文件夹。

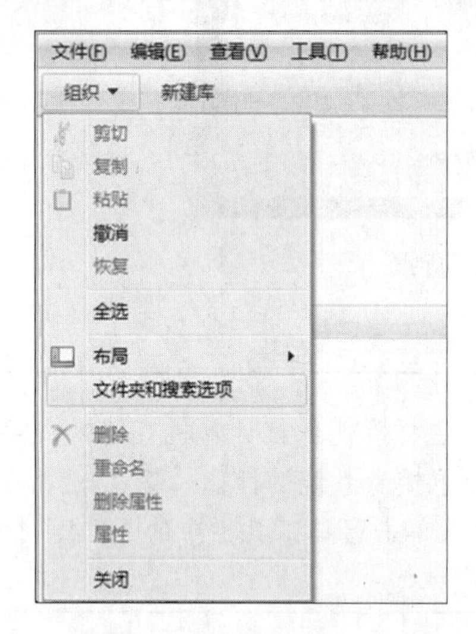

图2-52 选择“文件夹和搜索选项”命令

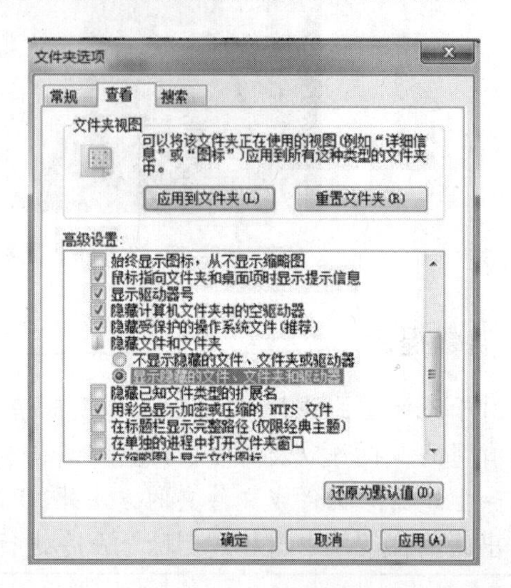

图2-53 选中“显示隐藏的文件、文件夹和驱动器”单选按钮

拓展阅读

文件、文件夹的属性设置还包括改变文件或文件夹的外观、设置文件或文件夹的只读属性、加密文件或文件夹等，用户可以根据需要对文件或文件夹进行各种设置。

文件或文件夹的图标外形可以进行改变。由于文件是由各种应用程序生成，都有相应固定的程序图标，所以一般无须更改图标。文件夹图标在系统默认下都很相似，如果想要将某个文件夹显示得更加醒目，可以打开文件夹的“属性”对话框，切换到“自定义”选项卡，单击“文件夹图标”组里的“更改图标”按钮，在打开的“更改图标”对话框内选择一张图片作为该文件夹图标，或者单击“浏览”按钮，在计算机硬盘里寻找一张图片作为该文件夹图标。

文件或文件夹的只读属性表示：用户只能对文件或文件夹的内容进行查看访问而无法进行修改。一旦文件被赋予了只读属性，就可以防止用户误操作删、除损、坏该文件或文件夹。要设置文件或文件夹的只读属性，可在其“属性”对话框的“常规”选项卡中，选中属性组中的“只读”复选框。如果文件夹内有文件或子文件夹，还会打开“确认属性更改”对话框，选中“将更改应用于此文件夹、子文件夹和文件”单选按钮，可将只读属性同时应用到该文件夹包含的子对象上。

步骤 7：搜索文件或文件夹。

单击“开始”按钮，在弹出的“开始”菜单里找到最底部的搜索框，如图 2-54 所示。

在搜索框内输入“互联网思维”，当文字输入完毕后搜索自动启动，搜索结果将显示在“开始”菜单中，如图 2-55 所示，单击“互联网思维 new”文件，即可打开该文件窗口。

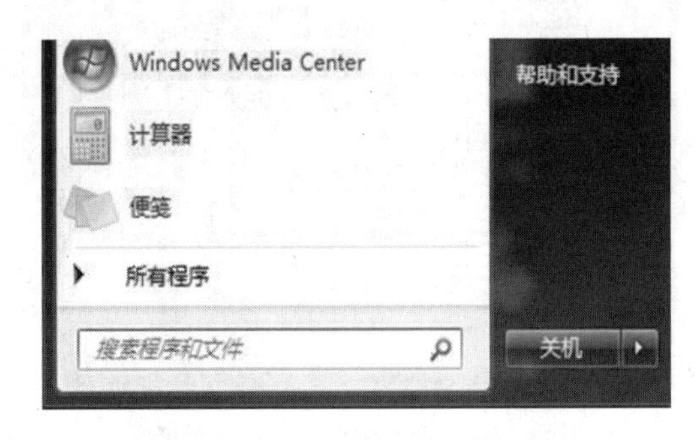

图 2-54　“开始”菜单搜索框

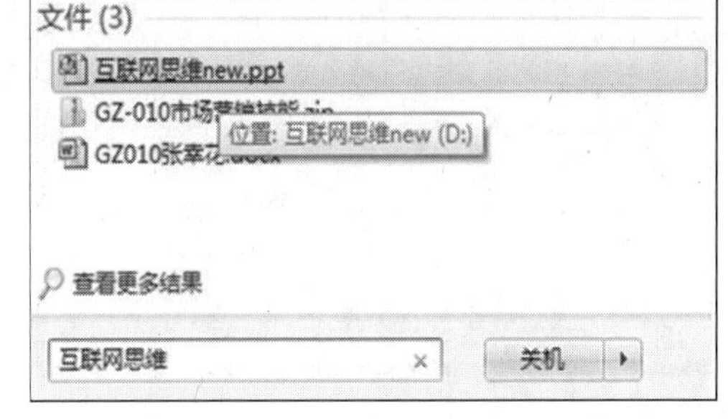

图 2-55　搜索结果

温馨提示

Windows 7 的搜索功能很强大，搜索的方式有两种：一种是使用“开始”菜单中的“搜索”文本框进行搜索；另一种是使用“计算机”窗口中的“搜索”文本框进行搜索。

“开始”菜单的搜索框位于菜单的最下方，它能够在全局范围内进行搜索。“计算机”窗口的搜索框位于窗口的右上角，其搜索范围仅限于当前目录，因此只有当前目录是根目录时，“计算机”窗口的搜索才会以该磁盘为搜索目标。如果想在某个特定的文件夹下搜索文件，应该首先进入该文件夹目录下，然后在搜索框输入关键字进行搜索。

步骤 8：从回收站中还原被删除的文件或文件夹。

在 Windows 中，被删除的文件或文件夹将进入回收站，而不是直接从磁盘里彻底被删除。打开“回收站”窗口，选中“营业执照.bmp”文件，右击“营业执照.bmp”文件图标，在弹出的快捷菜单中选择“还原”命令，如图 2-56 所示，这样可将“营业执照.bmp”文件还原到被删除之前的磁盘目录位置。也可在选中回收站中的对象后直接单击回收站窗口中工具栏上的“还原此项目”按钮。

步骤 9：彻底删除回收站中的文件或文件夹。

可在回收站中永久删除文件或文件夹。打开“回收站”窗口，选中“录用制度”文件，右击“录用制度”文件图标，在弹出的快捷菜单中选择“删除”命令，如图 2-57 所示。系统将弹出永久删除提示框，单击“是”按钮，该文件将被永久删除。

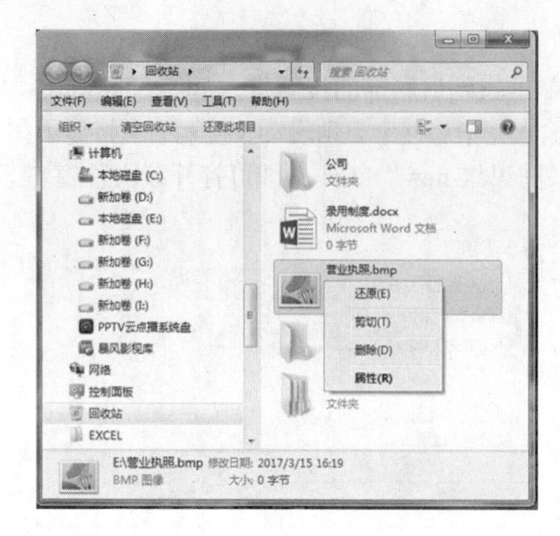

图 2-56　快捷菜单中的“还原”命令

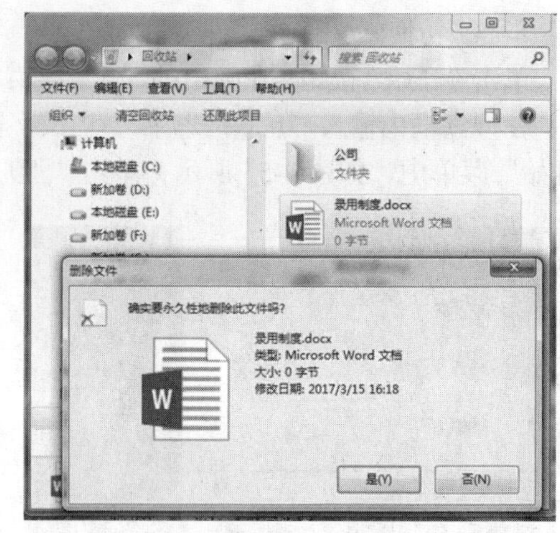

图 2-57　从回收站中永久删除文件

步骤 10：清空回收站。

清空回收站是将回收站里的所有文件和文件夹全部永久删除。右击桌面“回收站”图标，在弹出的快捷菜单中选择“清空回收站”命令，如图 2-58 所示。系统将弹出永久删除提示框，单击“是”按钮后，将清空回收站。

图 2-58　快捷菜单中“清空回收站”命令

温馨提示

被删除的文件或文件夹移入“回收站”中，仍会占用磁盘空间。可定期检查“回收站”，及时永久删除文件或文件夹，也可直接清空回收站。

若想直接删除文件或文件夹，而不是将其放入“回收站”中，可以在选中要删除的文件或文件夹时，同时按下键盘上的 Shift+Delete 组合键。

拓展阅读

回收站是系统默认存放已删除文件的场所。文件或文件夹被删除后，一般都会自动进入回收站，这样可以防止误删除文件。

可以使用回收站查看被删除的文件或文件夹的名称、原位置、删除日期、类型和大小，也可将其彻底删除或还原到原来的位置。

用户可以使用回收站的默认设置，也可以根据自己的需求进行回收站属性设置。右击桌面回收站图标，在弹出的快捷菜单中选择【属性】命令，打开“回收站属性”对话框，可以在该对话框内设置回收站的属性，如回收站位置、自定义大小等属性。

任务三　使用 Windows 7 的常用附件

【任务引例】

Windows 7 系统在附件中自带了很多工具软件，包括“写字板”、“画图”、“计算器”、“截图工具”、“数学输入面板”等。用户可以巧用 Windows 7 自带的工具软件，处理日常的编辑文本、绘制图像、计算数值和手写输入等操作。

【业务操作】

步骤 1：使用“写字板”。

选择【开始】|【所有程序】|【附件】|【写字板】，启动“写字板”程序，如图 2-59 所示。“写字板”是 Windows 7 系统自带的一款文字处理程序，可以使用写字板进行文档编辑、插入图片、声音、视频剪辑等，实现图文混排的效果。

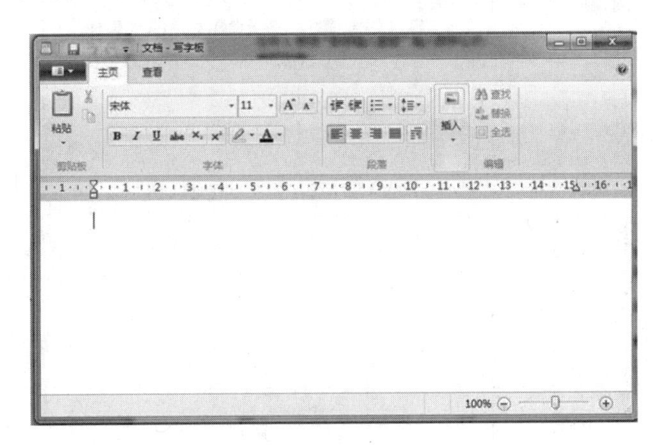

图 2-59　写字板的操作界面

步骤 2：使用“计算器”。

单击【开始】|【所有程序】|【附件】|【计算器】，启动“计算器”程序，如图 2-60 所示。计算器是一个数学计算工具，有多种使用模式，如标准模式、科学型模式、程序员模式、统计信息模式等，单击【查看】菜单可以选择需要的模式。

图 2-60　标准计算器

温馨提示

Windows 7 中的计算器的使用与现实中的计算器使用方法大致相同，但有些运算符号和现实计算器有些区别，如现实计算器中的“×”和“÷”分别在 Windows 7 的计算器中变为“*”、“/”。

步骤 3：使用“画图”。

单击【开始】|【所有程序】|【附件】|【画图】，启动“画图”程序，如图 2-61 所示。画图程序是一个图形绘制和编辑程序，使用该程序能绘制图形、查看和编辑外部图片等。“画图”程序窗口顶部是功能区，包括“剪贴板”、“工具”、“刷子”、“形状” 和“颜色”等选项组。在“画图”窗口中绘制图形的一般步骤包括选择颜色、设置线条、选择工具、绘制图形、保存等步骤。

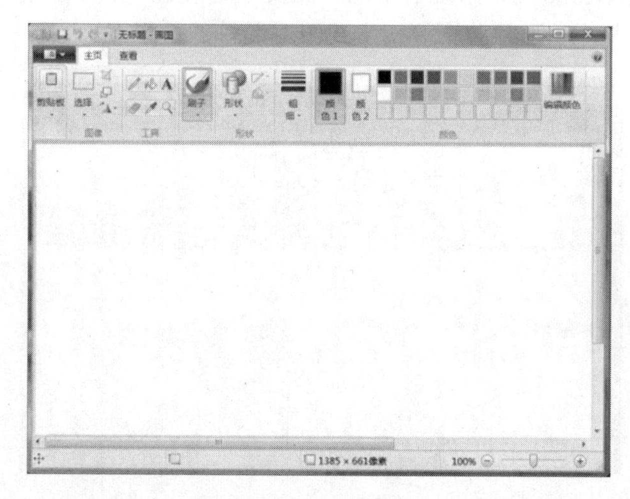

图 2-61 “画图”窗口

步骤 4：使用“截图工具”。

单击【开始】|【所有程序】|【附件】|【截图】，启动“截图工具”程序，如图 2-62 所示。截图工具能够方便快捷地帮助用户截取计算机屏幕上显示的任意画面，并且提供任意格式截图、矩形截图、窗口截图和全屏截图 4 种截图方式。

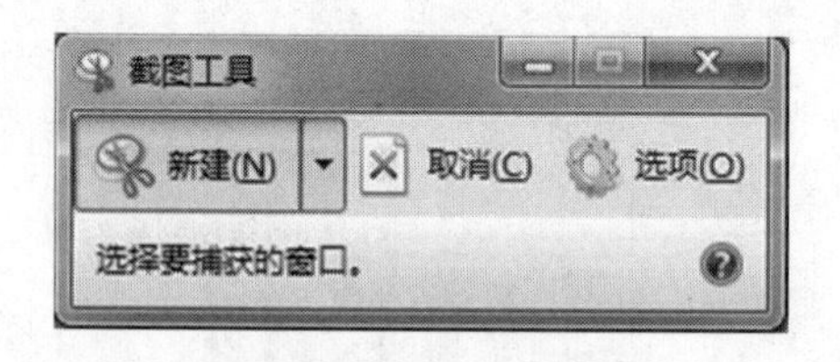

图 2-62 “截图工具”窗口

单击“新建”命令右侧的下拉三角，在弹出的下拉菜单中选择所需要的截图方式，就可以开始截图。截图完毕，选择【文件】|【另存为】命令，将截图文件保存到磁盘上。

“截图工具”窗口中还有 3 个编辑工具按钮，“笔”、“荧光笔”和“橡皮擦”，可以使用这些工具对截图进行编辑。“笔”可以随意在截图上绘画，还可以更换笔的颜色和样式；

“荧光笔”和现实荧光笔相似，无法更改颜色和样式；“橡皮擦”只能擦除“笔”和“荧光笔”编辑的痕迹，无法改变截图的初始效果。

任务四 安装打印机

【任务引例】

在 Windows 7 系统中，可以使用控制面板中的添加打印机向导安装打印机。安装打印机时，需要提供打印机驱动程序。本任务使用 Windows 7 系统自带的驱动程序安装型号为“HP Laserjet 1022”的打印机。

【业务操作】

步骤 1：在计算机关机状态下，用数据线将计算机和打印机连接起来。

步骤 2：正确连接后，启动计算机，单击“开始”按钮，在“开始”菜单中选择“设备和打印机”选项，打开如图 2-63 所示的窗口。单击“添加打印机”按钮，启动添加打印机向导。

步骤 3：在如图 2-64 所示的“要安装什么类型的打印机”界面中，选择“添加本地打印机”选项，单击“下一步”按钮。

图 2-63 “设备和打印机”窗口

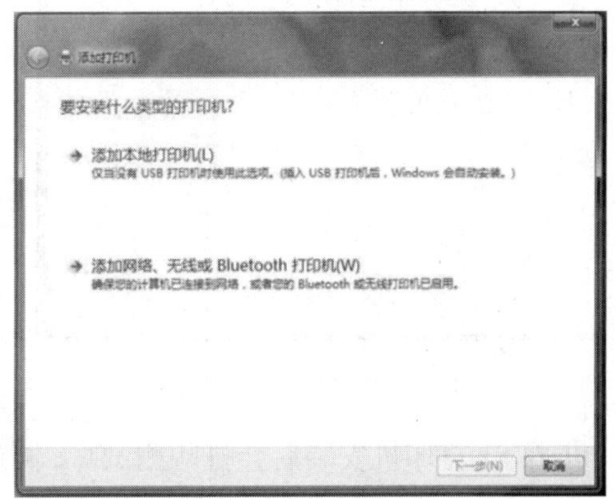

图 2-64 添加打印机向导

步骤 4：在如图 2-65 所示的“选择打印机端口”界面中，保持选中“使用现有的端口”选项，单击“下一步”按钮。

步骤 5：在如图 2-66 所示的“安装打印机驱动程序”界面中，选择打印机的正确型号，单击“下一步”按钮。

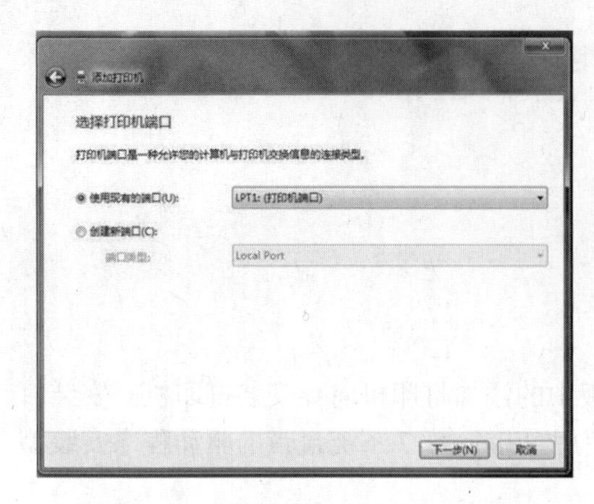

图 2-65　“选择打印机端口”对话框

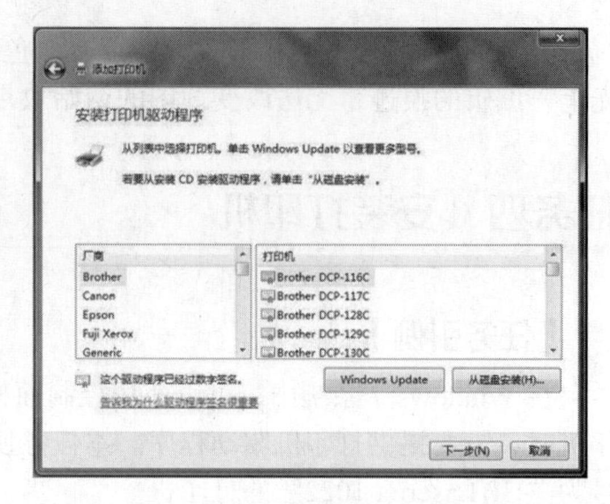

图 2-66　“安装打印机驱动程序”对话框

步骤 6：在如图 2-67 所示的“键入打印机名称”界面中，输入打印机名称，单击“下一步”按钮，系统将自动安装打印机驱动程序。

步骤 7：安装完毕后，系统自动打开成功添加打印机向导对话框，单击“完成”按钮。此时，在“打印机”窗口中，将显示刚刚添加的打印机图标，如图 2-68 所示。

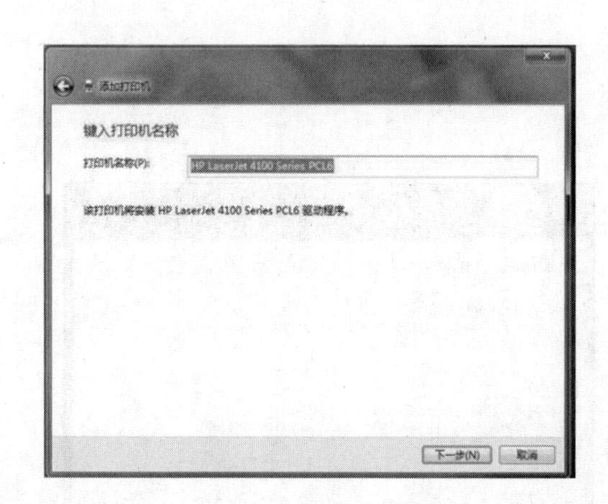

图 2-67　键入打印机名称

图 2-68　显示新添加的打印机

步骤 8：打印机安装后会打印测试页，测试页打印正确后，说明打印机可以正常使用。

项目小结

本项目根据实际需求定制了个性化的 Windows 7 系统环境，对计算机中的文件进行分类存放，并安装了打印机。项目的操作涵盖了桌面操作、任务栏操作、窗口操作、菜单操作；文件或文件夹的建立和重命名；复制、移动和删除文件或文件夹；文件属性的设置；打印机的安装；Windows 7 附件中几个实用的工具软件的使用。

习题与实训

1．在桌面上添加“计算机”、“网络”和“控制面板”图标。

2．在桌面上显示“日历”和“时钟”图标。

3．设置任务栏自动隐藏。

4．选择一种自己喜欢的 Aero 主题作为桌面背景。

5．设置桌面背景为自己喜欢的一张图片。

6．设置屏幕保护程序为“彩带”，等待时间为 5 分钟，恢复时返回登录屏幕。

7．在 D 盘根目录下以自己的名字新建文件夹，在该文件夹下再建立 3 个子文件夹：“Word 文件”、“Excel 文件”和“图片”。

8．利用开始菜单中的搜索功能搜索“*.Jpg”文件。在搜索结果中选择三个文件复制到上题建立的“图片”文件夹中。

9．将“图片”文件夹重命名为“我的图片”。

项目三　Word 文档处理

学习目标

Microsoft Word 是微软公司办公软件 Microsoft Office 的重要组件之一，它具备强大的文档处理功能，包括文字排版、表格制作、图文混排等，可以完成日常生活和商务办公中的各种文书处理工作。

通过本项目的学习，能够使读者了解 Word 的基本操作，掌握字体与段落格式的设置；掌握图文混排的方法；掌握 Word 文档中各种对象的插入方式；掌握表格的创建和编辑以及大纲、样式与目录的制作方法等功能。

工作任务

通过本项目的实践，围绕综合管理部日常工作，用 Word 软件制作完成员工招聘与录用管理制度、员工入职登记表、入职通知书、办公软件应用能力测试试卷以及综合管理部工作制度等文档。

项目引例

众惠电脑官方旗舰店是一家以电脑硬件销售和整机组装销售为主要业务的电商企业。随着公司业务和规模的扩大，从管理角度出发，公司拟将原有的工作部门进行分立或合并，成立综合管理部。该部门负责公司日常办公工作、人力资源管理、后勤工作管理等，现需要根据实际情况，重新定制该部门各项管理工作的详细工作制度以及日常工作中所使用的文档表格等。

任务一　定制员工招聘与录用管理制度

【任务引例】

综合管理部的工作职责之一是人力资源管理工作，人力资源管理工作中最重要的一环是员工招聘与录用的管理，本任务要求完成公司员工招聘与录用管理制度的定制，完成效果如图 3-1 所示。

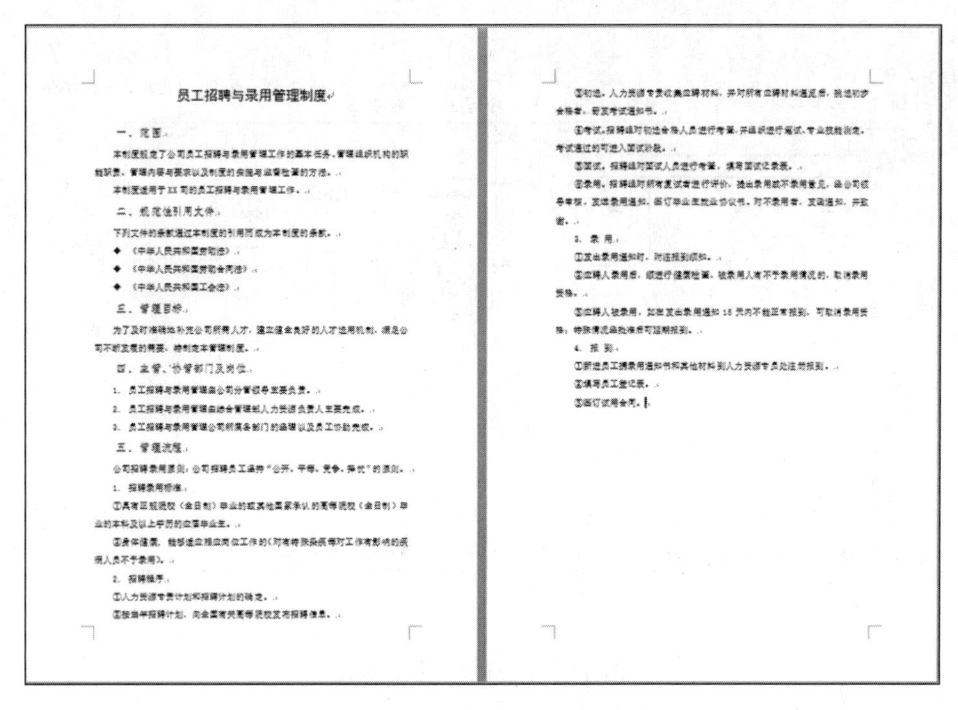

员工招聘与录用管理制度

一、范围

本制度规定了公司员工招聘与录用管理工作的基本任务、管理组织机构的职能职责、管理内容与要求以及制度的实施与监督检查的方法。

本制度适用于XX司的员工招聘与录用管理工作。

二、规范性引用文件

下列文件的条款通过本制度的引用而成为本制度的条款。

◆《中华人民共和国劳动法》

◆《中华人民共和国劳动合同法》

◆《中华人民共和国工会法》

三、管理目标

为了及时准确地补充公司所需人才，建立健全良好的人才选用机制，满足公司不断发展的需要，特制定本管理制度。

四、主管、协管部门及岗位

1. 员工招聘与录用管理由公司分管领导主要负责。

2. 员工招聘与录用管理由综合管理部人力资源负责人主要完成。

3. 员工招聘与录用管理公司所属各部门的经理以及员工协助完成。

五、管理流程

公司招聘录用原则：公司招聘员工遵守“公开、平等、竞争、择优”的原则。

1. 招聘录用标准

①具有正规院校（全日制）毕业的或其他国家承认的高等院校（全日制）毕业的本科及以上学历的应届毕业生。

②身体健康，能够适应相应岗位工作的（对有特殊疾病等对工作有影响的疾病人员不予录用）。

2. 招聘程序

①人力资源专责计划和招聘计划的确定。

②按当年招聘计划，向全国有关高等院校发布招聘信息。

③初选。人力资源专责收集应聘材料，并对所有应聘材料进行筛选，挑选初步合格者，寄发考试通知书。

④考试。招聘组对初选合格人员进行考察，并组织进行笔试、专业技能测定，考试通过的可进入面试阶段。

⑤面试。招聘组对面试人员进行考察，填写面试记录表。

⑥录用。招聘组对所有复试者进行评价，提出录用或不录用意见，由公司领导审核，发放录用通知，签订毕业生就业协议书。对不录用者，发函通知，并致谢。

3. 录用

①发出录用通知时，附注报到须知。

②应聘人录用后，须进行健康检查，被录用人有不予录用情况的，取消录用资格。

③应聘人被录用，如在发出录用通知15天内不能正常报到，可取消录用资格；特殊情况经批准后可延期报到。

4. 报到

①新进员工携录用通知书和其他材料到人力资源专员处注册报到。

②填写员工登记表。

③签订试用合同。

图 3-1　员工招聘与录用管理制度效果

【相关知识】

1. Word 2010 的启动与关闭

Word 的启动方式较多，可以单击任务栏中的“开始”按钮，选择【所有程序】|【Microsoft Office】|【Microsoft Word 2010】，即可启动中文版 Word 2010 软件；可以在 Windows7 系统的搜索框中输入关键字“Word”，然后在搜索结果中选择【Microsoft Word 2010】；双击桌面的 Word 快捷图标也可以启动 Word 应用程序。

Word 的关闭方式也较多，可以单击 Word 2010 标题栏中的关闭按钮；也可以在 Word 2010 功能区单击【文件】菜单，选择“退出”命令；还可以使用键盘组合键 Alt+F4 关闭 Word。

2. Word 2010 的操作界面

Word 2010 的操作界面如图 3-2 所示。

（1）标题栏

标题栏包含快速访问工具栏、控制菜单按钮，文档名称和最小化、最大化/还原、关闭按钮等。

（2）快速访问工具栏

快速访问工具栏包含常用命令按钮，默认命令包括保存、撤销、重复键入等使用频率较高的命令。使用快速访问工具栏右侧的按钮，可以打开【自定义快速访问工具栏】菜单，前面带✓的菜单项是已添加到快速访问工具栏中的命令，用户可以根据需要添加多个自定义命令。如图 3-3 所示。

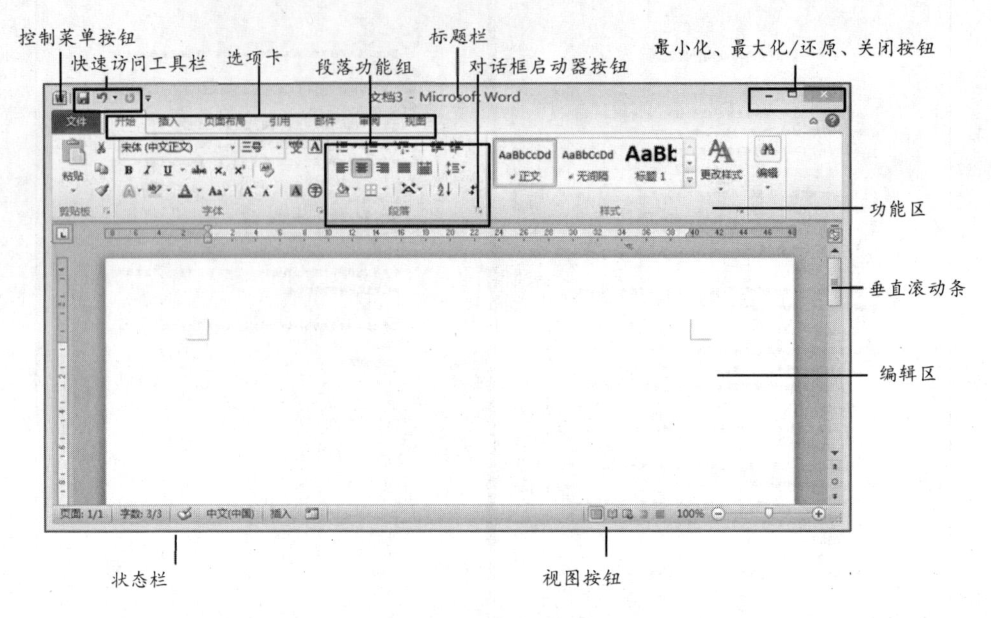

图 3-2 Word 2010 操作界面

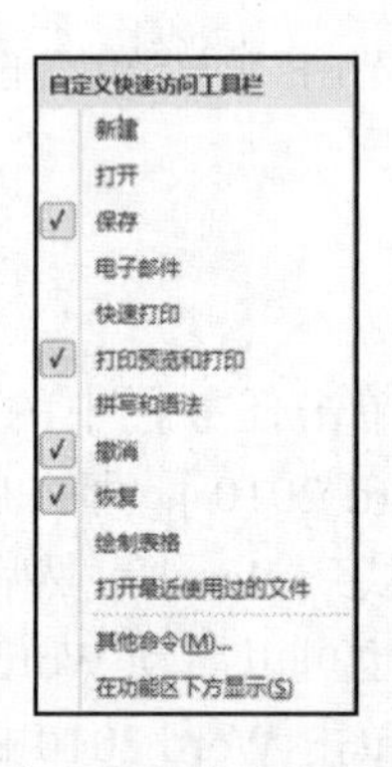

图 3-3 【自定义快速访问工具栏】

（3）功能区

功能区包含【开始】、【插入】、【页面布局】等多个功能选项卡。在每个功能选项卡中，不同类型的功能按钮集合在不同的功能组中，可以单击功能按钮执行相应功能。如果想要知道某个功能按钮的具体作用，可以将光标放置在该功能按钮上，下方即可出现此按钮的功能说明。功能选项卡会根据实际动态增加，例如，插入表格时，会出现【表格工具】，增加【设计】和【布局】选项卡。

单击功能区右上角的按钮，功能区隐藏，按钮变成状态，再次单击工具栏功能区即可打开。

（4）对话框启动器按钮

当需要对某些功能或项目进行详细的设置时，需要打开相应的对话框。某些功能组右下角有“对话框启动器”按钮，对其单击可以打开相应的对话框或者任务窗格。

（5）编辑区

编辑区是 Word 2010 操作界面的主体，主要用来输入文本内容，并对输入的文本进行编辑。编辑区的右侧有垂直滚动条，下方有水平滚动条。垂直滚动条上方有标尺按钮，对其单击可以显示或隐藏标尺。

（6）状态栏

文档的状态信息显示在状态栏上，其中有页面、字数等包括当前页数、节数、总页数、行/列数等，右侧还有视图切换按钮和显示比例按钮。若在状态栏上右击，打开的【自定义状态栏】菜单中有许多状态栏的选项。如图 3-4 所示。

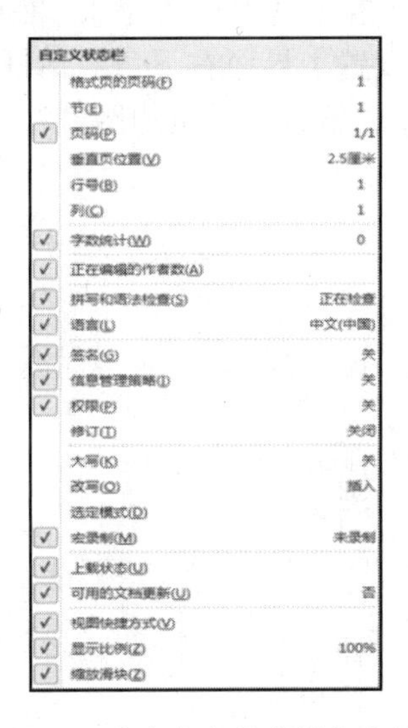

图 3-4 【自定义状态栏】菜单

（7）视图模式

状态栏右侧提供了 5 个视图切换按钮，依次为【页面视图】、【阅读版式视图】、【Web 版式视图】、【大纲视图】、【草稿】。在不同的视图模式下，文档在屏幕上会呈现不同的显示方式。除了可以在状态栏上切换视图模式，也可以通过【视图】选项卡的【文档视图】功能组中的相应功能按钮来选择不同的视图模式。

- 页面视图

系统默认的视图模式，页面视图下，文档中所有的文字、对象等内容会以当前设置好的页面属性来显示，其特点是“所见即所得”，用户看到的与实际打印出的效果相同。

- 阅读版式视图

这种视图模式下文档内容显示为全屏，屏幕顶部有当前屏数和总屏数，可以通过单击“上一屏”和“下一屏”按钮，进行翻页浏览。

- Web 版式视图

此种视图模式可以方便地修改编辑 Web 页面，在该模式下用户看到的版面内容与 Web 浏览器中的效果一致。

- 大纲视图

此模式适用于内容较多的文档，用以制作级别结构。在该模式下，可以清楚地显示文档目录，且用户可以只显示某一级别中的内容。

- 草稿

该模式下文档只显示标题和正文，页眉页脚、页码以及背景等对象均不显示，适合编辑纯文字文档。

【业务操作】

步骤 1：建立文档，设置页面格式并保存。

打开 Word 2010 软件，系统将自动新建一个 Word 文件，系统默认为新文档命名为“文档 1”、“文档 2”……

单击【页面布局】|【页面设置】|【纸张大小】，在弹出菜单中选择 A4。

单击【页面布局】|【页面设置】界面右下角对话框启动器按钮，打开“页面设置”对话框，选择【页边距】选项卡，输入上下页边距“2.5 厘米”，左右页边距“3.2 厘米”（见图 3-5），并确定设置。

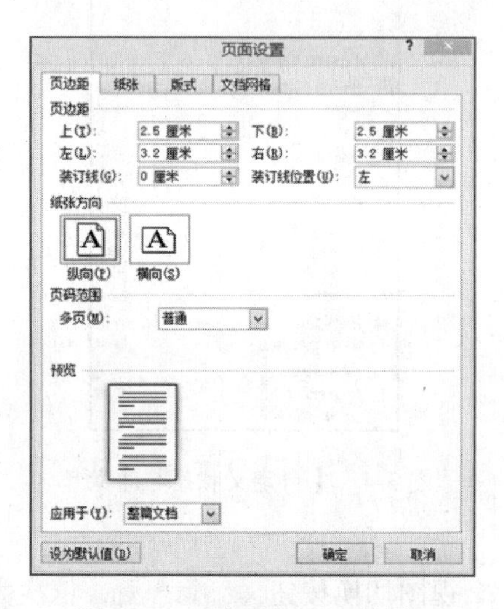

图 3-5 “页面设置”对话框

单击【文件】|【保存】，打开“另存为”对话框，设置文件存储位置为“C：\ 综合管理部工作制度”，文件名为“员工招聘与录用管理制度.docx”，单击“保存”按钮，如图 3-6 所示。

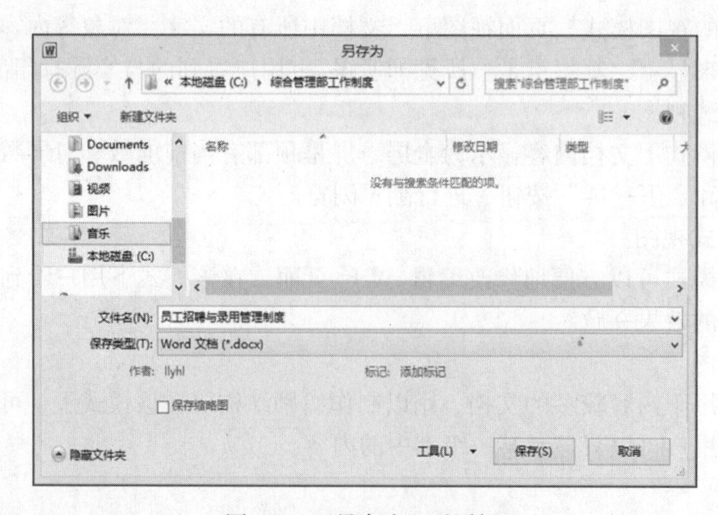

图 3-6 “另存为”对话框

温馨提示

保存文档有三个关键点，即保存位置、文件名称以及文件类型。新文档在从未保存的情况下，单击【文件】|【保存】或者单击快速访问工具栏上的“保存”按钮，均会弹出“另存为”对话框，但如果是已经保存过的文件，单击“保存”就不会再次出现提示了，此时若要更改三个关键点中的任意一个，就需要使用“另存为”命令。

默认情况下，“另存为”功能将工作簿保存为“.docx”类型的文件，在“另存为”对话框中单击“保存类型”右侧的下拉箭头，可打开保存类型列表，选择需要的文件类型，即可将当前文件保存为对应的文件类型。其中，保存为 Word 97-2003 文档 (*.doc) 类型的 Word 文件，可以在 Word 97 至 Word 2003 的旧版本 Word 软件中打开。

做中学

除了步骤 1 中建立文档的方式，也可以单击【文件】|【新建】(见图 3-7)，在右侧视图中选择新建文件的相应选项。例如，可以选择“空白文档”，然后单击右下角的“创建”按钮即可新建空白文档。

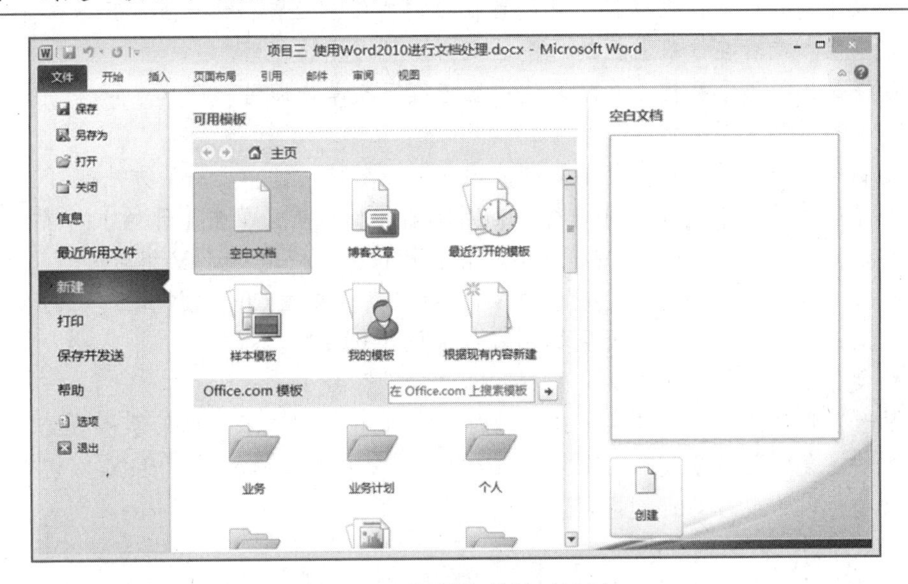

图 3-7 “新建文档”对话框

步骤 2：输入文档内容。

保存完成的“员工招聘与录用管理制度”文档左上角有闪烁的黑色光标“|”，表示可以从此插入点开始输入内容。录入文档的标题内容“员工招聘与录用管理制度”，按 Enter 键将插入点切换到下一行。

打开素材文件，将样文的其余部分复制到剪贴板，然后跳转到新文档，使用 Ctrl+V 组合键将所复制内容粘贴至文档中。

做中学

在编辑区单击即可实现插入点的定位，也可以使用键盘按键控制光标的位置。插入点确定以后，用户选择输入法，就可以开始在文档中进行各种文字和符号等的录入。

输入文本可以连续进行，到达页面最右侧时会自动换行。如果需要增加新的段落，可以按 Enter 键，这时可以看到段后的段落标记。为了避免丢失编辑的内容，编辑文档的过程中要注意随时保存。

对文档进行编辑的过程中必然会涉及文本的选取、移动、复制、删除等操作，其中文本内容的选取是最基本的操作。

（1）选取文本

选取文本的方式有很多种，最常用的方法是使用鼠标拖动。将光标移至要选择的内容左侧，然后按住左键在文本上拖动，直至要选择的文本末端，然后松开左键。

如果要选定一行或多行文本，可将光标移到该行左侧的选中区（纸张的左边距区），光标形态改变为箭尖向右的箭头，此时单击，即可选定一行。在左侧选中区按住鼠标向下拖动，可以选中多行文本。

如果是选择段落，可以将光标放置在段内的任意位置，然后连续三次单击，即可选定整段。或者在该段左侧的选中区双击即可选中该段落。

如果是选择整个文档，在左侧选中区连续三次单击即可。

（2）移动和复制文本

复制文本之前首先选中需要复制的内容，然后使用如下之一的方法即可。

- 单击【开始】|【复制】命令，然后单击目标位置，单击【开始】|【粘贴】。
- 使用 Ctrl+C 组合键复制，然后单击目标位置，使用 Ctrl+V 组合键。
- 如果是同一文档距离比较近的位置，可以直接按住 Ctrl 键，拖动选中的文本块，到达目标位置后，松开鼠标左键，再放开 Ctrl 键。
- 使用右键快捷菜单中的“复制”和“粘贴”命令。

粘贴时可以使用粘贴选项实现选择性粘贴，如图 3-8 所示。如果要移动文本，将上述方法中的“复制”命令改为“剪切”，Ctrl+C 的复制组合键改为 Ctrl+X 剪切组合键，或者拖动鼠标时不要按 Ctrl 键即可。

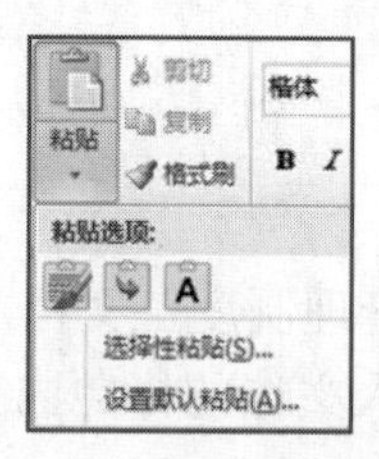

图 3-8 选择性粘贴

（3）删除文本

按 Backspace 键删除插入点左侧的字符，按 Delete 键删除插入点右侧的字符，如果要删除较多的文本，可先将文本选中，按 Delete 键或 Backspace 键即可。

步骤 3：设置文档的字体格式。

选中文档标题“员工招聘与录用管理制度”，单击【开始】|【字体】，然后在【字体】功能组中打开字体下拉列表框选择“黑体”，字号下拉列表框中选择“小二”。

选中文档除标题外的其余内容，单击【开始】|【字体】，在字体下拉列表框中选择“宋体”，字号下拉列表框中选择“小四”。

选中正文第一段“一、范围”，单击【开始】|【字体】，在字体下拉列表框中选择“仿宋”，字号下拉列表框中选择“四号”。保持第一段选中状态，单击【开始】选项卡，在【剪贴板】功能组中双击格式刷按钮，按住鼠标左键进行拖动，依次选中“二、规范性引用文件” 、“三、管理目标”、“四、主管、协管部门及岗位”、“五、管理流程”等文档内容，将其复制为相同的格式，再次单击格式刷按钮，关闭复制格式功能。

温馨提示

如图 3-9 所示，使用字体设置功能组可以实现对字体的各种设置，包括字体、字号、字形、字体颜色、字符底纹等，也可以通过单击对话框启动器按钮打开字体对话框进行字体的设置。

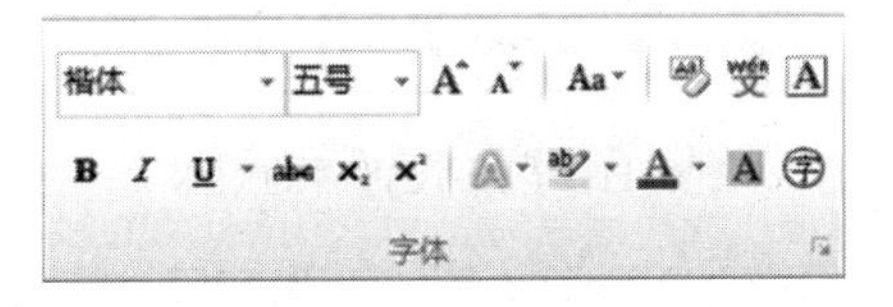

图 3-9 【字体】功能组

步骤 4：设置文档段落一般格式。

选中文档标题，单击【段落】|【居中】，设置标题水平对齐方式。单击【开始】|【段落】，单击段落功能组右下角对话框启动器按钮（见图 3-10），打开“段落”对话框，在【缩进和间距】选项卡中设置【段后】为 1 行。

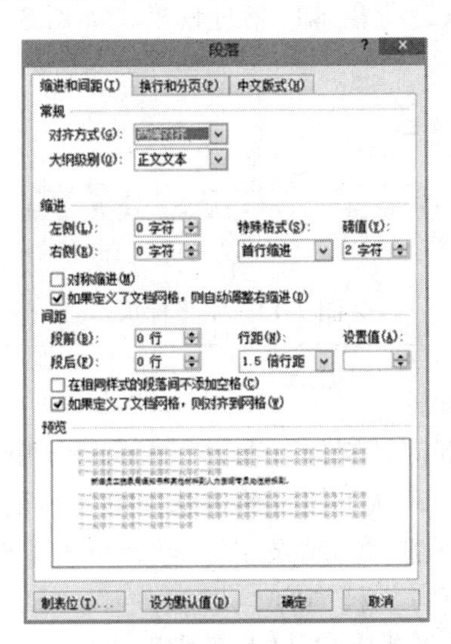

图 3-10 “段落”对话框

选中除标题之外所有文档内容，单击【开始】|【段落】，单击段落功能组右下角对话框启动器按钮，打开段落对话框，在【缩进和间距】选项卡的【特殊格式】下拉列表中选择“首行缩进”，【磅值】设置为“2 字符”，【行距】下拉列表中选择“1.5 倍行距”。段落设置后的效果如图 3-11 所示。

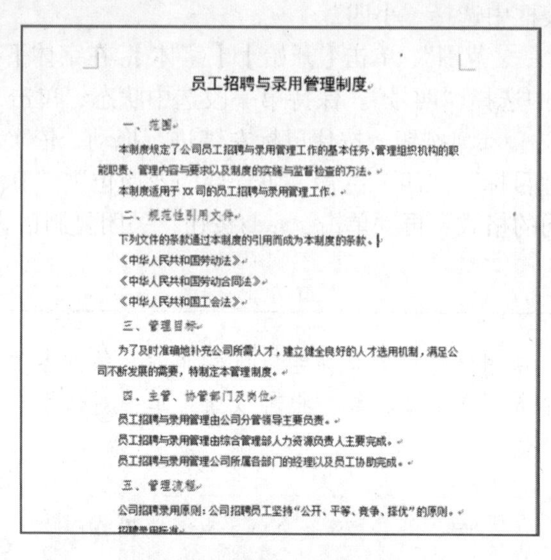

员工招聘与录用管理制度

一、范围

本制度规定了公司员工招聘与录用管理工作的基本任务，管理组织机构的职能职责、管理内容与要求以及制度的实施与监督检查的方法。

本制度适用于 XX 司的员工招聘与录用管理工作。

二、规范性引用文件

下列文件的条款通过本制度的引用而成为本制度的条款。

《中华人民共和国劳动法》

《中华人民共和国劳动合同法》

《中华人民共和国工会法》

三、管理目标

为了及时准确地补充公司所需人才，建立健全良好的人才选用机制，满足公司不断发展的需要，特制定本管理制度。

四、主管、协管部门及岗位

员工招聘与录用管理由公司分管领导主要负责。

员工招聘与录用管理由综合管理部人力资源负责人主要完成。

员工招聘与录用管理公司所属各部门的经理以及员工协助完成。

五、管理流程

公司招聘录用原则：公司招聘员工坚持“公开、平等、竞争、择优”的原则。

图 3-11　段落设置后的效果

温馨提示

段落缩进的设置除了使用段落对话框之外，也可以使用【开始】|【段落】功能组中的【增加缩进量】、【减少缩进量】按钮来设置，或者使用水平标尺来设置。水平标尺显示在编辑区的顶端，可以通过单击【视图】|【显示】功能组中的标尺复选框来显示或隐藏。通过水平标尺上的【首行缩进】、【左缩进】、【右缩进】、【悬挂缩进】4 个缩进标记，也可以进行段落的缩进设置，如图 3-12 所示。

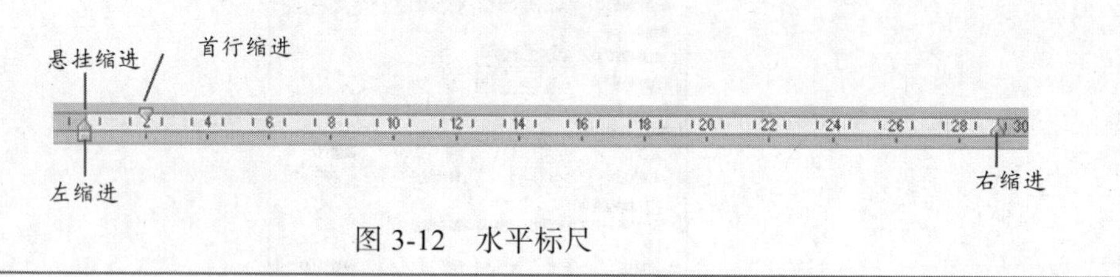

图 3-12　水平标尺

步骤 5：设置项目符号和编号。

选中“四、主管、协管部门及岗位”下方三行内容，单击【开始】|【段落】功能组中【编号】按钮右侧下拉箭头，从下拉菜单中选择第一种编号格式，如图 3-13 所示。

选中“五、管理流程”下方“招聘录用标准”，单击【开始】选项卡，单击【段落】功能组中编号按钮。依次对下方文档内容“招聘程序”、“录用”、“报到”重复上述操作。

选中“《中华人民共和国劳动法》”及其下方两段文字，单击【开始】选项卡，单击【段落】功能组中【项目符号】右侧下拉箭头，从下拉菜单中选择菱形项目符号。

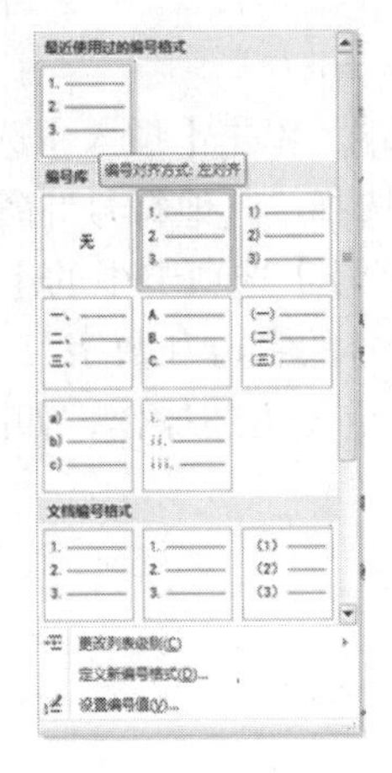

图 3-13　【编号】下拉菜单

图 3-14　【项目符号】下拉菜单

温馨提示

如图 3-15 所示，使用段落设置功能组中的功能也可以实现对段落格式的各种设置，包括项目符号、编号、段落的边框和底纹、缩进、行和段落间距等。

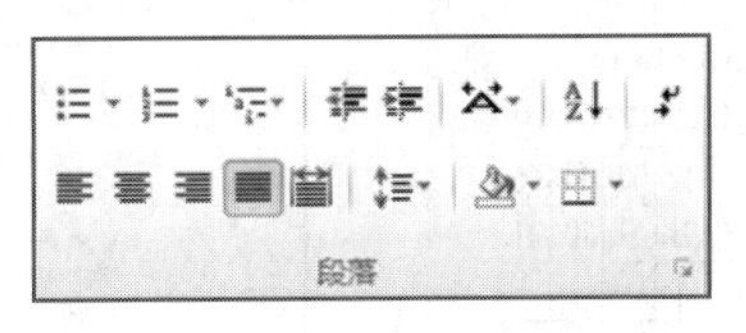

图 3-15　【段落】功能组

做中学

如果在设置项目符号和编号的时候，没有找到自己想要的项目符号和编号样式，可以使用图 3-13 中“定义新项目符号”和图 3-14 中“定义新编号格式”命令，在打开的对话框中进行自定义设置。

如图 3-16 所示，可以选择【编号样式】为 I, II, III, …，然后在【编号格式】编辑框中将 I. 后面的“.”去掉，左右两边加上“<>”，这样就定义了一种新的编号格式。

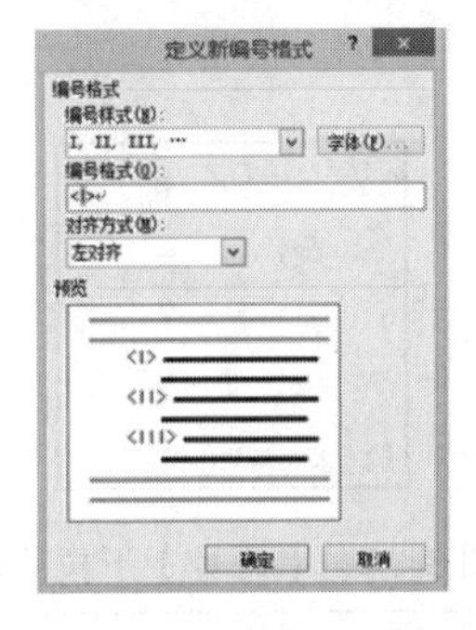

图 3-16　“定义新编号格式”对话框

步骤 6：插入符号。

将插入点定位在“1.招聘录用标准”下面一行最左端，单击【插入】选项卡，在【符号】功能组中单击“符号”按钮，从弹出的下拉菜单中选择“其他符号”命令，如图 3-17 所示，打开“符号”对话框，在“符号”对话框的【符号】选项卡中的【字体】下拉列表中选择“普通文本”，【子集】下拉列表中选择“带括号的字母和数字”，之后从下方选择符号“①”，并单击“插入”按钮，如图 3-18 所示。重复上述操作，如图 3-19 所示为正文其余部分插入相应符号。

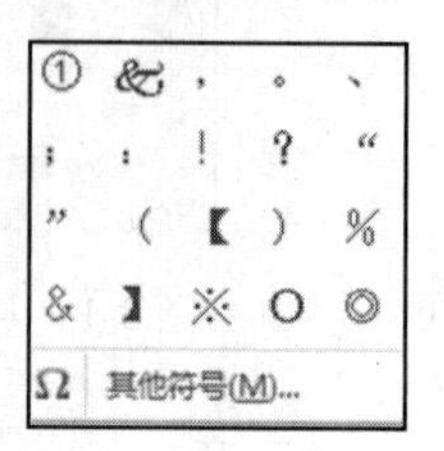

图 3-17 【符号】下拉菜单

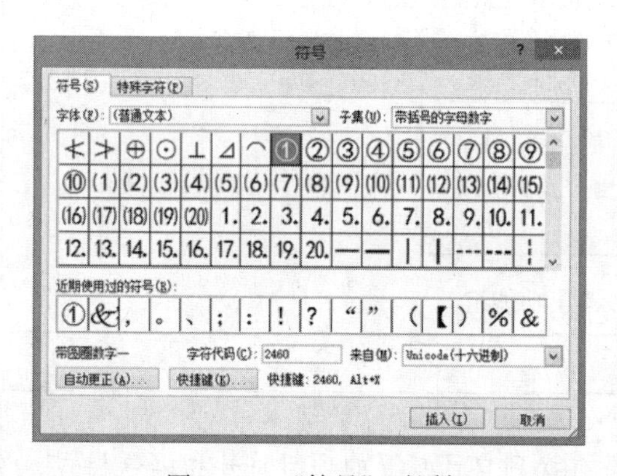

图 3-18 “符号”对话框

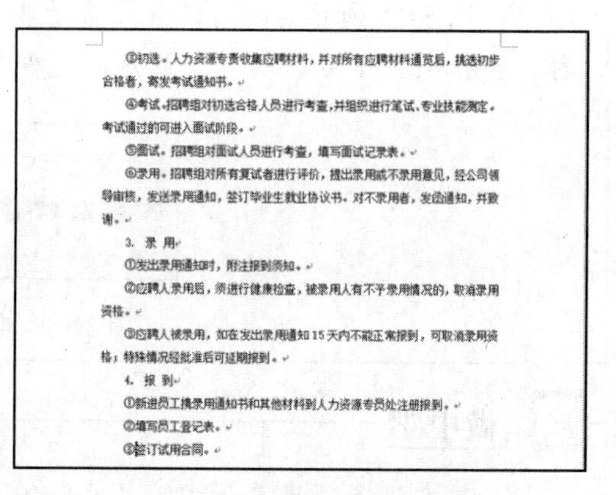

③初选。人力资源专责收集应聘材料，并对所有应聘材料通览后，挑选初步合格者，寄发考试通知书。

④考试。招聘组对初选合格人员进行考查，并组织进行笔试、专业技能测定。考试通过的可进入面试阶段。

⑤面试。招聘组对面试人员进行考查，填写面试记录表。

⑥录用。招聘组对所有复试者进行评价，提出录用或不录用意见，经公司领导审核，发送录用通知，签订毕业生就业协议书。对不录用者，发函通知，并致谢。

3. 录 用

①发出录用通知时，附注报到须知。

②应聘人录用后，须进行健康检查，被录用人有不予录用情况的，取消录用资格。

③应聘人被录用，如在发出录用通知 15 天内不能正常报到，可取消录用资格；特殊情况经批准后可延期报到。

4. 报 到

①新进员工携录用通知书和其他材料到人力资源专员处注册报到。

②填写员工登记表。

③签订试用合同。

图 3-19 插入符号后文档效果图

温馨提示

如图 3-20 所示，在【符号】功能组中单击“符号”按钮，可以看到在文档中已经使用过的符号，直接单击插入即可。而且插入多个符号也不需要每次打开“符号”对话框，插入第一个符号后，不要关闭“符号”对话框，光标切换到第二个插入点，重新选择待插入的符号即可。

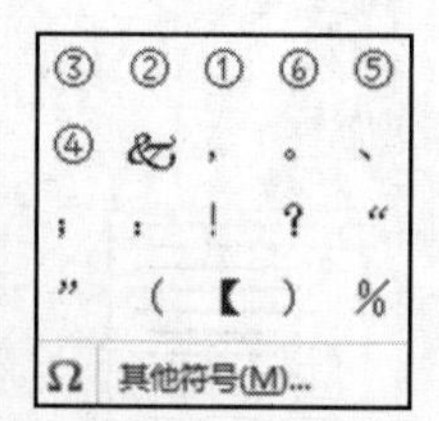

图 3-20 【符号】下拉菜单

步骤 7：预览、打印文档。

管理制度编辑完成之后，将其再次保存。单击快速访问工具栏中的“打印预览和打印”按钮，对文档进行打印前的检查。如图 3-21 所示，在【打印】窗格中将【份数】微调框中设置打印份数为 1，【设置】下选择打印所有页，然后单击“打印”按钮。

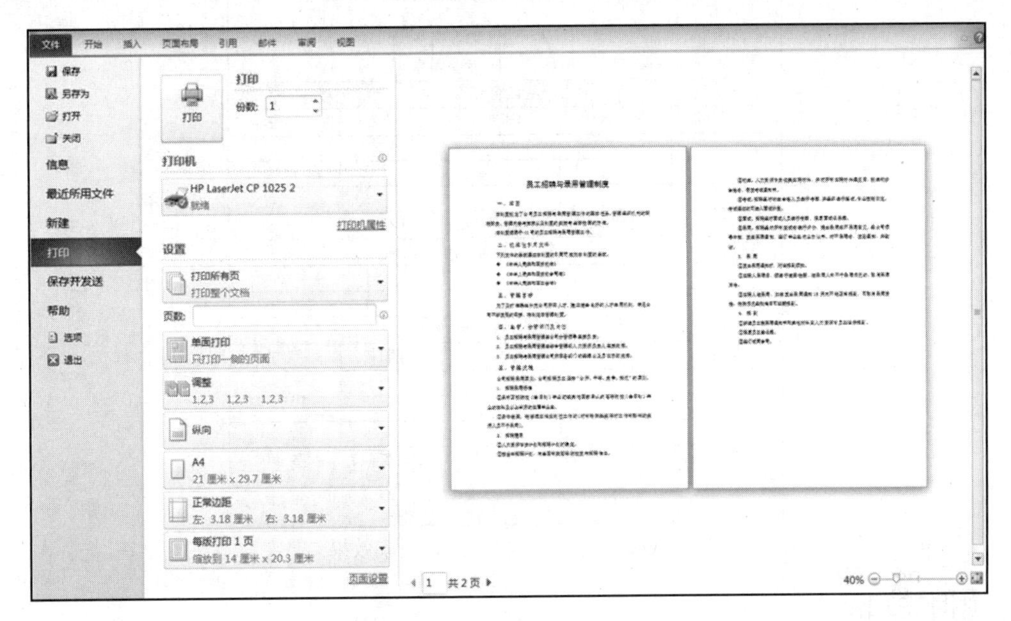

图 3-21　打印预览结果

温馨提示

若想退出打印预览状态，可以单击【开始】、【插入】等任一选项卡，即可回到编辑状态。

任务二　定制员工入职登记表

【任务引例】

人力资源管理工作中需要将员工个人情况在公司备案，以便公司了解员工的基本信息，并作为员工入职的依据。因此，综合管理部在制定人力资源管理工作制度时，要将员工入职登记表作为工作制度的附录固定下来，每个新进员工在进入公司时都必须填写。本任务要求完成××公司员工入职登记表的定制，完成效果如图 3-22 所示。

员工入职登记表

<table>
<tr><td colspan="8">个人基本信息</td></tr>
<tr><td>姓名</td><td></td><td>性别</td><td></td><td>出生日期</td><td></td><td rowspan="5">一寸照片</td></tr>
<tr><td>籍贯</td><td></td><td>名族</td><td></td><td>婚姻状况</td><td></td></tr>
<tr><td>身份证号</td><td></td><td>电话号码</td><td colspan="3"></td></tr>
<tr><td>现地址</td><td colspan="5"></td></tr>
<tr><td>户口所在地</td><td colspan="5"></td></tr>
<tr><td>最高学历</td><td colspan="2"></td><td>职业资格</td><td colspan="3"></td></tr>
<tr><td>专业</td><td colspan="2"></td><td>专业职称</td><td colspan="3"></td></tr>
<tr><td colspan="8">主要教育经历</td></tr>
<tr><td>起止时间</td><td>学校名称</td><td>学别</td><td>专业</td><td colspan="3">学位</td></tr>
<tr><td></td><td></td><td></td><td></td><td colspan="3"></td></tr>
<tr><td></td><td></td><td></td><td></td><td colspan="3"></td></tr>
<tr><td></td><td></td><td></td><td></td><td colspan="3"></td></tr>
<tr><td colspan="8">主要培训经历</td></tr>
<tr><td>起止时间</td><td>培训内容</td><td colspan="2">培训组织机构</td><td colspan="3">培训结果</td></tr>
<tr><td></td><td></td><td colspan="2"></td><td colspan="3"></td></tr>
<tr><td></td><td></td><td colspan="2"></td><td colspan="3"></td></tr>
<tr><td colspan="8">主要家庭成员</td></tr>
<tr><td>姓名</td><td>关系</td><td>单位</td><td>所任职务</td><td colspan="3">联系方式</td></tr>
<tr><td></td><td></td><td></td><td></td><td colspan="3"></td></tr>
<tr><td></td><td></td><td></td><td></td><td colspan="3"></td></tr>
<tr><td></td><td></td><td></td><td></td><td colspan="3"></td></tr>
<tr><td colspan="8">承诺：本人保证所提供以及填写的资料属实，如有虚假，本人愿承担一切责任。
填表人：　　　　日期：</td></tr>
</table>

图 3-22　员工入职登记表完成效果

【相关知识】

1. 新建表格

单击【插入】|【表格】，在打开的下拉菜单中，选择【插入表格】，如图 3-23 所示，打开【插入表格】对话框。在“插入表格”对话框中设置要插入表格的行列数，单击“确定”按钮，就可以在文档中插入一个空白表格。

也可以单击“表格”按钮，如图 3-24 所示，在下拉菜单中拖动光标，选定相应的行数与列数，选好之后释放左键就可以插入表格。

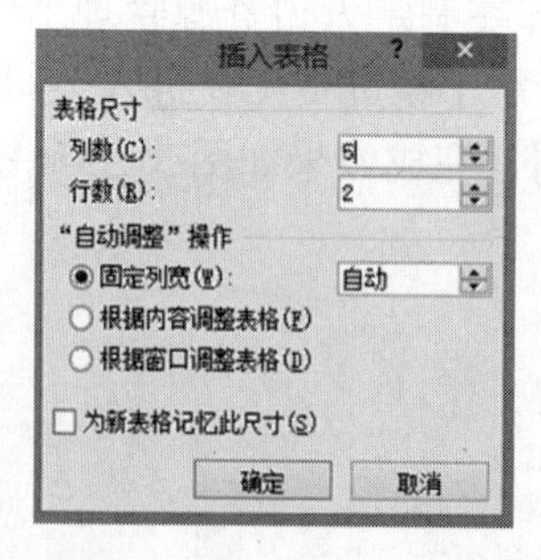

图 3-23　“插入表格”对话框

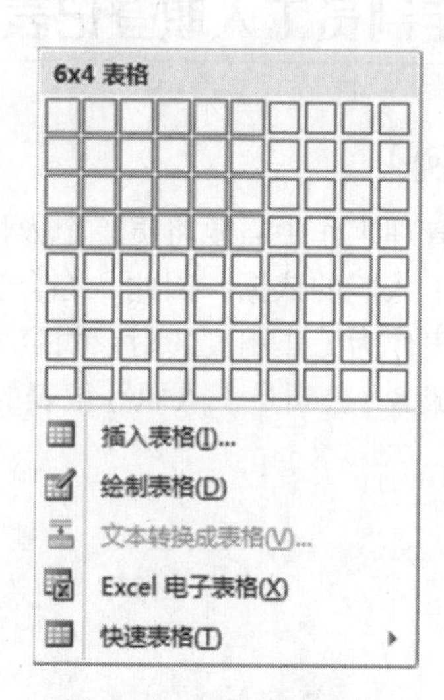

图 3-24　快速插入表格

2. 表格内容的输入和选取

将插入点置于单元格中，就可以在该单元格中输入数据。而要对表格或表格内容进行编辑，跟文本的操作类似，要先选取后操作，选取的操作方式有如下几种。

- 选中一个单元格，将光标放置到该单元格左侧，待光标变为向右的黑色箭头↗时，单击即可。
- 选中多个连续的单元格，按住左键向右向下拖动即可。
- 选中多个不连续的单元格，先选中第一个区域，然后按住 Ctrl 键不要松开，再选定其他区域。
- 选中表格中的行，将光标移到待选中行左侧，光标形状变为箭头向右的指针时单击可以选中一行；将光标移到待选中的第一行左侧，光标形状变为箭头向右的指针时，按住光标左键向下拖动可以选中多行。
- 选中表格中的列，将光标移到待选中列上方，光标形状变为向下黑色小箭头↓时单击可以选中该列；将光标移到待选中的第一列上方，光标形状变为向下黑色小箭头↓时按住左键向右拖动，可以选中多列。
- 选中整张表格，将光标移至表格左上角，单击标志，可以选中整张表格。

【业务操作】

步骤 1：创建表格雏形。

新建 Word 文档，将文档命名为“员工入职登记表.docx”，在文档首行输入表格标题“员工入职登记表”，字体黑体，字号四号，居中对齐。

切换到下一行，单击【插入】|【表格】，打开插入表格对话框，设置表格行数为“26”，列数为“7”。

将光标移至表格右下角的大小控制点标志上，按住左键向下拖动，将所添加的表格大小适当调整至整张页面。

温馨提示

创建表格雏形时，可以先手工绘制表格大概结构，并根据草图在 Word 中设置大概的行数和列数，随后在编辑过程中再根据需要进行行或列的增加和删除。一般情况下，可将初始行数设置为总行数，初始列数设置为表格中单元格最多的那一行的单元格个数。

步骤 2：输入表格主要内容。

在表格中适当位置输入如图 3-25 所示内容。

个人基本信息						
姓名		性别		出生日期		
籍贯		民族		婚姻状况		
身份证号		电话号码				
现住址						
户口所在地						
最高学历			职业资格			
专业			专业			
主要教育经历						
起止时间	学校名称	学制	专业	学位		
主要培训经历						
起止时间	培训内容	培训组织机构	培训结果			
主要家庭成员						
姓名	关系	单位	所任职务	联系方式		

图 3-25　员工入职登记表内容

做中学

（1）已有文本转换成表格

除了在新建的表格中输入内容，用户也可以将有规律的文本内容直接转换为表格形式。一般情况下，文本转换之前，要用分隔符来标识文字间分隔的位置，并且使用段落标记指示新行的开始，如图 3-26 所示，使用了空格作为文本分隔符。

序号 姓名↵
1　　张三↵
2　　李四↵

图 3-26　文本转换成表格示例

之后选定需要转换的文本，在【插入】选项卡【表格】功能组中单击【表格】按钮，从下拉菜单中选择“文本转换成表格”命令，打开如图 3-27 所示“将文本转换成表格”对话框。在对话框中设置【列数】微调框的数值，选定【文字分隔位置】中的文字间分隔符形式，单击“确定”，所选文本即可转换成表格，效果如图 3-28 所示。

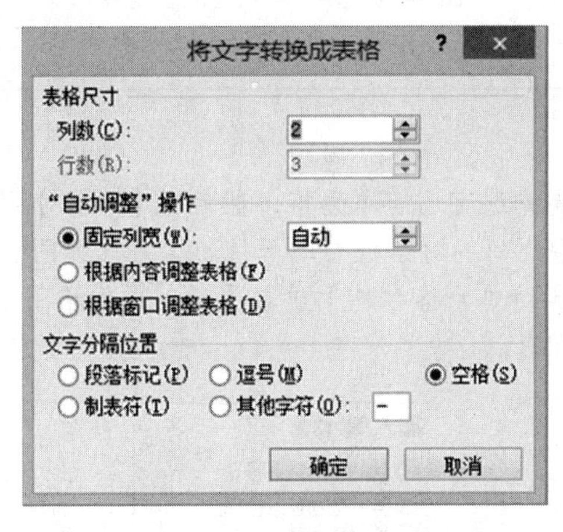

图 3-27　“将文字转换成表格”对话框

序号	姓名
1	张三
2	李四

图 3-28　文本转化后的表格

（2）表格转换为文本

Word 也可以将已有表格转换为文本，首先选定需要转换的表格，在【表格工具】|【布局】选项卡中，单击【数据】功能组中的“转换为文本”按钮，打开如图 3-29 所示的“表格转换为文本”对话框，在对话框中选择需要的【文字分隔符】，单击“确定”，即可将表格转换为文本。

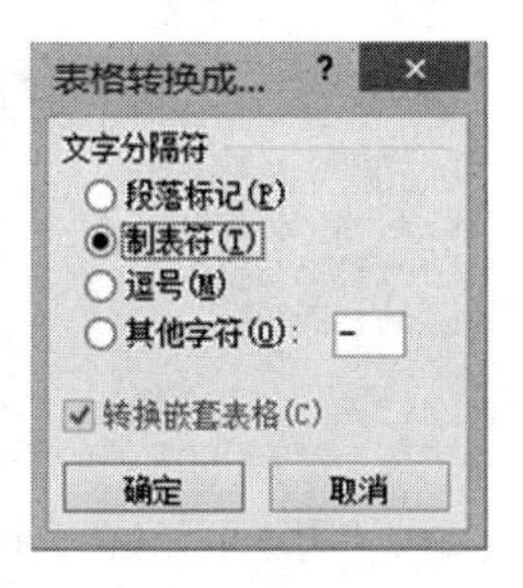

图 3-29　“表格转换成文本”对话框

步骤 3：插入行。

选中表格中“主要培训经历”及其下三行共四行，单击【表格工具】|【布局】|【行和列】|【在上方插入】，在表格中“主要培训经历”一行前插入 4 个空行并输入如图 3-30 所示内容。插入完毕后适当调整表格大小，使整张表格位于一个页面。

主要工作经历						
工作时间	工作单位	职位	证明人	离职原因		

图 3-30　员工入职登记表内容

做中学

（1）插入单元格

插入单元格时，要先选定已有单元格，然后在【表格】|【布局】选项卡中，单击【行和列】功能组右下角的对话框启动器按钮，打开如图 3-31 所示的“插入单元格”对话框，选择【活动单元格右移】或者【活动单元格下移】等相应的选项，随后单击“确定”按钮即可。

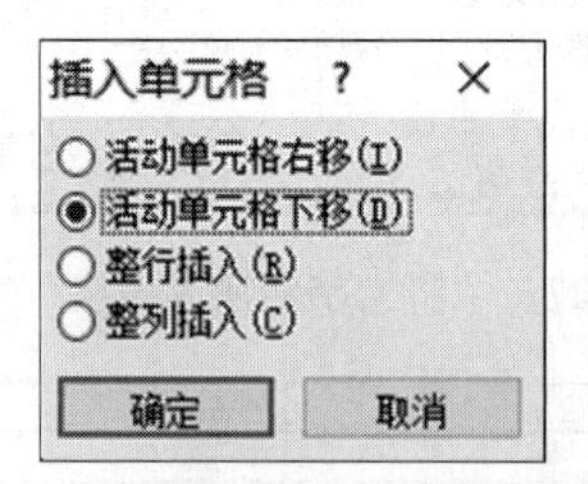

图 3-31　“插入单元格”对话框

（2）删除单元格

删除单元格时，选定待删除单元格，在【表格】|【布局】选项卡中，单击【行和列】功能组中的“删除”按钮，在下拉菜单中选择【删除单元格】命令，打开【删除单元格】对话框，如图 3-32 所示，根据实际情况选择相应选项即可。也可以在选定单元格上右击，在快捷菜单中选择“删除单元格”命令，同样也可以打开“删除单元格”对话框。

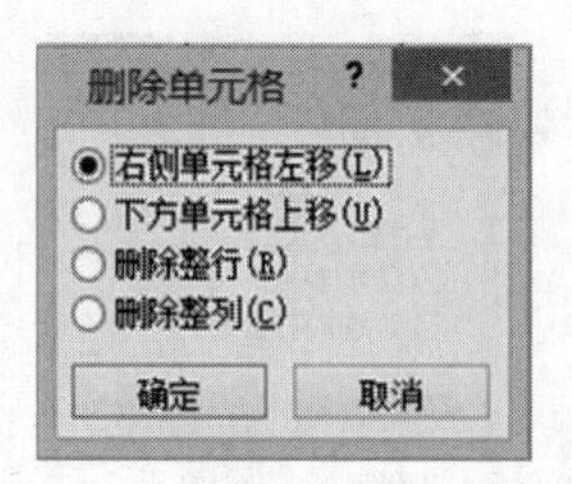

图 3-32　“删除单元格”对话框

（3）插入行和列

在表格中除了使用【表格工具】|【布局】选项卡插入行，也可以使用快捷菜单，如上述步骤 3 中，选中行以后，右击选中部分，在如图 3-33 所示的快捷菜单中选择“插入”命令，随后选择相应子菜单项即可。

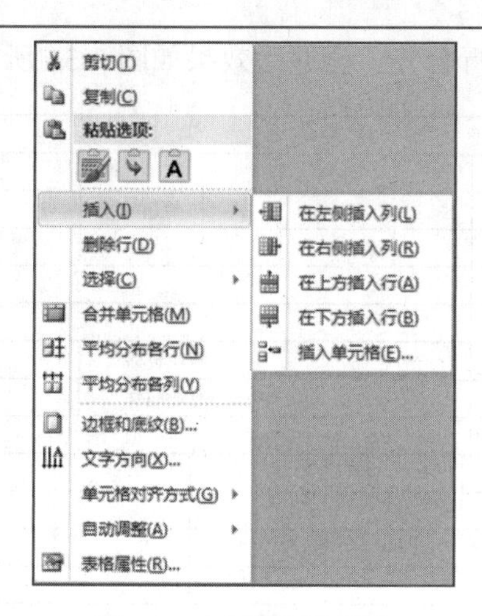

图 3-33 表格快捷菜单

也可以在【表格】|【布局】选项卡中，单击【行和列】功能组右下角的对话框启动器按钮，打开“插入单元格”对话框，选择整行插入。

还有一种常用的行的插入法，可以将插入点置于某行最右侧行结束的段落标记处，按 Enter 键，就可以在该行下方插入一行。

如果是列的插入，与行的插入操作类似，只是在选择时要选择相应的列。

（4）删除行和列

选定要删除的行或列，在【表格】|【布局】选项卡中，单击【行和列】功能组中的“删除”按钮，在下拉菜单中选择“删除行”或“删除列”命令，如图 3-34 所示。

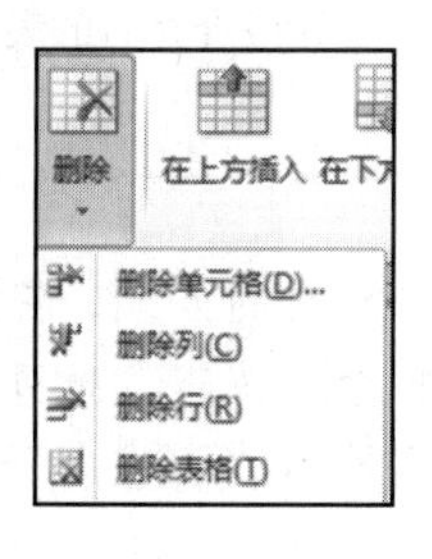

图 3-34 “删除”按钮下拉菜单

也可以右击选定行列，在快捷菜单中选择“删除行”或“删除列”命令。

步骤 4：合并单元格。

选中表格第一行，在【表格】|【布局】选项卡中，单击【合并】功能组中的“合并单元格”按钮，将第一行所有单元格合并为一个单元格。

对“主要教育经历”、“主要工作经历”、“主要培训经历”、“主要家庭成员”等行以及表格最后一行执行相同操作。在最后一行输入如图 3-35 所示内容。

承诺：本人保证所提供以及填写的资料属实，如有虚假，本人愿承担一切责任。 填表人：　　　　　　　　日期：

图 3-35 表格最后一行内容

将表格中其余单元格进行合并，合并后效果如图 3-36 所示。

个人基本信息						
姓名		性别		出生日期		一寸照片
籍贯		名族		婚姻状况		
身份证号		电话号码				
现地址						
户口所在地						
最高学历				职业资格		
专业				专业职称		

主要教育经历				
起止时间	学校名称	学别	专业	学位

主要培训经历			
起止时间	培训内容	培训组织机构	培训结果

主要家庭成员				
姓名	关系	单位	所任职务	联系方式

承诺：本人保证所提供以及填写的资料属实，如有虚假，本人愿承担一切责任。 填表人：　　　　日期：

图 3-36　单元格合并后的表格效果

温馨提示

合并单元格也可以采用擦除边框线的方式，在【表格工具】|【设计】选项卡中，单击【绘图边框】功能组中的“擦除”按钮，也可以达到合并的效果。

选定多个单元格后，在选定区域右击，在打开的快捷菜单中也能找到“合并单元格”命令。

做中学

单元格不仅可以合并，也可以将单元格进行拆分，选定要拆分的单元格，在【表格工具】|【布局】选项卡中，单击【合并】功能组中的“拆分单元格”按钮，打开“拆分单元格”对话框，在对话框中设置要拆分的行数和列数即可。

步骤 5：调整单元格大小。

选中合并后的“一寸照片”单元格，将光标移至单元格左侧边框，待指针光标变为 ⟺ 时，按住左键向左拖动鼠标，将单元格调整至合适粘贴一寸照片的大小。

选中“主要教育经历”下方的四行，右击并在快捷菜单中选择【平均分布各列】。

按照上述方式将表格中的单元格调整至合适大小和宽度，效果如图 3-37 所示。

<table>
<tr><td colspan="20">个人基本信息</td></tr>
<tr><td colspan="3">姓名</td><td colspan="2"></td><td colspan="2">性别</td><td colspan="2"></td><td colspan="3">出生日期</td><td colspan="3"></td><td colspan="5" rowspan="5">一寸照片</td></tr>
<tr><td colspan="3">籍贯</td><td colspan="2"></td><td colspan="2">名族</td><td colspan="2"></td><td colspan="3">婚姻状况</td><td colspan="3"></td></tr>
<tr><td colspan="3">身份证号</td><td colspan="3"></td><td colspan="3">电话号码</td><td colspan="3"></td><td colspan="3"></td></tr>
<tr><td colspan="3">现地址</td><td colspan="12"></td></tr>
<tr><td colspan="3">户口所在地</td><td colspan="12"></td></tr>
<tr><td colspan="3">最高学历</td><td colspan="6"></td><td colspan="3">职业资格</td><td colspan="8"></td></tr>
<tr><td colspan="3">专业</td><td colspan="6"></td><td colspan="3">专业职称</td><td colspan="8"></td></tr>
<tr><td colspan="20">主要教育经历</td></tr>
<tr><td colspan="4">起止时间</td><td colspan="4">学校名称</td><td colspan="4">学别</td><td colspan="4">专业</td><td colspan="4">学位</td></tr>
<tr><td colspan="4"></td><td colspan="4"></td><td colspan="4"></td><td colspan="4"></td><td colspan="4"></td></tr>
<tr><td colspan="4"></td><td colspan="4"></td><td colspan="4"></td><td colspan="4"></td><td colspan="4"></td></tr>
<tr><td colspan="4"></td><td colspan="4"></td><td colspan="4"></td><td colspan="4"></td><td colspan="4"></td></tr>
<tr><td colspan="20">主要培训经历</td></tr>
<tr><td colspan="5">起止时间</td><td colspan="5">培训内容</td><td colspan="5">培训组织机构</td><td colspan="5">培训结果</td></tr>
<tr><td colspan="5"></td><td colspan="5"></td><td colspan="5"></td><td colspan="5"></td></tr>
<tr><td colspan="5"></td><td colspan="5"></td><td colspan="5"></td><td colspan="5"></td></tr>
<tr><td colspan="20">主要家庭成员</td></tr>
<tr><td colspan="4">姓名</td><td colspan="4">关系</td><td colspan="4">单位</td><td colspan="4">所任职务</td><td colspan="4">联系方式</td></tr>
<tr><td colspan="4"></td><td colspan="4"></td><td colspan="4"></td><td colspan="4"></td><td colspan="4"></td></tr>
<tr><td colspan="4"></td><td colspan="4"></td><td colspan="4"></td><td colspan="4"></td><td colspan="4"></td></tr>
<tr><td colspan="4"></td><td colspan="4"></td><td colspan="4"></td><td colspan="4"></td><td colspan="4"></td></tr>
<tr><td colspan="20">承诺：本人保证所提供以及填写的资料属实，如有虚假，本人愿承担一切责任。
填表人：　　　　日期：</td></tr>
</table>

图 3-37　单元格大小调整后的表格效果

做中学

（1）行高和列宽的设置

单元格大小的调整其实也属于行高和列宽的设置，用户在输入表格内容时，系统会根据输入内容的多少自动调整行高和列宽，不符合要求时，用户可以自行调整。

最方便的方式就是通过拖动鼠标，如步骤 5 所示。除此之外，用户也可以手动指定行高和列宽。在【表格工具】|【布局】选项卡中的【单元格大小】功能组中，可以设置【高度】和【宽度】微调框的具体数值，如图 3-38 所示。单击【单元格大小】功能组中的“自动调整”按钮，在打开的下拉菜单中选择相应命令，可以达到自动调整的效果。

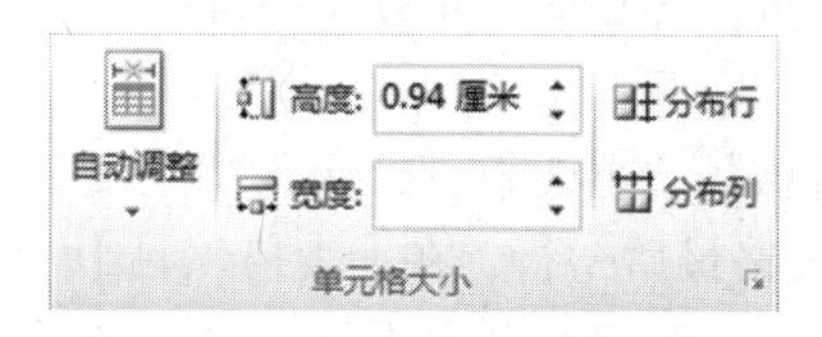

图 3-38　【单元格大小】功能组

（2）表格属性的设置

在【表格工具】|【布局】选项卡中，单击【表】功能组中的“属性”按钮，可以打开如图3-39所示的“表格属性”对话框，其中【表格】选项卡可以对表格进行整体设置，也可以使用【行】、【列】、【单元格】选项卡，对行属性、列属性、单元格属性分别进行设置。

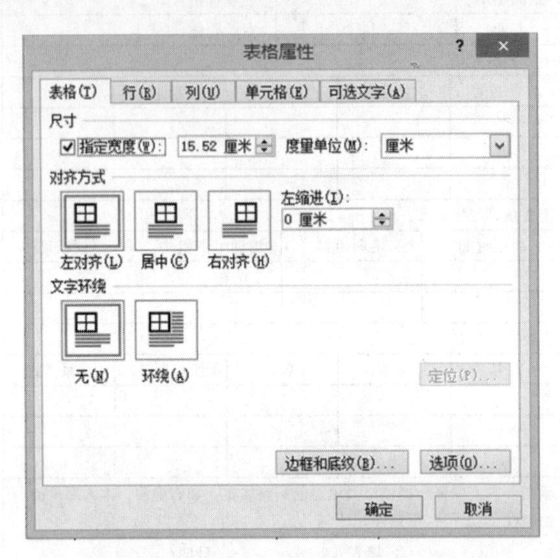

图3-39 “表格属性”对话框

步骤6：设置表格内文本格式。

选中表格标题“员工入职登记表”，单击【开始】选项卡，在【字体】功能组中设置标题字体为“楷体”，字号为“三号”，“加粗”，在【段落】功能组中设置“居中对齐”。

选中整张表格，单击【开始】选项卡，在【字体】功能组中设置标题字体为“宋体”，字号为“五号”，在【表格工具】|【布局】选项卡中，单击【对齐方式】功能组中的“水平居中”按钮，将文字在单元格内水平和垂直都居中。

选中表格第一行，单击【开始】选项卡，在【字体】功能组中设置标题字体为“楷体”、“小四”、“加粗”。将“主要教育经历”、“主要工作经历”、“主要培训经历”、“主要家庭成员”等行以及表格最后一行的文字内容进行相同设置。

选定“一寸照片”单元格，在【表格工具】|【布局】选项卡中，单击【对齐方式】功能组中的“文字方向”按钮，将文字方向改为竖排。

步骤7：设置表格底色。

同时选定“个人基本信息”、“主要教育经历”、“主要工作经历”、“主要培训经历”、“主要家庭成员”等行以及表格最后一行，在【表格工具】|【设计】选项卡中，单击【表格样式】功能组中的“底纹”按钮，在打开的下拉菜单中选择“白色，背景1，深色15%”选项。

步骤8：设置表格边框线。

在表格任意位置右击，在弹出的快捷菜单中选择【边框和底纹】命令，打开如图3-40所示的“边框和底纹”对话框，在【边框】选项卡的【设置】栏中选择【虚框】，【样式】

列表框中选择【双线】，单击“确定”按钮，将整个表格外边框线设为双线。

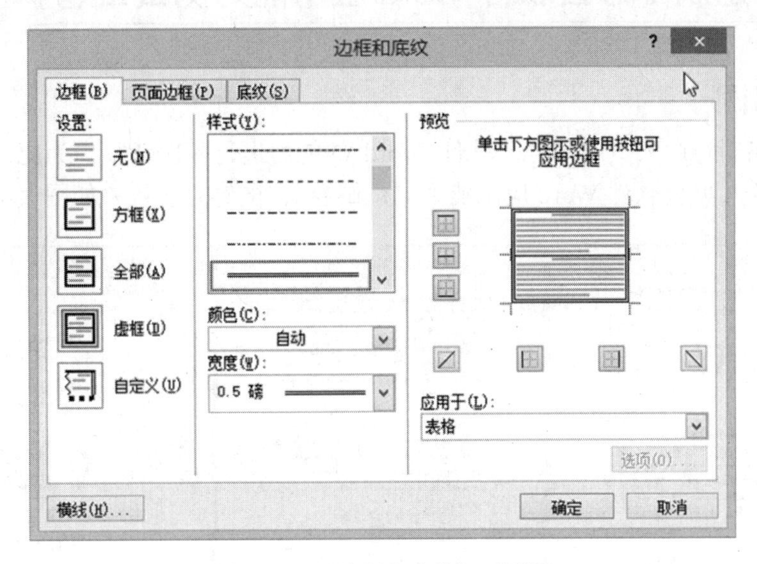

图 3-40　“边框和底纹”对话框

同时选定“个人基本信息”、“主要教育经历”、“主要工作经历”、“主要培训经历”、“主要家庭成员”等行以及表格最后一行，在【表格工具】|【设计】选项卡中，单击如图 3-41 所示的【绘图边框】功能组中的“笔样式”按钮右侧箭头按钮，在下拉列表中选择【双线】。随后在【表格样式】功能组中的【边框】的下拉列表中选择【上框线】，为选定单元格设置边框线。如图 3-42 所示。

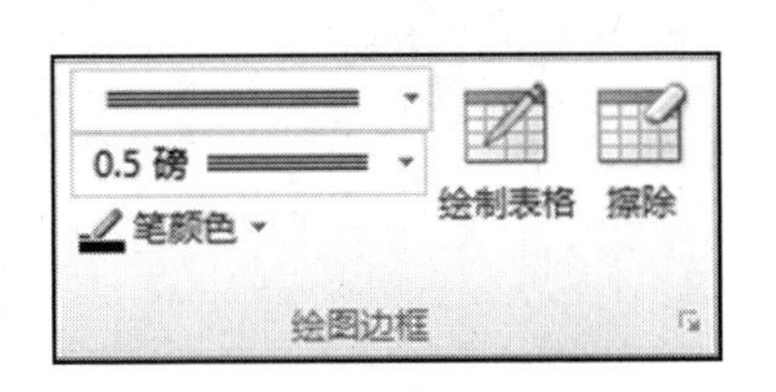

图 3-41　【绘图边框】功能组

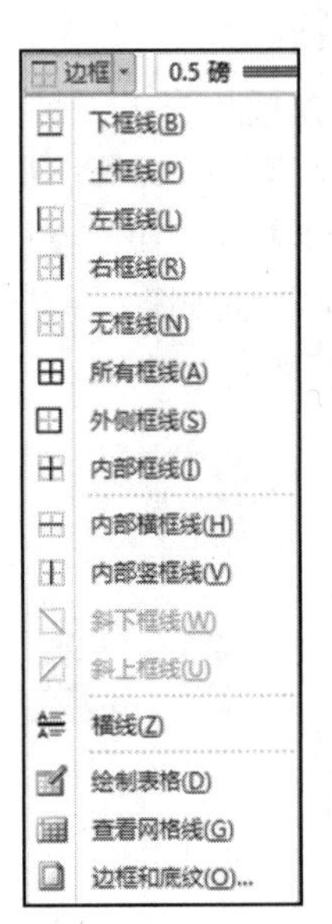

图 3-42　【边框】下拉菜单

步骤 9：保存“员工入职登记表.docx”。

任务三　定制《办公软件 Word 应用能力测试试卷》

【任务引例】

公司准备对行政人员应用办公软件 Word 的能力进行一次考察，为此，综合管理部需要定制一份《办公软件 Word 应用能力测试试卷》，试卷完成效果如图 3-43 所示。

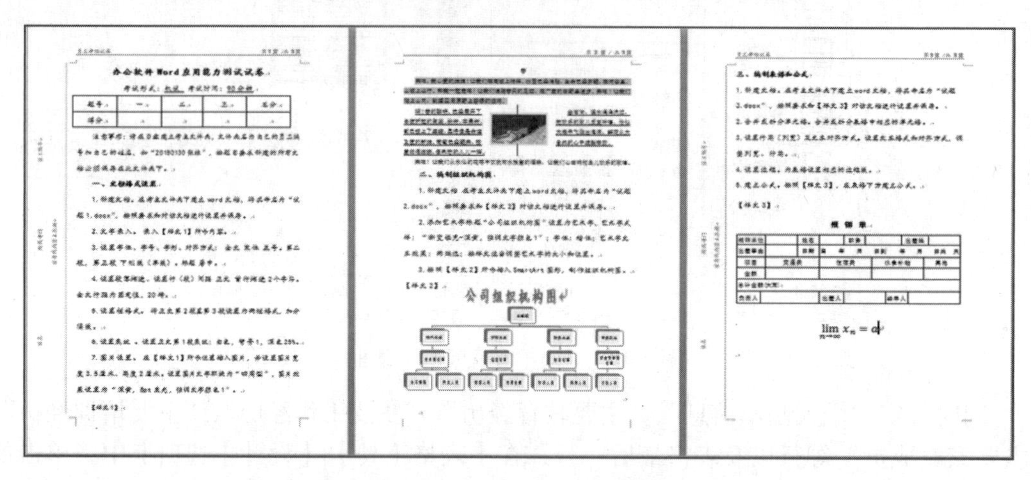

图 3-43　测试试卷完成效果

【相关知识】

1. 新建模板

Word 中的模板相当于一种蓝图或框架，所有文档都建立在模板的基础上，模板中包含已定义好的文字和样式等。单击【文件】|【新建】，在窗格中选择【可用模板】|【我的模板】（见图 3-44），打开“新建”对话框，在【个人模板】选项卡中选择【空白文档】，再选中“模板”单选按钮，单击“确定”，即可新建一个模板文件，编辑后将其保存在默认位置，文件扩展名为.dotx。

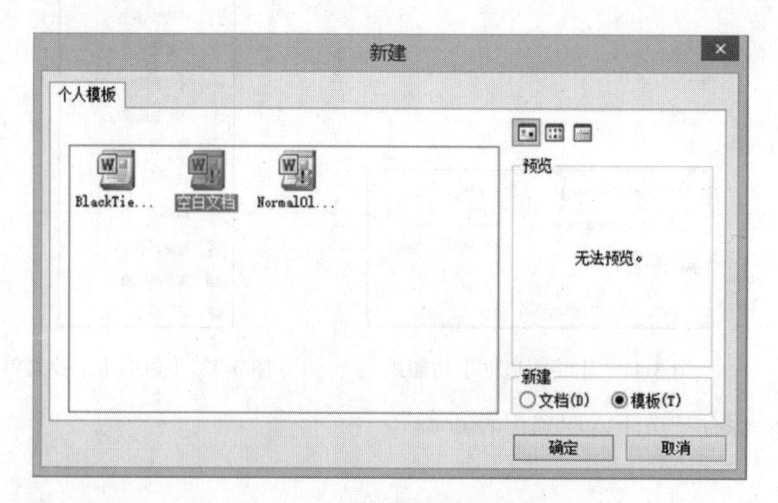

图 3-44　“新建模板”对话框

2. 使用模板

想要使用已有的模板，并在其基础上新建具有相同内容和格式的文档，可以在新建文件时，选择【可用模板】|【我的模板】，在【新建】对话框中选择所需模板即可。除此之外，也可以使用 Office.com 的模板，如图 3-45 所示，选择【文件】|【新建】，在 Office.com 模板中选择相应模板。

图 3-45 Office.com 模板

【业务操作】

步骤 1：新建试卷模板。

新建 Word 文档，保存时选择 保存类型(T): Word 模板 (*.dotx) ，并将其命名为“测试试卷模板”。

步骤 2：设置模板文档页面。

打开【页面设置】对话框，选择【版式】选项卡，在【节】分组中将【节的起始位置】设为【奇数页】，在【页眉和页脚】分组中选中复选框【奇偶页不同】，设置如图 3-46 所示。

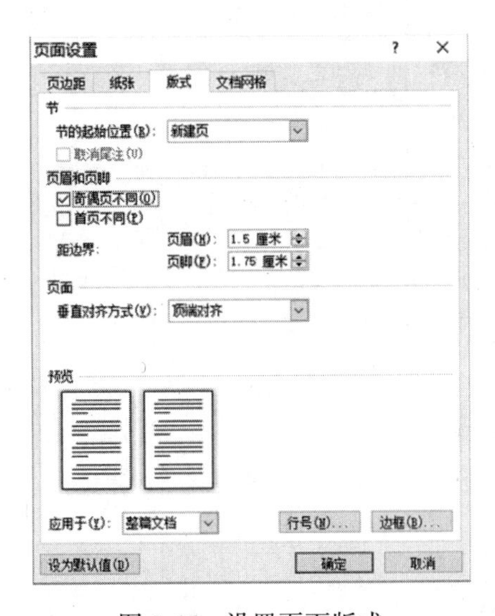

图 3-46 设置页面版式

温馨提示

【版式】中的【奇偶页不同】是指页眉或页脚的内容在奇数页和偶数页上是不同的，还可以设置页眉、页脚距页边界的距离。

步骤3：设置模板文档页眉页脚。

单击【插入】选项卡，在【页眉和页脚】选项组中单击【页码】，在展开的下拉菜单中选择【页面顶端】，级联菜单中选择【加粗显示的数字 3】，此时插入点进入页眉区，并插入页码“1/1”，将页码修改为“第 1 页/共 1 页”，并在页码左侧录入“员工考核试卷”。选中页码及页眉内容，将字体格式设置为“楷体，五号”，并调整为如图 3-47 所示样式。

员工考核试卷　　　　**第1页 /共 1页**

图 3-47　页眉样式

在页眉编辑状态下，选择【插入】|【文本框】|【绘制文本框】，在页面左侧，绘制一个合适大小的文本框。在文本框中输入“姓名、员工编号、所属部门、密封线内禁止答题”等内容。将文本框中文字内容设置为“楷体、五号”。选中文本框，选择【格式】|【文本】|【文字方向】|【将所有文字旋转 270°】。选中文本框，右击选择【设置形状格式】，在打开的对话框中选择【线条颜色】|【无线条】。

单击【插入】|【形状】|【直线】，在页面左侧插入一条密封线，选中线段，右击选择【设置形状格式】，如图 3-48 所示，在打开的对话框中选择【线型】|【短划线类型】|【方点】。设置完毕的页眉效果如图 3-49 所示。

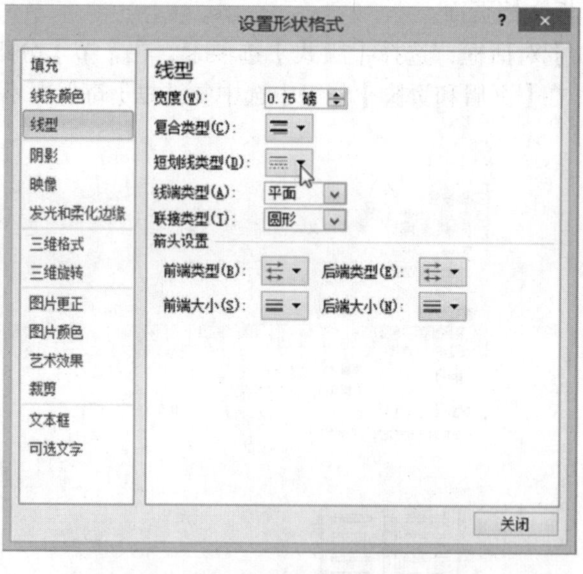

图 3-48　试卷模板密封线样式

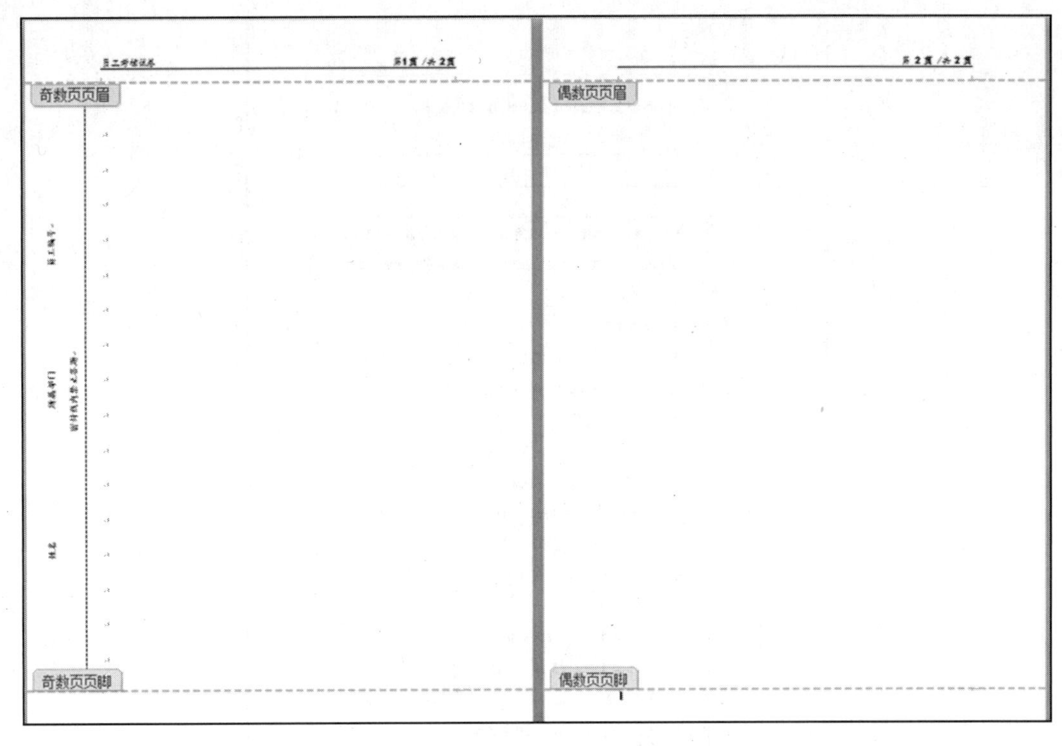

图 3-49 试卷模板页眉样式

温馨提示

如图 3-49 所示，将文档转至第二页，可以看到由于在步骤 2 中设置了【奇偶页不同】，奇数页的页眉和偶数页的页眉是可以设置成不一样的。

步骤 4：保存模板文档。

单击【设计】|【关闭页眉和页脚】，退出页眉页脚的编辑状态，回到文档正常编辑状态，将所做修改保存。

步骤 5：使用模板创建试卷文档。

找到“测试试卷模板.dotx”的存放位置，双击将其打开，选择【文件】|【保存】，将文件保存为“办公软件 Word 应用能力测试试卷.docx”。

步骤 6：将素材文件中的相应文本复制到“办公软件 Word 应用能力测试试卷.docx”中，按照如图 3-50 所示将试卷抬头、注意事项、第一大题要求录入并进行相应的格式设置，设置方式参照前面所讲内容，不再赘述。

步骤 7：对【样文 1】文本内容按照要求进行字体、字号、对齐方式、段落缩进、设置行（段）间距等设置。

步骤 8：设置【样文 1】分栏格式。

选中【样文 1】第二段和第三段，单击【页面布局】|【页面设置】|【分栏】，在下拉菜单中选择【更多分栏】。如图 3-51 所示，在打开的【分栏】对话框中，设置【栏数】为 2，并选中【分隔线】复选框。

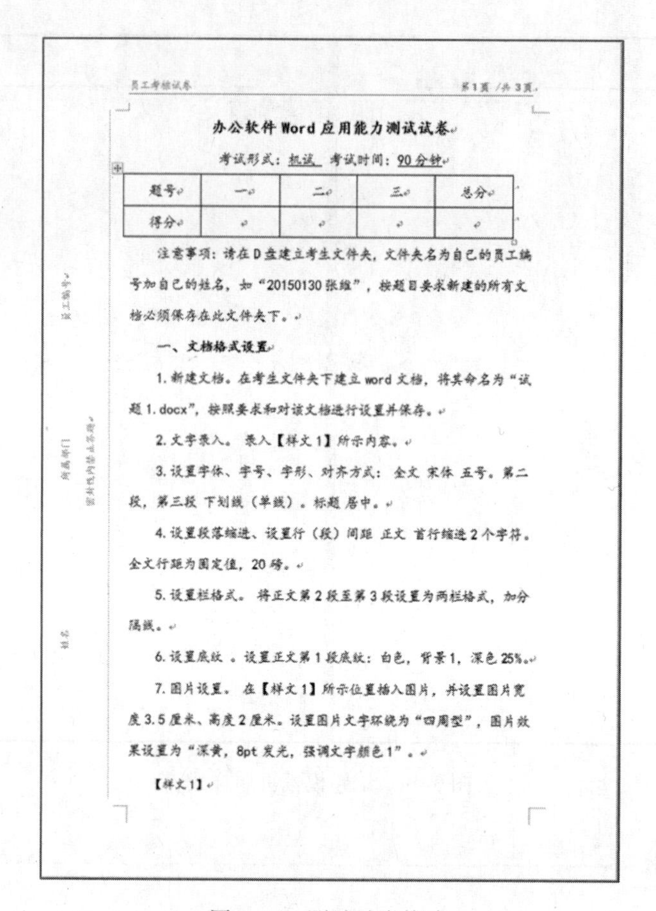

员工考核试卷　　第1页 /共 3页

办公软件 Word 应用能力测试试卷

考试形式：机试　考试时间：90 分钟

题号	一	二	三	总分
得分				

注意事项：请在 D 盘建立考生文件夹，文件夹名为自己的员工编号加自己的姓名，如“20150130 张维”，按题目要求新建的所有文档必须保存在此文件夹下。

一、文档格式设置

1. 新建文档。在考生文件夹下建立 word 文档，将其命名为“试题 1. docx”，按照要求和对该文档进行设置并保存。

2. 文字录入。 录入【样文 1】所示内容。

3. 设置字体、字号、字形、对齐方式： 全文 宋体 五号。第二段，第三段 下划线（单线）。标题 居中。

4. 设置段落缩进、设置行（段）间距 正文 首行缩进 2 个字符。全文行距为固定值，20 磅。

5. 设置栏格式。 将正文第 2 段至第 3 段设置为两栏格式，加分隔线。

6. 设置底纹 。设置正文第 1 段底纹：白色，背景 1，深色 25%。

7. 图片设置。 在【样文 1】所示位置插入图片，并设置图片宽度 3.5 厘米、高度 2 厘米。设置图片文字环绕为“四周型”，图片效果设置为“深黄，8pt 发光，强调文字颜色 1”。

【样文 1】

图 3-50　测试试卷格式

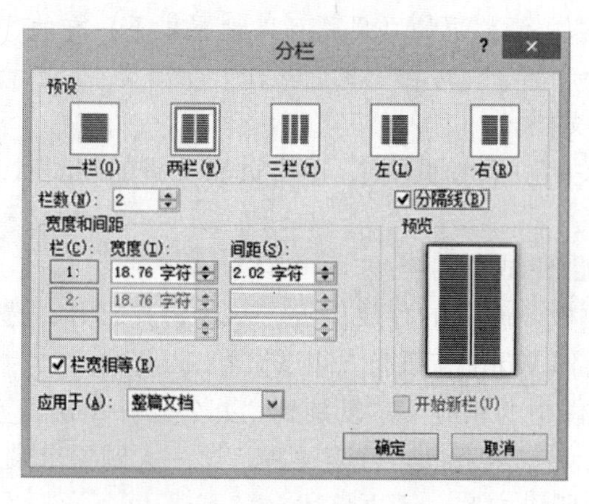

图 3-51　“分栏”对话框

步骤 9：设置【样文 1】段落背景。

选中【样文 1】第一段，单击【开始】|【段落】|【底纹】，选择【白色，背景 1，深色 25%】。

步骤 10：为【样文 1】插入图片。

单击【插入】|【插图】|【图片】，在打开的【插入图片】对话框中找到素材图片——春.jpg，单击“插入”按钮，将图片插入试卷文档。

步骤 11：设置图片格式。

选中所插入图片，单击【图片工具】|【格式】，在【大小】功能组中，单击右下角箭头，打开“布局”对话框，如图 3-52 所示，在【大小】选项卡中，将【锁定纵横比】复选框取消选中，并设置高度和宽度微调框的值分别为 2 厘米和 3.5 厘米。

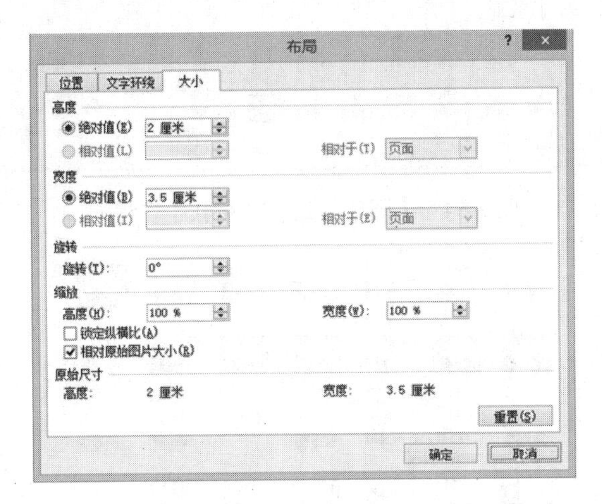

图 3-52 “布局”对话框

右击图片，在打开的快捷菜单中选择【自动换行】|【四周型环绕】，或者在如图 3-52 所示【布局】对话框的【文字环绕】选项卡中设置为【四周型环绕】。

单击【图片工具】|【图片样式】|【图片效果】，在下拉菜单中单击【发光】，子菜单中选择【深黄，8pt 发光，强调文字颜色 1】。

按照【样文 1】适当调整图片位置。

温馨提示

在对图片进行编辑之前，首先要选中图片，图片被选中之后，周围会出现 8 个缩放句柄和一个绿色的旋转按钮，如图 3-53 所示。若需要对图片进行缩放操作，可以将鼠标指向某个句柄，按住左键拖动鼠标即可。若需要对图片进行旋转操作，用鼠标拖动旋转按钮即可。

图 3-53 图片被选中之后的形态

做中学

步骤 11 简单介绍了图片的基本编辑方式，例如调整图片的大小和文字环绕方式等，除此之外还可以对图片进行各种设置和编辑，这些操作包含在【图片工具】|【格

式】选项卡中，如图 3-54 所示。选中要编辑的图片之后，功能区就会出现此选项卡，其中比较常用的功能组有【调整】、【图片样式】、【大小】等。

例如想要改变现有图片的样式，可以选中图片后在【图片样式】功能组中单击列表框中所需样式，如图 3-55 所示。

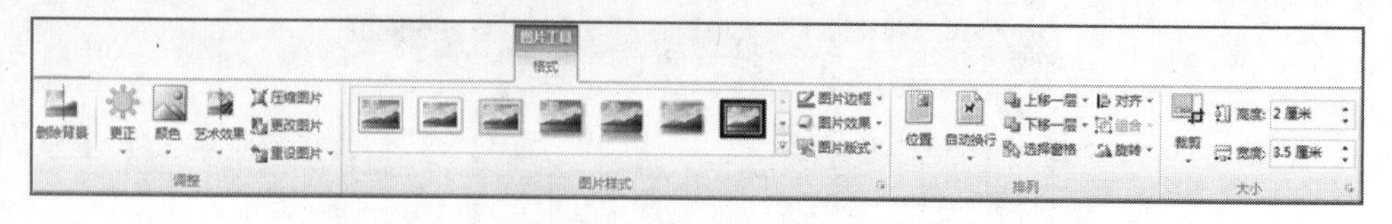

图 3-54 【图片工具】|【格式】选项卡

图 3-55 【图片样式】列表框

步骤 12：编辑第二大题要求。

将素材文件中所需文本复制，并进行相应的格式设置，设置方式参照前面所讲内容，不再赘述。

步骤 13：插入艺术字。

单击【插入】|【文本】|【艺术字】，在打开的下拉列表中选择【填充—橄榄色，强调文字颜色 3，轮廓—文本 2】，如图 3-56 所示。在显示的文本输入框中输入艺术字内容"公司组织机构图"。

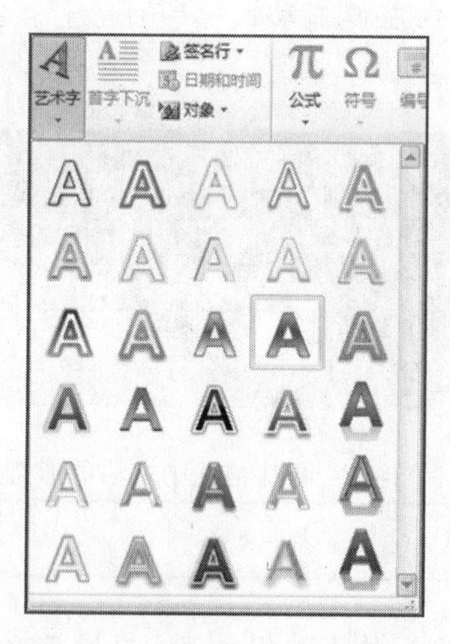

图 3-56 【艺术字】下拉列表

步骤 14：设置艺术字格式。

选中艺术字内容，单击【开始】|【字体】，将艺术字字体设置为【楷体】。

选中艺术字对象，单击【绘图工具】|【格式】|【艺术字样式】|【文本效果】，在下拉菜单中选择【转换】，子菜单中选择【弯曲】|【两端远】。

温馨提示

对艺术字进行编辑与图片类似，首先要选中艺术字对象，对象被选中后，周围就会出现缩放句柄和旋转按钮。对其缩放和旋转操作，与对图片的操作相同。

做中学

艺术字对象的编辑操作，包含在【绘图工具】|【格式】选项卡中，如图 3-57 所示。选中要编辑的艺术字对象之后，功能区就会出现此选项卡，其中比较常用的功能组有【艺术字样式】、【大小】等。

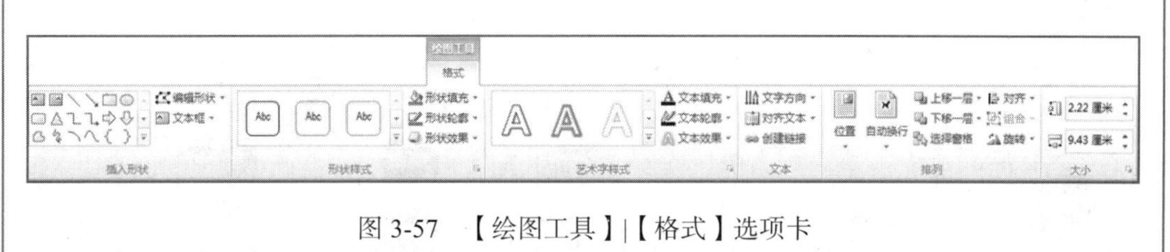

图 3-57 【绘图工具】|【格式】选项卡

步骤 15：插入 SmartArt 图形，创建组织机构图的基础框架。

单击【插入】|【插图】|【SmartArt】，如图 3-58 所示，打开【选择 SmartArt 图形】对话框。选择【层次结构】|【层次结构】，单击“确定”，插入如图 3-59 所示的初始 SmartArt 图形。

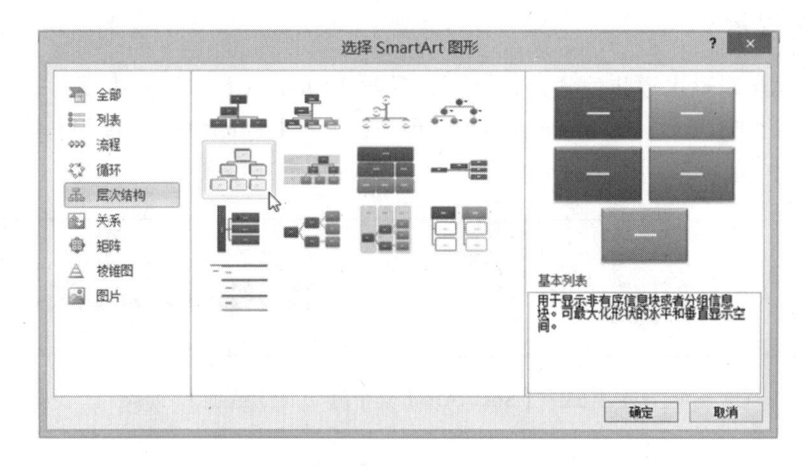

图 3-58 【选择 SmartArt 图形】对话框

步骤 16：在 SmartArt 图形中输入文本内容。

如图 3-60 所示，按照【样文 2】，在插入的初始 SmartArt 图形中，单击各个形状进行相应的文字录入。

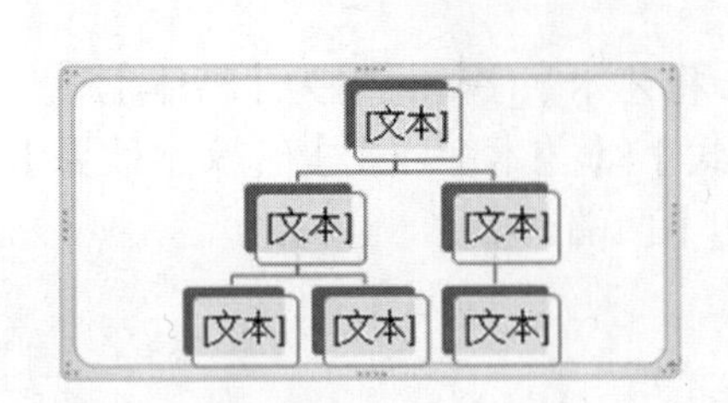

图 3-59 插入的 SmartArt 图形

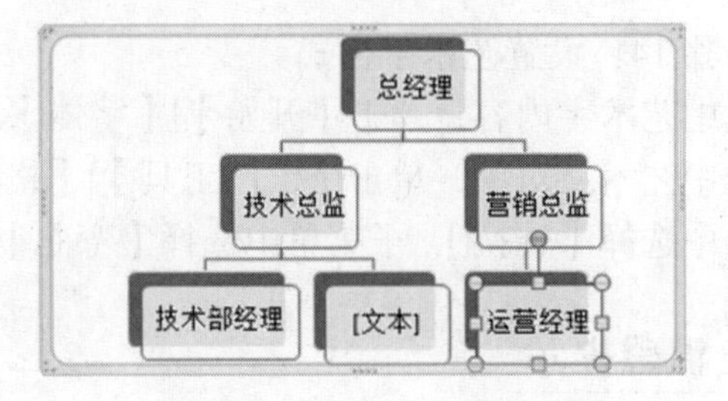

图 3-60 SmartArt 图形——组织机构图

步骤 17：在 SmartArt 图形中添加或删除形状，调整组织结构图布局。

单击选中“技术部经理”右侧不需要的形状，按 Delete 键将其删除。右击“营销总监”，如图 3-61 所示，在快捷菜单中选择【添加形状】|【在后面添加形状】，在“营销总监”右侧添加一个形状。使用类似方法，按照【样文 2】添加组织机构图其余形状，结果如图 3-62 所示。

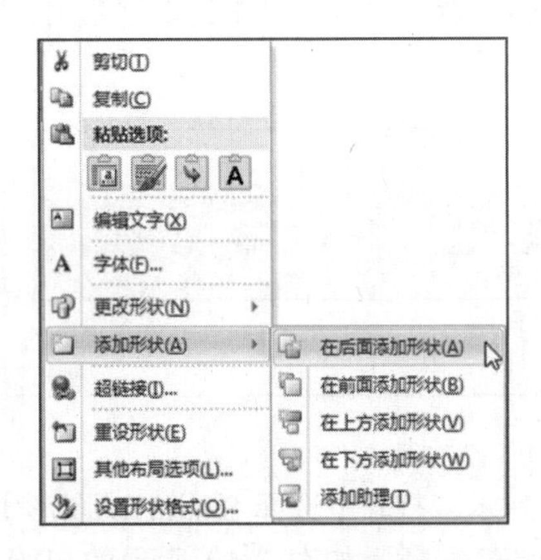

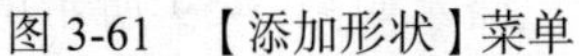

图 3-61 【添加形状】菜单

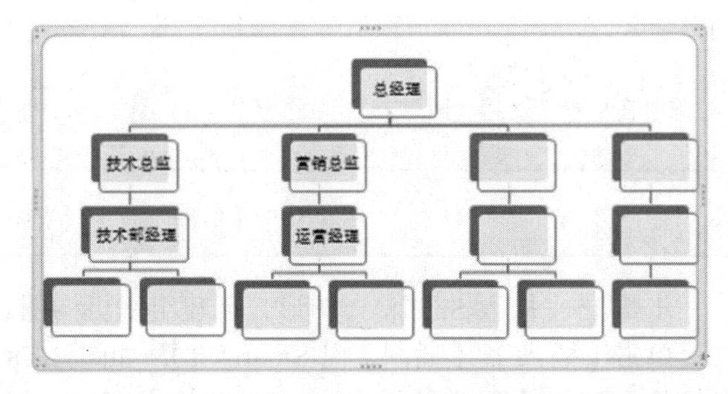

图 3-62 为 SmartArt 图形添加删除形状

温馨提示

SmartArt 图形中形状的添加，也可以通过【SmartArt 工具】|【设计】选项卡来完成，如图 3-63 所示。选中 SmartArt 图形后，单击【SmartArt 工具】|【设计】|【创建图形】|【添加形状】，在打开的下拉菜单中选择相应选项即可。

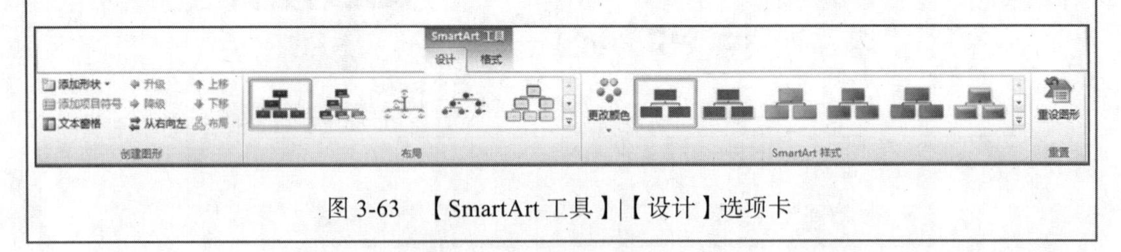

图 3-63 【SmartArt 工具】|【设计】选项卡

步骤 18：利用【文本】窗格编辑 SmartArt 图形文本内容。

如图 3-64 所示，单击 SmartArt 图形左侧边沿处的按钮，打开【文本】窗格，按照【样文 2】录入形状中相应文字内容。

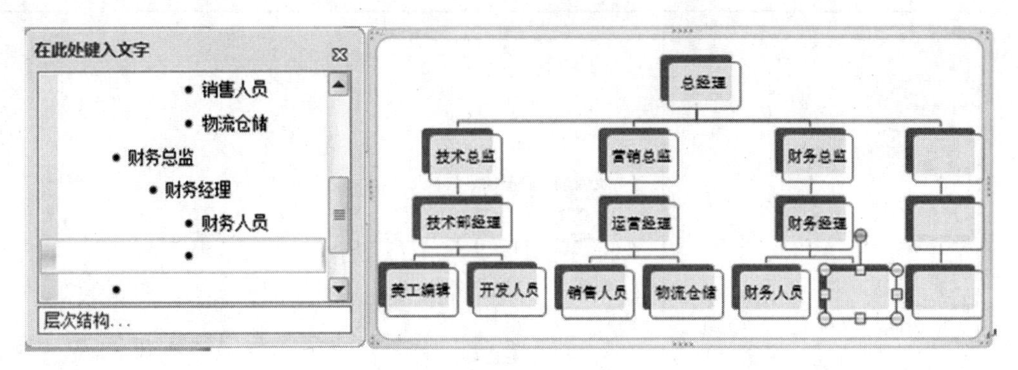

图 3-64　利用【文本】窗格编辑 SmartArt 图形

温馨提示

【文本】窗格也可以通过单击如图 3-63 所示【设计】选项卡中【创建图形】功能组上的【文本窗格】按钮来打开和关闭。还可以通过【创建图形】功能组中的【升级】、【降级】、【上移】、【下移】等按钮调整所选形状在 SmartArt 图形中的层次和位置。

做中学

SmartArt 图形编辑完成之后，仍然可以通过【SmartArt 工具】|【设计】选项卡对布局、样式、颜色等方面进行修改。

（1）布局的更改

选中 SmartArt 图形，单击【设计】|【布局】，如图 3-65 所示。重新选择一种布局方式即可。

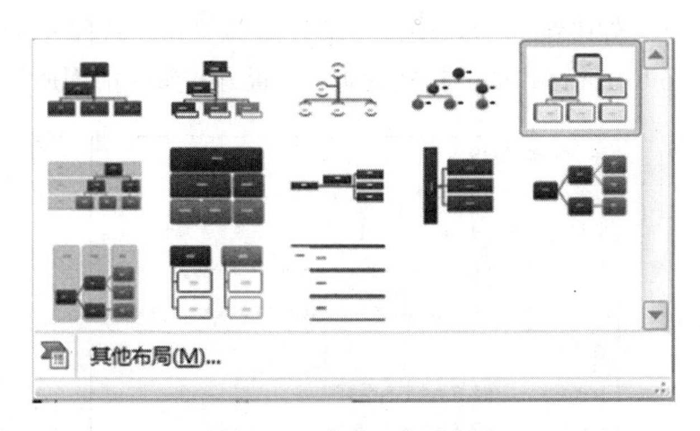

图 3-65　【布局】功能组

（2）颜色的更改

选中 SmartArt 图形，单击【设计】|【SmartArt 样式】|【更改颜色】，如图 3-66 所示。在下拉列表中重新选择颜色。

（3）样式的更改

选中 SmartArt 图形，单击【设计】|【SmartArt 样式】功能组右侧下拉箭头，打开样式列表，如图 3-67 所示。从中选择样式。

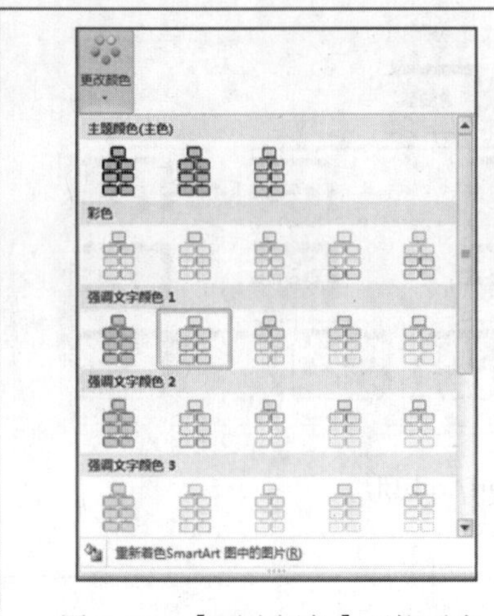

图 3-66 【更改颜色】下拉列表

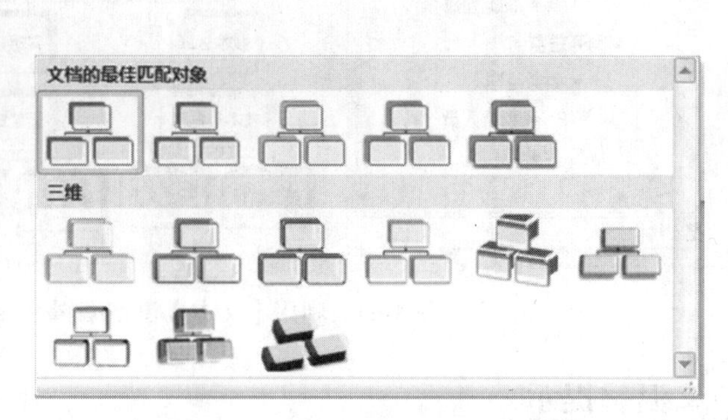

图 3-67 【SmartArt 样式】

（4）SmartArt 图形局部格式的更改

选中 SmartArt 图形中想要设置的某一形状或某些形状，通过【SmartArt 工具】|【格式】选项卡中的“形状填充”、“形状效果”、“文本效果”等按钮，如图 3-68 所示，对 SmartArt 图形的局部格式进行设置。

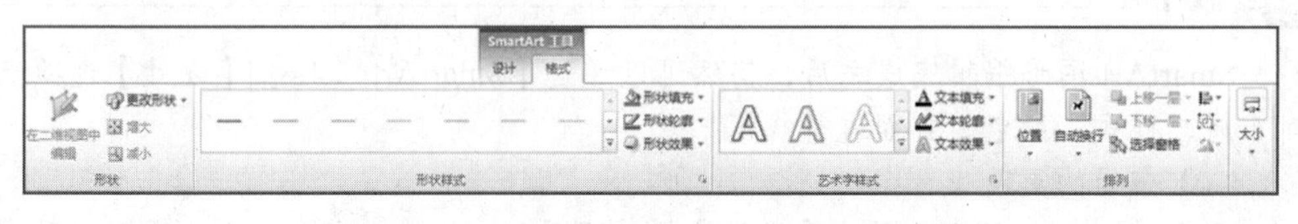

图 3-68 【SmartArt 工具】|【格式】选项卡

步骤 19：将素材文件中第三大题操作要求复制到“办公软件 Word 应用能力测试试卷.docx”中（见图 3-69），进行相应的格式设置，设置方式参照前面所讲内容，不再赘述。

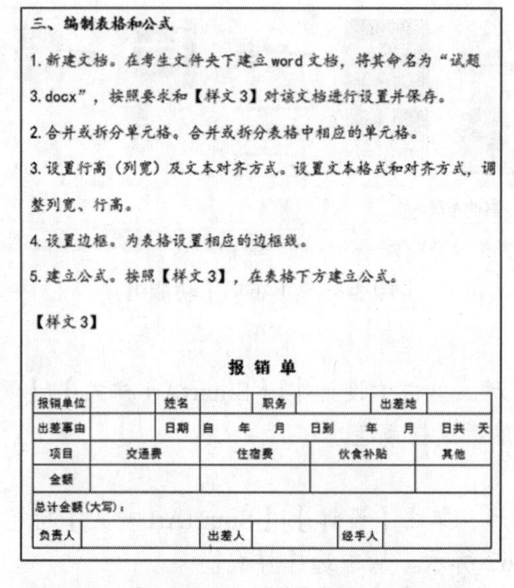

三、编制表格和公式

1. 新建文档。在考生文件夹下建立 word 文档，将其命名为“试题 3. docx”，按照要求和【样文 3】对该文档进行设置并保存。

2. 合并或拆分单元格。合并或拆分表格中相应的单元格。

3. 设置行高（列宽）及文本对齐方式。设置文本格式和对齐方式，调整列宽、行高。

4. 设置边框。为表格设置相应的边框线。

5. 建立公式。按照【样文 3】，在表格下方建立公式。

【样文 3】

报销单

报销单位		姓名		职务		出差地	
出差事由		日期	自 年 月 日到 年 月 日共 天				
项目	交通费		住宿费		伙食补贴		其他
金额							
总计金额(大写)：							
负责人			出差人		经手人		

图 3-69 【SmartArt 工具】|【格式】选项卡

步骤 20：插入和编辑表格。

按照【样文 3】，插入和编辑表格，操作方式参照任务二，不再赘述。

步骤 21：插入和编辑公式。

单击【插入】|【符号】|【公式】下拉箭头，打开公式列表，如图 3-70 所示，选择【插入新公式】，此时文档中出现公式编辑区 在此处键入公式。，并增加如图 3-71 所示的【公式工具】|【设计】选项卡。单击【公式工具】|【设计】|【结构】|【极限和对数】，如图 3-72 所示，在下拉列表中选择【极限】，将会在文档中插入公式模板。

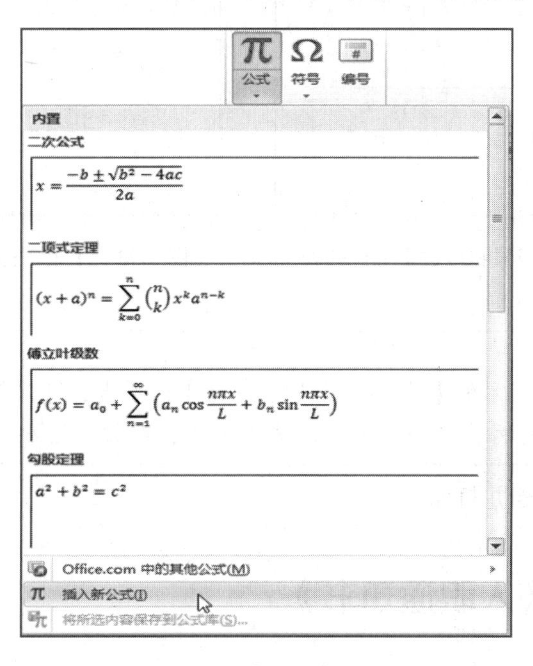

图 3-70　【公式】列表

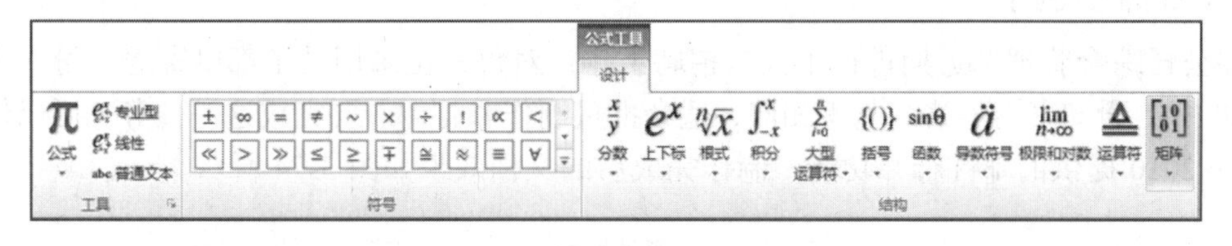

图 3-71　【公式工具】|【设计】选项卡

在插入的公式模板 $\lim \square$ 中，在 lim 下方的虚线方框中单击，在其中录入“n”，然后在【公式工具】|【设计】|【符号】功能组中选择符号 → 和 ∞，将其插入方框中。

单击 lim 右侧的虚线方框，然后单击【公式工具】|【设计】|【结构】|【上下标】，如图 3-73 所示，在下拉列表中选择【下标】，此时公式模板变为 $\lim_{n\to\infty} \square_{\square}$，在左侧虚线框中输入“x”，右侧虚线框中输入“n”。

将光标放置到最右侧 $\lim_{n\to\infty} x_n$，依次输入“=”、“a”，题目所要求公式编辑完成 $\lim_{n\to\infty} x_n = a$。

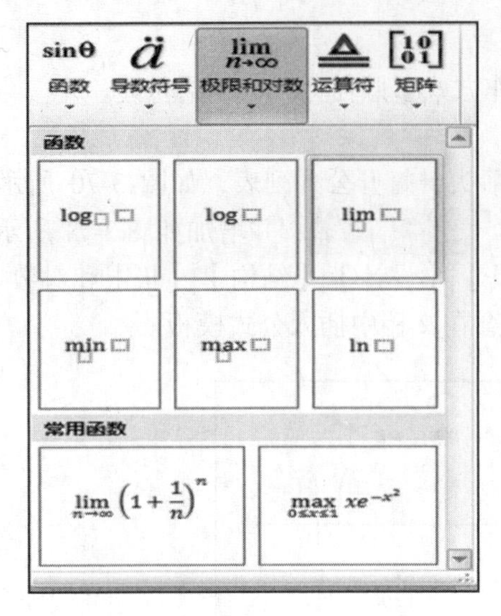

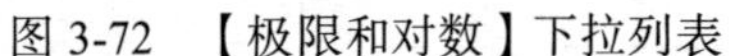

图 3-72 【极限和对数】下拉列表

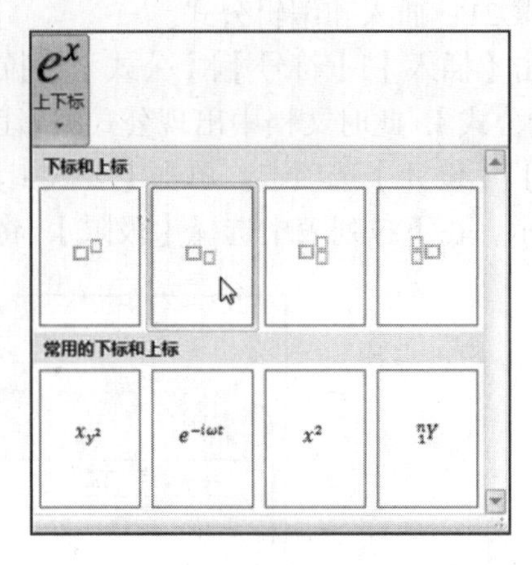

图 3-73 【上下标】下拉列表

温馨提示

使用如图 3-71 所示的【公式工具】|【设计】选项卡，可以录入各种不同的符号和公式，除了上面的例子之外，还可以录入矩阵、对数、函数等等复杂的公式。

步骤 22：保存文档并打印。

任务四 制作《入职通知书》

【任务引例】

公司综合管理部近期进行了人员招聘工作，对每一位录用员工都要寄送一份《入职通知书》，通知书内容格式基本相同，适合批量制作和打印。要完成这一任务，可以使用 Word 2010 提供的邮件合并功能，制作完成后的文档效果如图 3-74 所示。

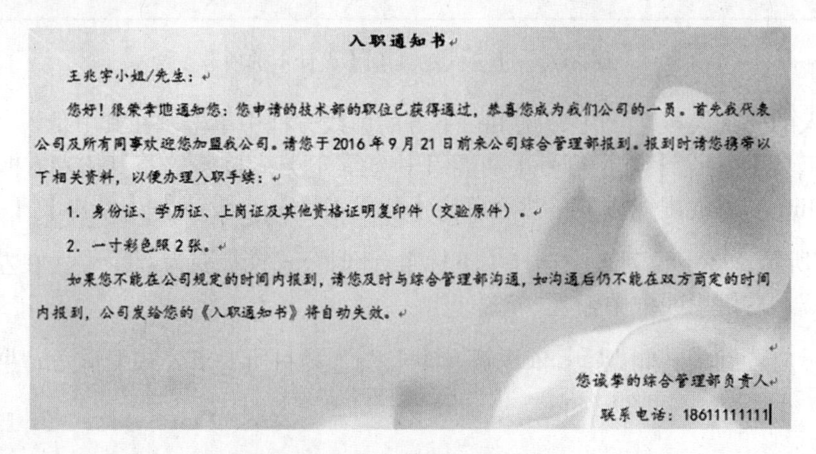

入职通知书

王兆宇小姐/先生：

您好！很荣幸地通知您：您申请的技术部的职位已获得通过，恭喜您成为我们公司的一员。首先我代表公司及所有同事欢迎您加盟我公司。请您于 2016 年 9 月 21 日前来公司综合管理部报到。报到时请您携带以下相关资料，以便办理入职手续：

1. 身份证、学历证、上岗证及其他资格证明复印件（交验原件）。

2. 一寸彩色照 2 张。

如果您不能在公司规定的时间内报到，请您及时与综合管理部沟通，如沟通后仍不能在双方商定的时间内报到，公司发给您的《入职通知书》将自动失效。

您诚挚的综合管理部负责人

联系电话：18611111111

图 3-74 《入职通知书》效果

【相关知识】

邮件合并功能往往用于通知书、邀请函等日常办公处理时需要批量打印的文档。进行邮件合并需要注意两个重要的概念。一是邮件合并的主文档（见图 3-75），即想要批量生成的文档的相同部分；二是邮件合并的数据源，数据源中指定了批量生成的文档中不同的部分，如图 3-74 中的姓名、部门等内容。合并的数据源可以是文本文件、Excel 文件、Word 文件或者是数据库文件。

邮件合并的常用步骤是：首先创建邮件合并的主文档以及建立邮件合并的数据源文档，然后建立主文档与数据源之间的连接，在主文档中相应位置插入合并域之后，即可完成合并。

【业务操作】

步骤 1：编辑邮件合并主文档。

新建 Word 文件“邮件合并主文档.docx”。

单击【页面布局】|【页面设置】功能组右下角的对话框启动器按钮，打开【页面设置】对话框，将【纸张大小】设置为【A4】,【纸张方向】设置为【横向】。

双击文档页面上部，进入页眉编辑区。单击【插入】|【插图】|【图片】，打开【插入图片】对话框，选择要插入的图片后单击【插入】按钮，将图片插入页眉编辑区。右击图片，在快捷菜单中选择【自动换行】|【衬于文字下方】，之后拖动图片周围的控制点，将图片设置为覆盖整个页面。

单击【页眉和页脚工具】|【设计】|【关闭页眉页脚】，进入正文编辑状态，录入如图 3-75 所示文档内容，并进行相应格式设置。

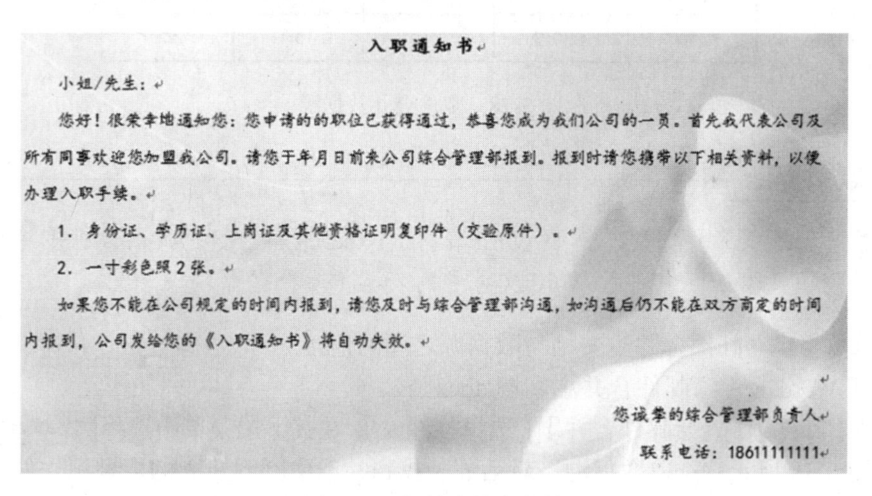

入职通知书

小姐/先生：

您好！很荣幸地通知您：您申请的的职位已获得通过，恭喜您成为我们公司的一员。首先我代表公司及所有同事欢迎您加盟我公司。请您于年月日前来公司综合管理部报到。报到时请您携带以下相关资料，以便办理入职手续。

1. 身份证、学历证、上岗证及其他资格证明复印件（交验原件）。

2. 一寸彩色照 2 张。

如果您不能在公司规定的时间内报到，请您及时与综合管理部沟通，如沟通后仍不能在双方商定的时间内报到，公司发给您的《入职通知书》将自动失效。

您诚挚的综合管理部负责人

联系电话：18611111111

图 3-75 邮件合并主文档

做中学

用户可能需要创建各种不同类型和形式的主文档，例如需要批量打印信封，那么创建主文档时就可以使用【邮件】|【创建】功能组中的功能选项，如图 3-76 所示。也可以使用【开始邮件合并】下拉菜单中的各项命令进行主文档的创建，如图 3-77 所示。

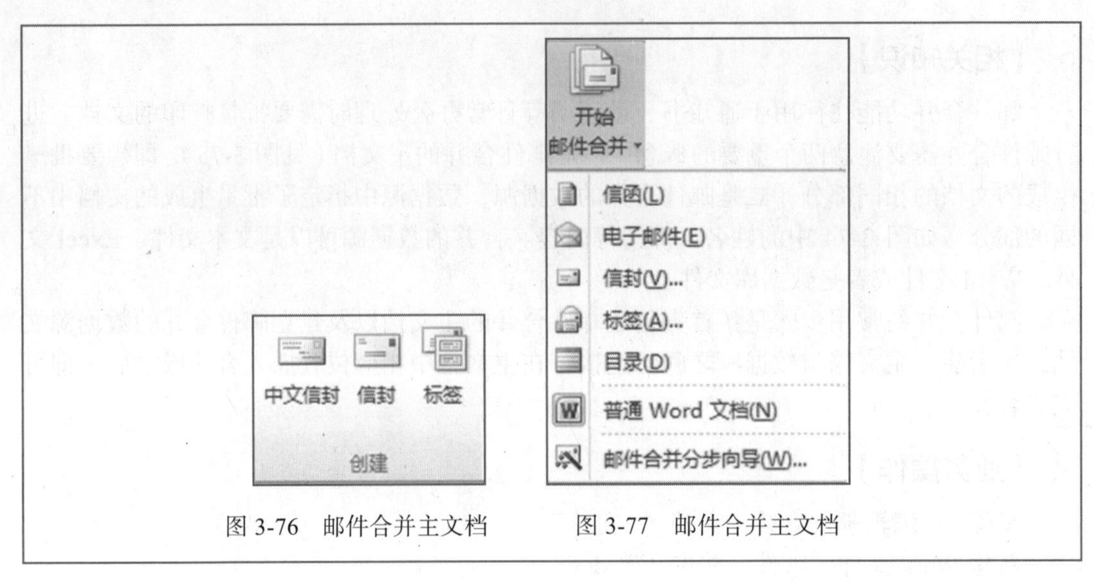

图 3-76　邮件合并主文档　　　　图 3-77　邮件合并主文档

步骤 2：编辑邮件合并数据源。

新建 Word 文件“邮件合并数据源.docx”。

在文档中新建如图 3-78 所示表格，表格中的表头信息应与待插入的内容一致。

姓名	部门	年	月	日
张姚鑫	综合管理部	2016	9	20
王兆宇	技术部	2016	9	21
李泽明	技术部	2016	9	21
刘丽文	财务部	2016	9	22

图 3-78　邮件合并数据源

温馨提示

数据源有很多种类型，例如 Word 表格、Excel 表格、数据库的数据表等都可以作为数据源，本任务中使用 Word 文件中的表格作为数据源。

步骤 3：建立邮件合并主文档与数据源之间的连接。

打开 Word 文件“邮件合并主文档.docx”。

单击【邮件】|【开始邮件合并】|【选择收件人】，在其下拉菜单中选择 使用现有列表(E)...，打开如图 3-79 所示“选取数据源”对话框，找到并选中刚刚建立的数据源文件“邮件合并数据源.docx”，单击“打开”按钮。完成上述操作之后，“邮件”选项卡中的其他功能组就可以使用了。

步骤 4：为主文档插入合并域。

将鼠标定位到主文档中“小姐/先生”的前面，单击【邮件】|【编写和插入域】|【插入合并域】(见图 3-80)，在下拉菜单中选择“姓名”，将合并域插入主文档中。

在主文档合适位置逐一添加其余合并域项，完成后的文档如图 3-81 所示。

图 3-79　“选取数据源”对话框

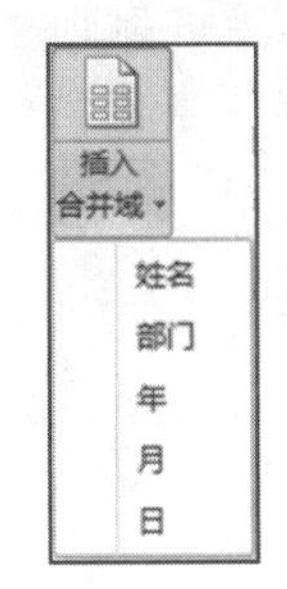

图 3-80　【插入合并域】下拉菜单

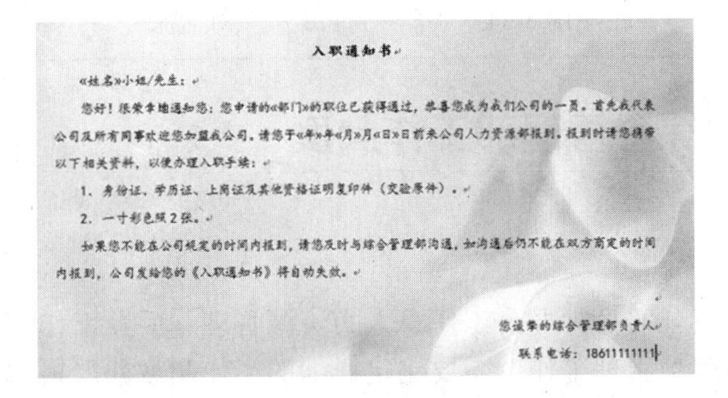

入职通知书

«姓名»小姐/先生：

您好！很荣幸地通知您：您申请的«部门»的职位已获得通过，恭喜您成为我们公司的一员。首先我代表公司及所有同事欢迎您加盟我公司。请您于«年»年«月»月«日»日前来公司人力资源部报到。报到时请您携带以下相关资料，以便办理入职手续：

1、身份证、学历证、上岗证及其他资格证明复印件（交验原件）。

2、一寸彩色照 2 张。

如果您不能在公司规定的时间内报到，请您及时与综合管理部沟通，如沟通后仍不能在双方商定的时间内报到，公司发给您的《入职通知书》将自动失效。

您诚挚的综合管理部负责人

联系电话：18611111111

图 3-81　合并域插入完成以后的主文档

步骤 5：完成邮件合并。

合并域插入完成之后，可以通过单击【邮件】|【预览结果】，对合并的结果进行预览。如图 3-82 所示，预览时可以使用【预览结果】功能组中的“上一记录”、“下一记录”按钮查看每一份入职通知书。

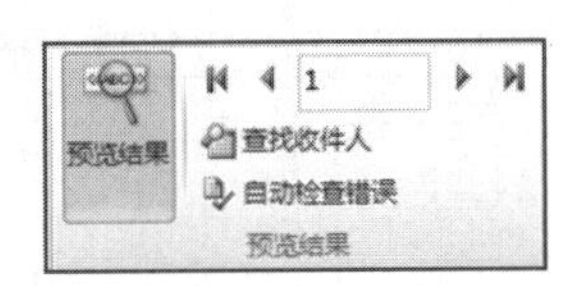

图 3-82　【预览结果】功能组

单击【邮件】|【完成】|【完成并合并】，如图 3-83 所示，在下拉菜单中选择【编辑单个文档】，打开【合并到新文档】对话框，在其中选择【全部】，即可生成合并后的文档。

图 3-83　【预览结果】功能组

将合并后的文档另存为“入职通知书.docx”。

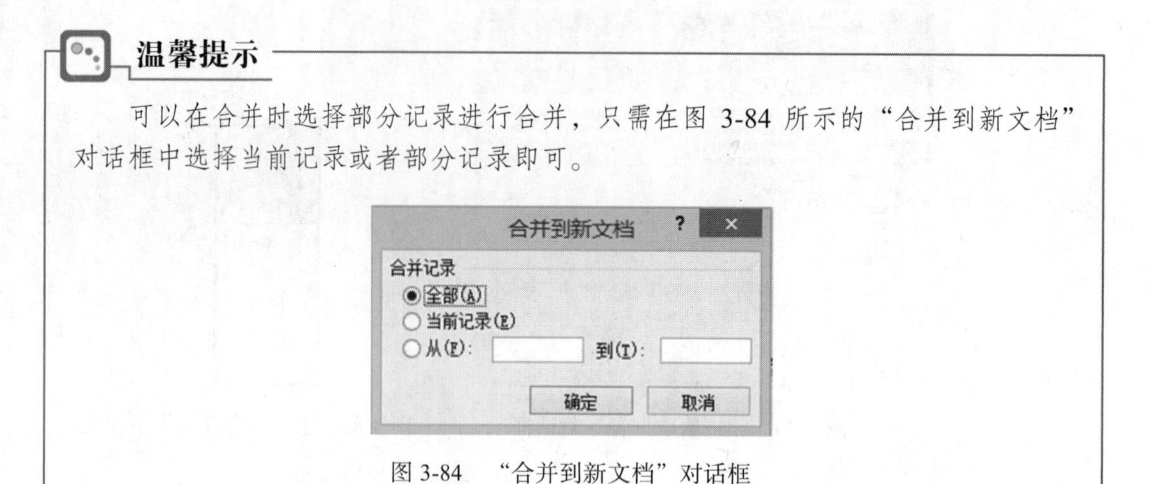

温馨提示

可以在合并时选择部分记录进行合并，只需在图 3-84 所示的“合并到新文档”对话框中选择当前记录或者部分记录即可。

图 3-84 “合并到新文档”对话框

任务五 定制综合管理部工作制度

【任务引例】

综合管理部负责公司日常办公工作、人力资源管理、后勤工作管理等，工作内容多且繁杂，为了规范各项管理工作，需要制定详细的工作制度并严格执行。本任务完成综合管理部工作制度的定制，完成效果如图 3-85 所示。

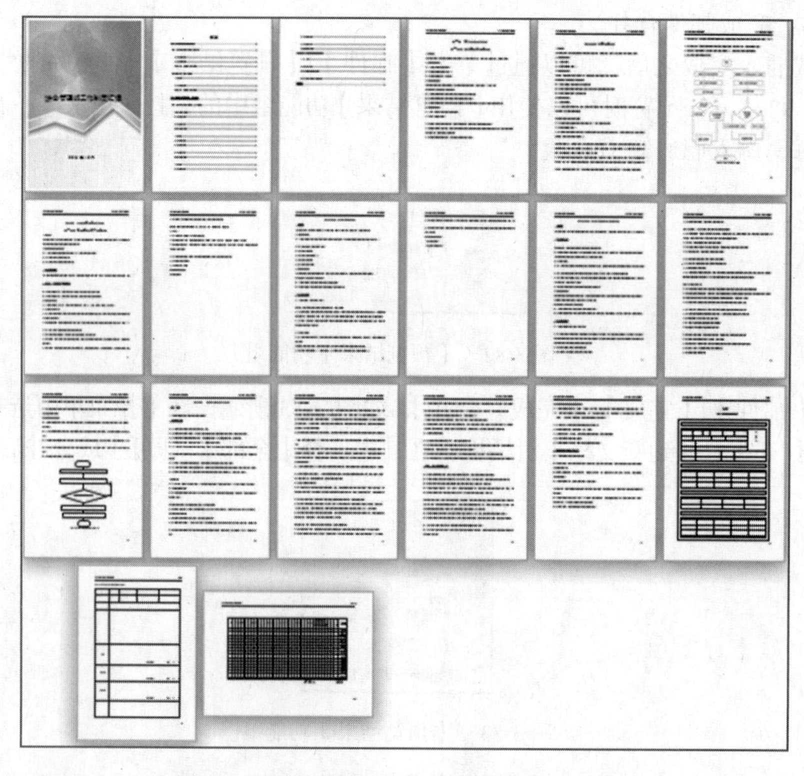

图 3-85 《综合管理部工作制度》完成效果

【业务操作】

步骤 1：打开素材文件，将其重命名为“综合管理部工作制度.docx”。

步骤 2：为长文档分节。

将光标放置在文档第一行最左侧，单击【页面布局】|【页面设置】|【分隔符】，如图 3-86 所示，在打开的下拉菜单中选择【分节符】组中的“下一页”命令，在文档最前面插入一个空白页。重复上述操作，最后文档前面预留两个空白页，用于封面和目录的编辑。

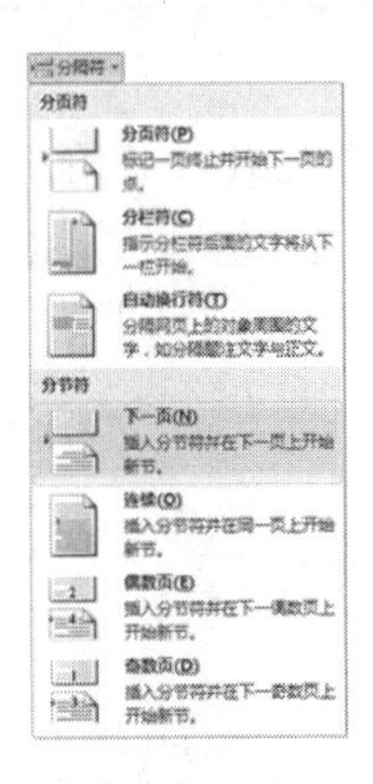

图 3-86 【分隔符】下拉菜单

与上述操作类同，在“第二篇”、“第三篇”、“附录”的上一页最后一行处分别插入一个【分节符】组中的【下一页】分隔符，将整个长文档分为 6 节。

做中学

分节符是不可打印字符，一般在屏幕上不显示，想要查看分节符标记，可以单击【文件】|【选项】，打开如图 3-87 所示【Word 选项】对话框，在【显示】部分的选项中选中【显示所有格式标记】，单击“确定”之后，就可以在文档中看到所有插入的分节符，如图 3-88 所示。

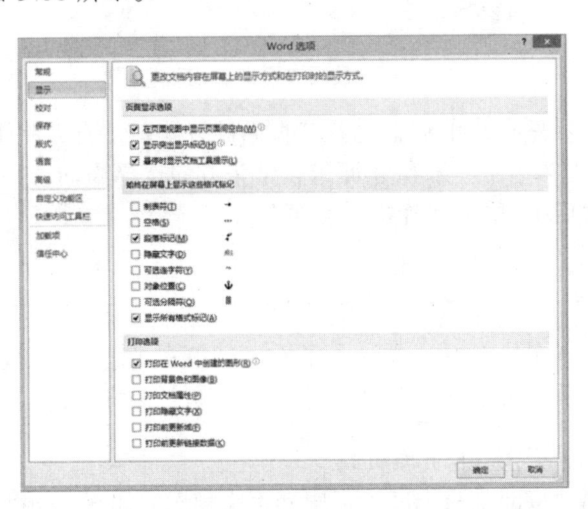

图 3-87 “Word 选项”对话框

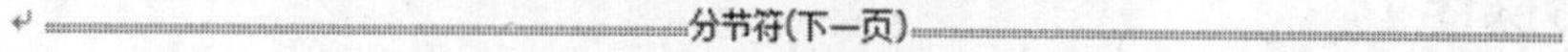

分节符(下一页)

图 3-88　文档中显示的分节符

想要显示分节符等隐藏的编辑标记还可单击【开始】|【段落】功能组中的 按钮，使之变成 ，便可显示文档中隐藏的编辑标记，再单击该按钮，可再次隐藏这些编辑标记。

当不需要分节的时候，可选中该分节符，按 Delete 键即可。

步骤 3：设置长文档页面。

单击【页面布局】|【页面设置】功能组右下角对话框启动器按钮，打开“页面设置”对话框。如图 3-89 所示，将上下左右页边距分别设置为 3 厘米、3 厘米、3 厘米和 2.5 厘米，【纸张方向】选择【纵向】，【应用于：】下拉列表中选择【整篇文档】，单击“确定”按钮。

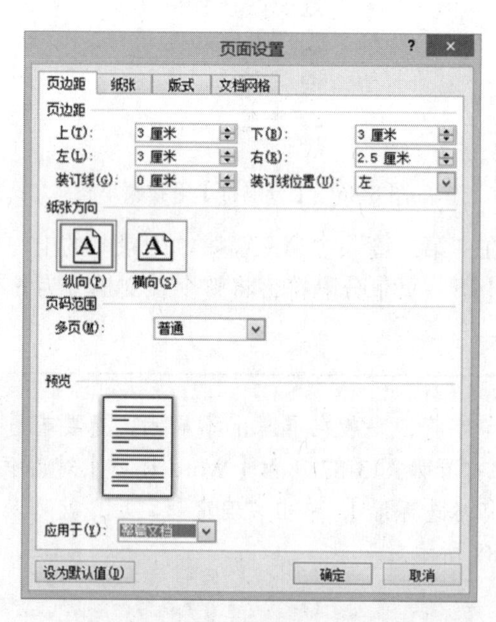

图 3-89　最后一页的页面设置

将光标放置在最后一页最前面，打开“页面设置”对话框，将上下左右页边距分别设置为 3 厘米、2.5 厘米、3 厘米和 3 厘米，纸张方向选择横向，在【应用于：】下拉列表中选择【插入点之后】，单击“确定”按钮。

温馨提示

文档原本分为 6 节，最后一页属于第 6 节，但在上述的页面设置之后，可以发现，系统自动在最后一页前插入了分节符，于是整个文档分成了 7 节。

步骤 4：为每节设置不同的页眉页脚。

双击文档页面中的页面部分，进入页眉和页脚视图。如图 3-90 所示可看到由于对长文档进行了分节的操作，在页眉页脚编辑区显示出了不同的节。

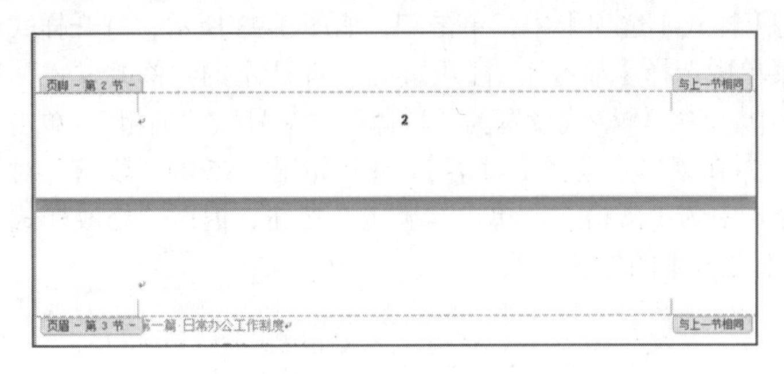

图 3-90 不同节的页眉页脚

将插入点放置在第三节页眉区域，单击【页眉和页脚工具】|【设计】【导航】|【链接到前一条页眉】，使此按钮处于弹起状态，如图 3-91 所示，取消本节页眉与前一节页眉的链接关系。在页眉区左侧输入“众惠电脑官方旗舰店”，右侧输入“日常办公工作制度”。选中所输入的页眉文字，将其格式设置为“楷体”、“五号”，并加入下边框线。

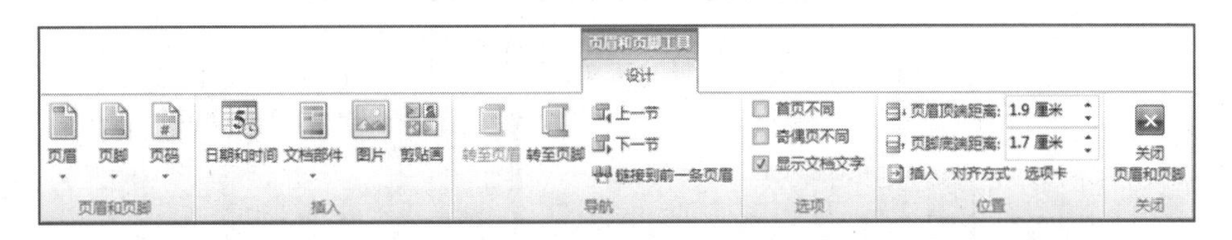

图 3-91 【页眉和页脚工具】|【设计】选项卡

按照上述方法，依次输入第 4 节、第 5 节、第 6 节的页眉，第 7 节页眉内容同第 6 节一样，需要调整“附录”二字至最右侧，设置完毕后效果如图 3-92 所示。

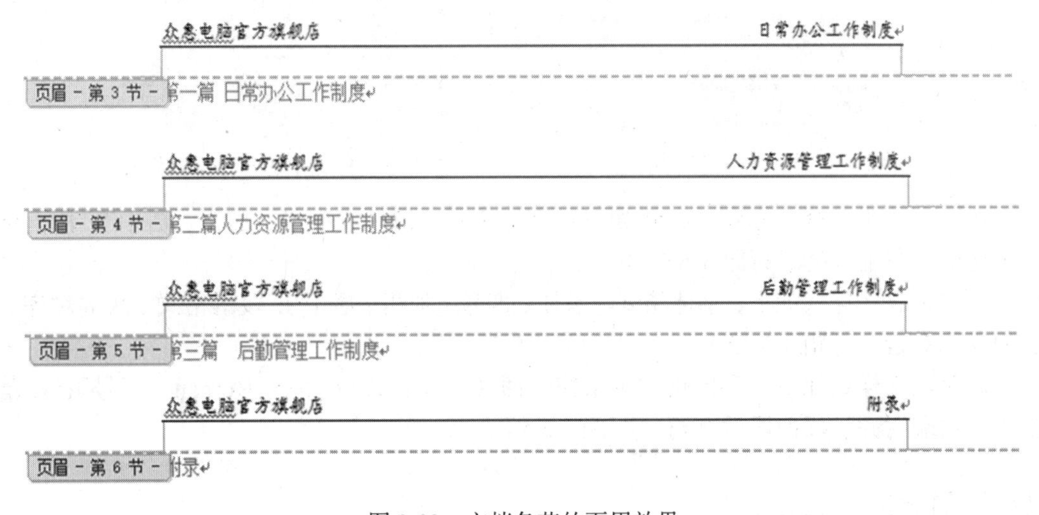

图 3-92 文档各节的页眉效果

步骤 5：设置页码。

将插入点放置在文档第一页的页脚区域，单击【设计】|【页眉和页脚】|【页码】，打开下拉菜单，单击【页面底端】，在级联菜单中选择【普通数字 3】。

步骤 6：修改样式。

在【开始】|【样式】选项卡中，单击▾，如图 3-93 所示，打开样式列表，右击【标题 1】，在快捷菜单中选择【修改】，打开如图 3-94 所示的“修改样式”对话框。在“修改样式”对话框中，将字体格式设置为“黑体”、“三号”、“加粗”。单击“修改样式”对话框中的【格式】，在菜单中选择【段落】，打开如图 3-95 的“段落”对话框，按照如图 3-95 所示设置样式中的段落格式，单击“确定”按钮，返回“修改样式”对话框，单击“确定”，完成【标题 1】的样式修改。

图 3-93　【样式】列表

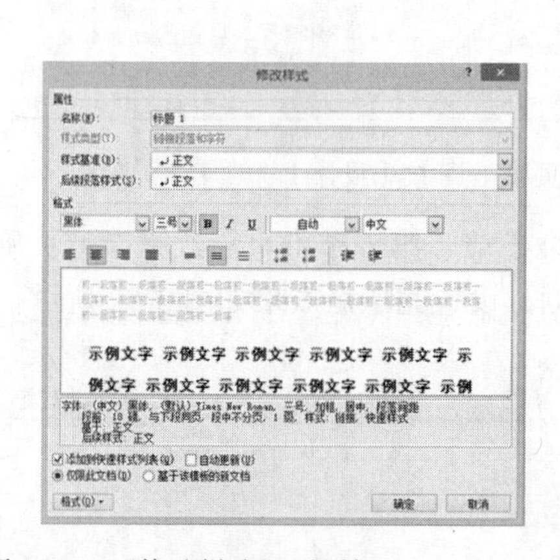

图 3-94　“修改样式”对话框

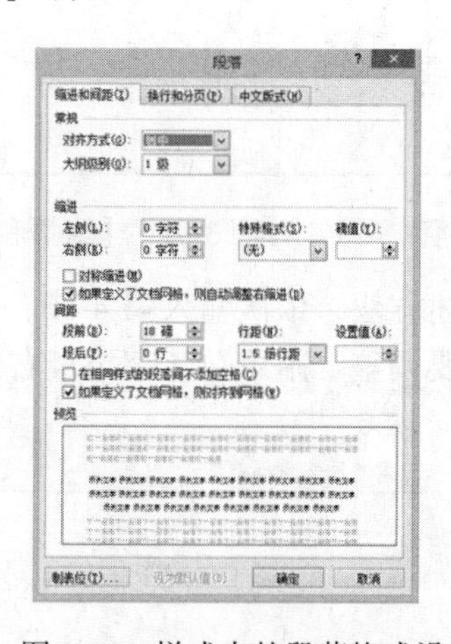

图 3-95　样式中的段落格式设置

按照上述步骤修改标题 2 样式如下：字体格式（黑体、小三、加粗、居中）；段落格式（居中、段前 6 磅、行距 1.5 倍）。

修改标题 3 样式如下：字体格式（黑体、四号、加粗、居中）；段落格式（两端对齐、段前段后 0 行、行距 1.5 倍）。

修改正文样式如下：字体格式（宋体、西文字体：Times New Roman、五号）；段落格式（两端对齐、段前段后 0 行、行距 1.5 倍）。

温馨提示

文档中的文本在没有指定样式之前，其默认样式是正文样式，因此修改正文样式之后，文档文本会自动应用正文样式。

做中学

单击【开始】|【样式】功能组右下角的对话框启动器按钮，可以打开如图 3-96 所示的【样式】任务窗格，右击窗格中的样式名称，一样可以打开“修改样式”对话框。【样式】任务窗格中一般显示的是【推荐的样式】，如果找不到想要的样式，可以单击任务窗格右下角【选项】，打开如图 3-97 所示“样式窗格选项”对话框，在【选择要显示的样式】下拉列表中选择【所有样式】，单击“确定”后，即可在【样式】任务窗格中找到所有的样式。

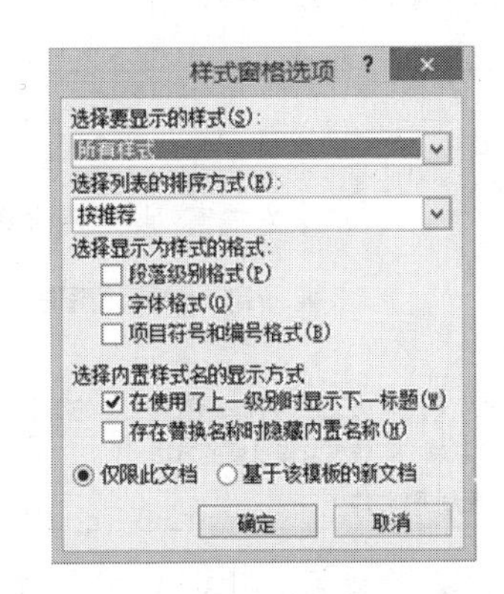

图 3-96　【样式】任务窗格　　图 3-97　“样式窗格选项”对话框

步骤 7：新建样式。

在【样式】任务窗格中单击左下角“新建样式”按钮，打开【根据格式设置创建新样式】对话框，如图 3-98 所示。在对话框中设置【名称】为“表格标题”，字体格式为“楷体、五号、加粗”，段落格式为“居中、段后 1 行、单倍行距”。单击【确定】按钮，完成设置后，在【样式】任务窗格的列表中会出现样式名称【表格标题】。

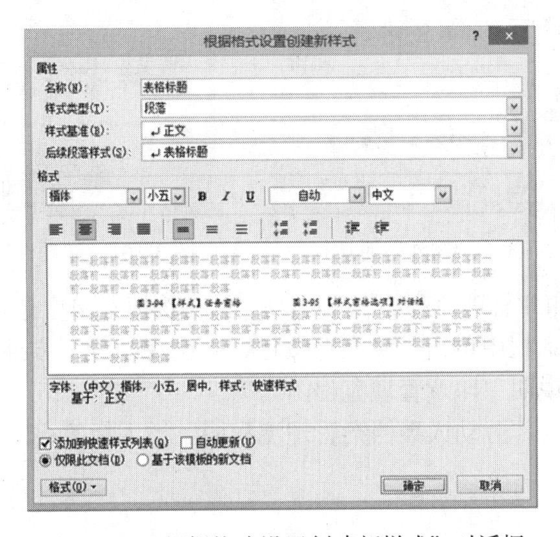

图 3-98　“根据格式设置创建新样式”对话框

步骤 8：在文档中应用样式。

选中“第一篇　日常办公工作制度”，单击【开始】|【样式】，在【样式】列表中选择【标题 1】，【标题 1】的样式就应用到了所选段落。

重复上述操作，将“第二篇　人力资源管理工作制度”、“第三篇　后勤管理工作制度”、“附录”都应用为【标题 1】样式。

将文档中“第一部分、第二部分、第三部分……”的标题行设置为【标题 2】样式。

将文档中带有编号号“1、2、3……”的标题行设置为【标题 3】样式。

将附录中的表格标题设置为新样式【表格标题】，方法为选中表格标题，打开【样式】任务窗格，在列表中选择【表格标题】样式。

应用样式后文档效果如图 3-99 所示。

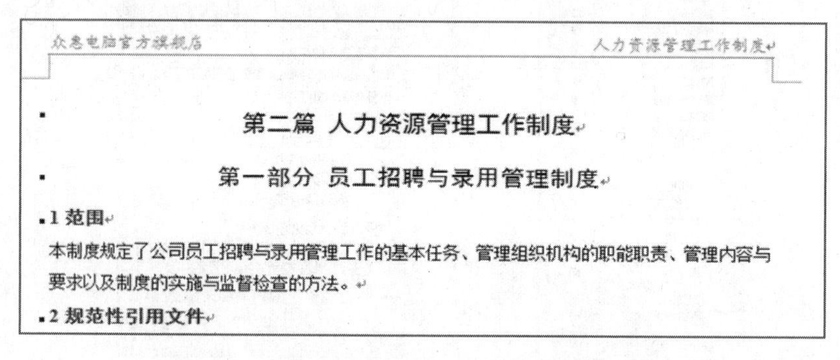

图 3-99　应用样式后文档效果

步骤 9：为图片添加题注。

单击【引用】|【题注】|【插入题注】，打开如图 3-100 所示“题注”对话框，单击“新建标签”按钮，打开【新建标签】对话框，在【标签】文本框中输入标签名称“图”，如图 3-101 所示，单击“确定”，返回“题注”对话框，单击“确定”返回文档窗口。

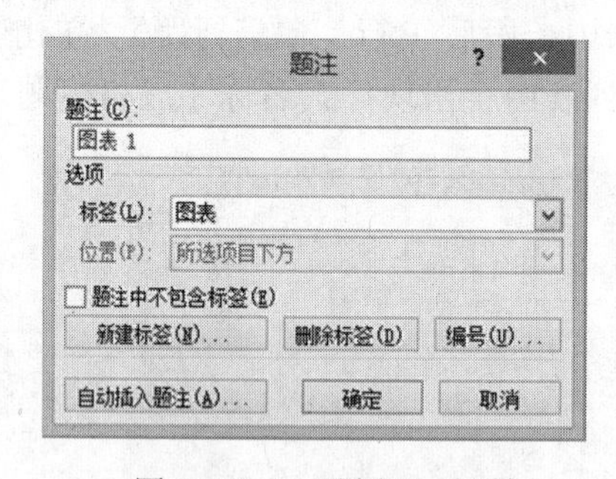

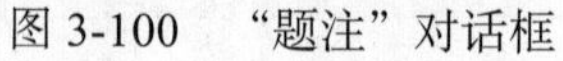
图 3-100　“题注”对话框

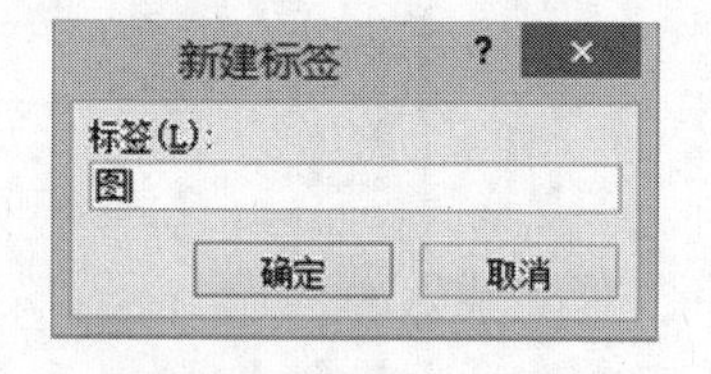

图 3-101　“题注”对话框

选中文档中的“印章管理流程图”，右击图片，在快捷菜单中选择【插入题注】命令，在打开的“题注”对话框中单击“确定”按钮，就会在图片下方插入标签和图号。在标签和图号后添加文字说明“印章管理流程图”。

使用同样方法，为“劳动人事档案管理流程图”插入标签、图号和文字说明。

温馨提示

长文档中的图片、表格、公式等通常会按照在文档中出现的顺序编号，例如“图1、图 2……”等。在文档的编辑过程中如果遇到图片、表格增加或减少的情况，这时可能需要人为修改图片或表格的编号。题注功能可以对图片、表格自动进行编号，省去了手动维护编号的麻烦。删除题注的方法也非常简单，只要选中题注，按 Delete 键即可。

步骤 10：设计文档封面。

将光标放置到文档第一页，单击【开始】|【样式】，在【样式】下拉菜单中选择【清除格式】，将封面页原有的正文样式清除。

单击【插入】|【图片】，在封面页中插入素材图片。选中该图片，单击【图片工具】|【格式】|【排列】|【自动换行】，在打开的下拉菜单中选择【四周型环绕】。调整图片大小，使其覆盖整个页面。

单击【插入】|【文本】|【文本框】，如图 3-102 所示，在打开的下拉菜单中选择“绘制文本框”命令，拖动光标绘制矩形文本框。在文本框中输入“综合管理部制度汇编”，选中输入文字，设置输入文字的字体格式为“黑体、小初”。选中文本框外框线，右击，在快捷菜单中选择“设置形状格式”命令，如图 3-103 所示，打开“设置形状格式”对话框。在其中设置【填充】选项为“无填充”,【线条颜色】选项为“无线条”。

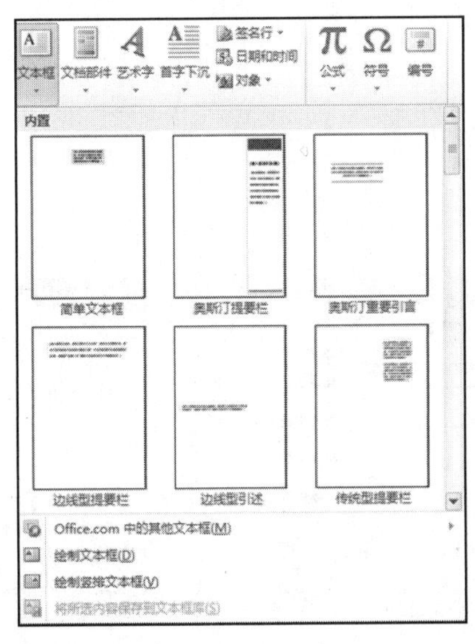

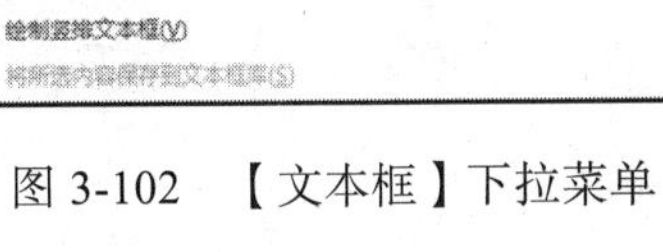

图 3-102　【文本框】下拉菜单

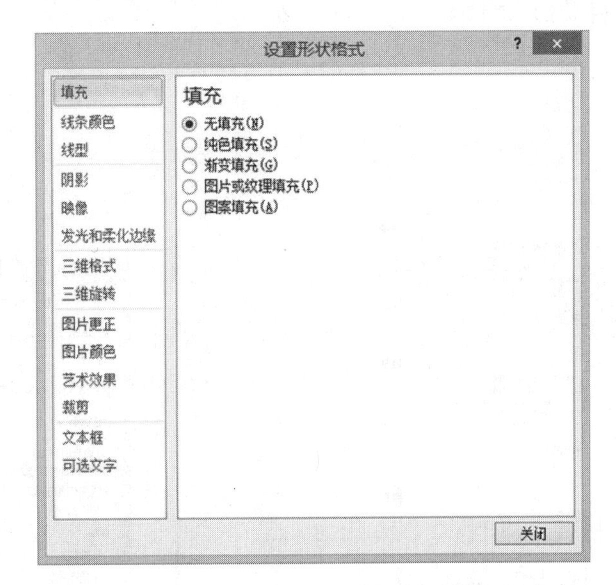

图 3-103　“设置形状格式”对话框

选中文本框，按住 Ctrl 键的同时拖动左键，复制一个同样的文本框。将复制的文本框中文本内容修改为“2016 年 12 月”，设置其中文字体为“黑体”，西文字体为“Times New Roman”，字号为“小一”。

封面完成效果如图 3-104 所示。

图 3-104　封面完成效果

步骤 11：为文档生成目录。

将光标放置到一开始预留的目录页中，在目录页第一行输入“目录”，按 Enter 键。单击【引用】|【目录】功能组中的“目录”按钮，打开如图 3-105 所示【目录】下拉菜单。

在菜单中选择【插入目录】命令，打开“目录”对话框，如图 3-106 所示，在【目录】选项卡中设置【格式】为“正式”，显示级别为“3 级”，单击“确定”，完成目录的自动插入。

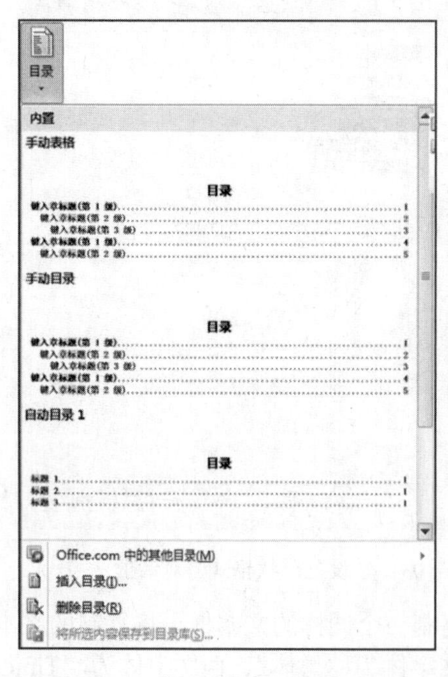

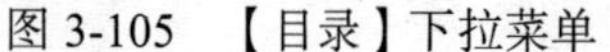
图 3-105　【目录】下拉菜单

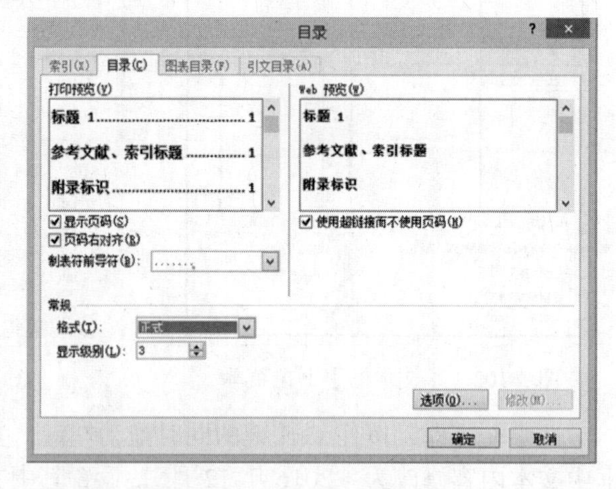

图 3-106　“目录”对话框

选中“目录”二字，将其格式设置为“黑体、居中、段后 1 行、单倍行距”，效果如图 3-107 所示。

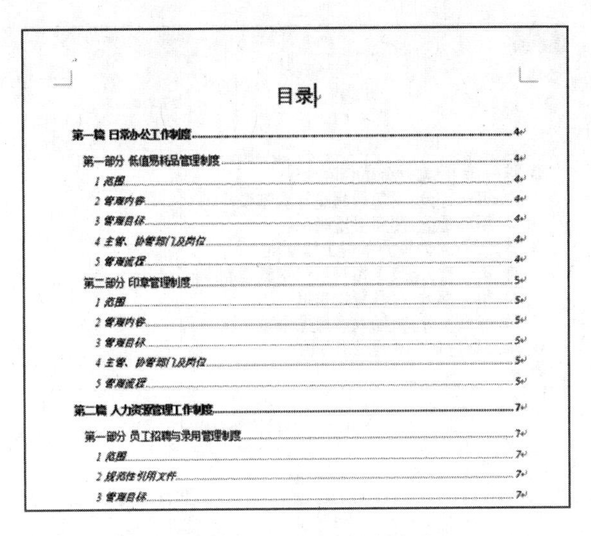
目录

第一篇 日常办公工作制度 4
第一部分 低值易耗品管理制度 4
1 范围 4
2 管理内容 4
3 管理目标 4
4 主管、协管部门及岗位 4
5 管理流程 4
第二部分 印章管理制度 5
1 范围 5
2 管理内容 5
3 管理目标 5
4 主管、协管部门及岗位 5
5 管理流程 5
第二篇 人力资源管理工作制度 7
第一部分 员工招聘与录用管理制度 7
1 范围 7
2 规范性引用文件 7
3 管理目标 7

图 3-107　目录页完成效果

温馨提示

将光标放置在目录中想要查看的标题上，会出现如图 3-108 所示的提示，按照提示按住 Ctrl 键并单击该标题，即可跳转到文档中该内容的相应页面。

file:///\\psf\home\documents\word文档处理\任务五\综合管理部工作制度定稿.docx
按住 Ctrl 并单击可访问链接

图 3-108　访问链接提示信息

若正文内容做了修改而需要更新目录时，可单击【引用】|【目录】功能组中的更新目录功能，在打开的“更新目录”对话框中，按需选择“只更新页码”或“更新整个目录”功能，对目录进行自动更新。

步骤 12：使用大纲视图浏览文档结构。

单击【视图】|【文档视图】|【大纲视图】，文档切换到大纲视图模式，菜单中增加【大纲】选项卡。如图 3-109 所示，在【大纲工具】功能组中左上角的大纲级别下拉列表框中可以看到，当前选中文本“第一篇　日常办公工作制度”的大纲级别为“1 级”。

大纲级别有 1~9 级以及正文文本，可以将选中文本的大纲级别在【大纲工具】中利用 1级 等功能重新设定。

在【大纲】|【大纲工具】功能组中，若选择【显示级别】为“2 级”，可以看到大纲视图模式下只显示了 1 级和 2 级标题，如图 3-109 所示。

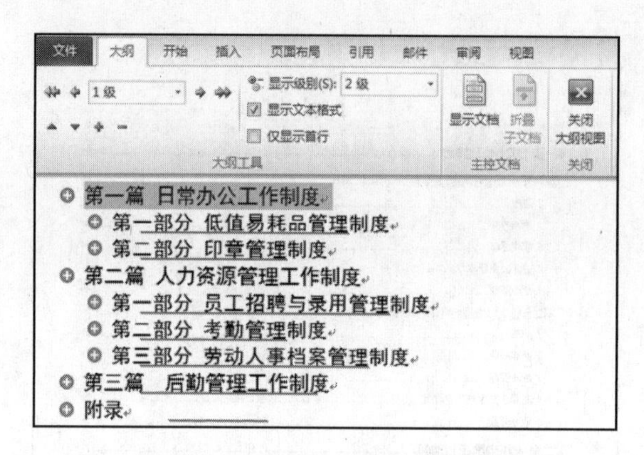

图 3-109 大纲视图模式

温馨提示

之所以本文档中的文本有不同的大纲级别，是因为在前面的操作步骤中已经为文档的不同部分应用了不同的样式，样式在设置时有默认的大纲级别，具体可参见上述相关步骤。

步骤 13：保存并打印文档。

温馨提示

在文档的编辑过程中应当及时多次地保存修改内容，以防文档内容丢失，造成不必要的重复工作。为了避免未及时保存而丢失内容，Word 2010 中可以设定文档自动保存。单击【文件】|【选项】，在“Word 选项”对话框中单击“保存”，勾选“保存自动恢复信息时间间隔”选项，并设置适合的间隔时间，如图 3-110 所示，Word 将按照设置的时间间隔自动保存文档。

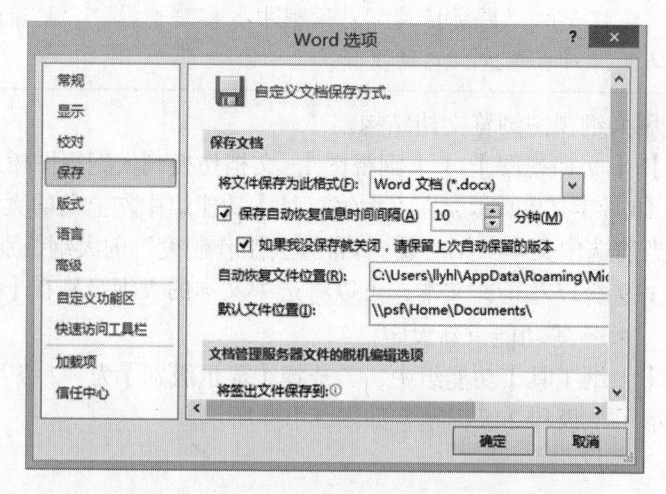

图 3-110 “保存自动恢复信息时间间隔”选项

拓展阅读

要工作制度初稿完成之后，一般要交由各级部门领导审查，反复斟酌内容之后才可以定稿。对文档的审阅可以直接在原文档中完成，并可以和文档的内容一起保存，以便发回文档制作人进行查看和修改。

（1）使用批注来标注需要修改的内容

对文档内容的修改意见可以使用批注的形式来标注。

- 添加批注

选中想要添加批注的文本，单击【审阅】|【批注】|【新建批注】，即可打开批注窗格，如图 3-111 所示，批注框与文本之间会显示连线，可以在批注框中输入批注的内容。

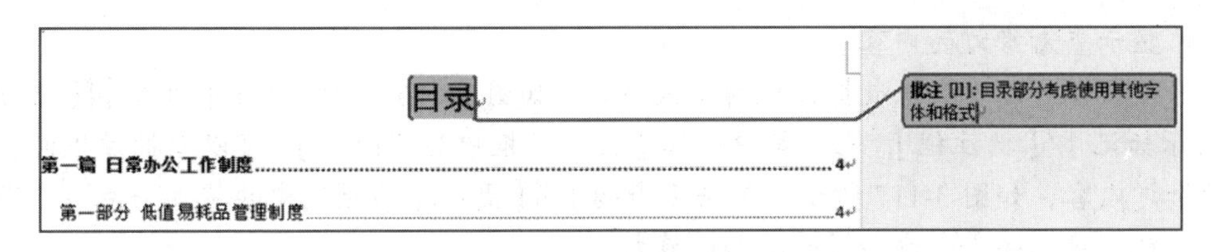

图 3-111　添加批注

- 查看和删除批注

文档中插入了多条批注之后，可以使用【审阅】|【批注】功能组中的【上一条】、【下一条】按钮来查看批注的内容，如图 3-112 所示。也可以单击【审阅】|【修订】功能组中的“审阅窗格”按钮，如图 3-113 所示，打开审阅窗格，查看批注的详细内容。若要取消现有的批注，可以选中想要删除的批注，单击【批注】功能组中的“删除”按钮。删除批注时，可以单击“删除”按钮下方的箭头，在菜单中选择“删除文档中的所有批注”，即可将所有批注删除。

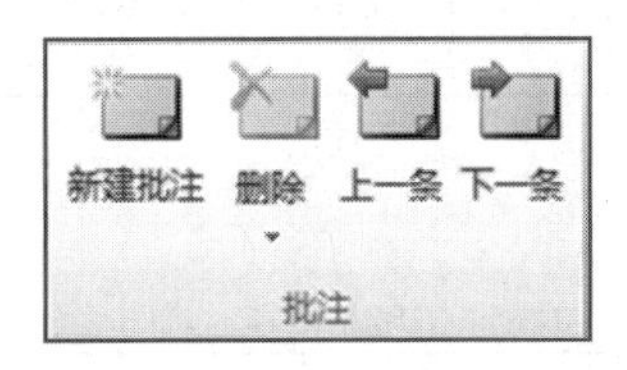

图 3-112　【批注】功能组

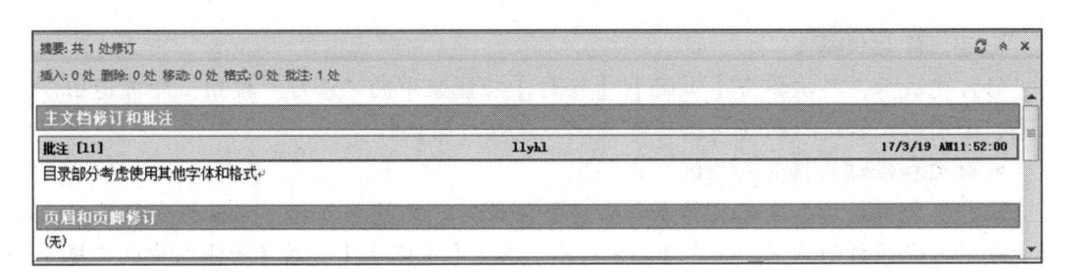

图 3-113　【审阅】窗格

（2）使用修订功能来修改文档

除了可以使用批注来标注修改意见之外，也可以使用修订功能对文档进行直接的修改。

- 进入修订状态

如图 3-114 所示，单击【审阅】|【修订】功能组中的“修订”按钮，进入文档的修订状态。此时在待修改部分进行正常的文档编辑，在原来内容位置就会显示修订的内容，如图 3-115 所示，可以看到修订内容所在段落的左边会出现一条竖线的修订标记。

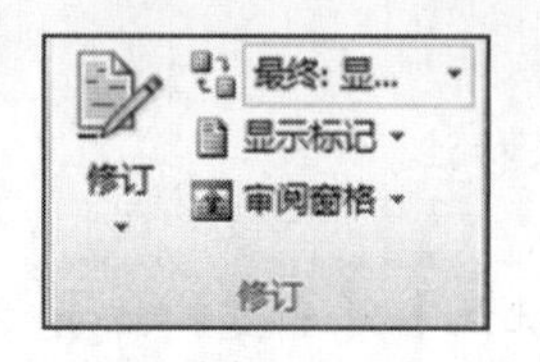

图 3-114 【修订】功能组

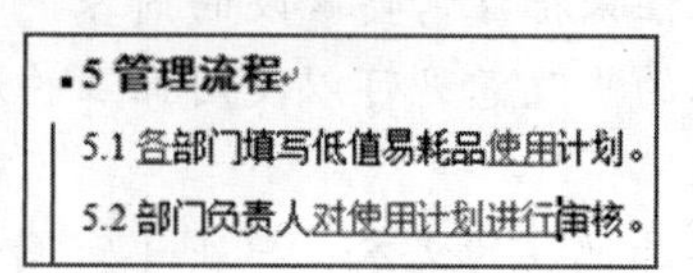

图 3-115 添加修订

- 显示查看修订的内容

修订内容可以以嵌入或批注框的形式显示，如图 3-116 所示，单击【审阅】|【修订】|【显示标记】|【批注框】，在菜单中选择【在批注框中显示修订】，可以以批注框的形式显示修订内容，如图 3-117 所示。单击【审阅】|【更改】功能组中的“上一条”、“下一条”按钮，可以逐条查看和修改添加的修订。

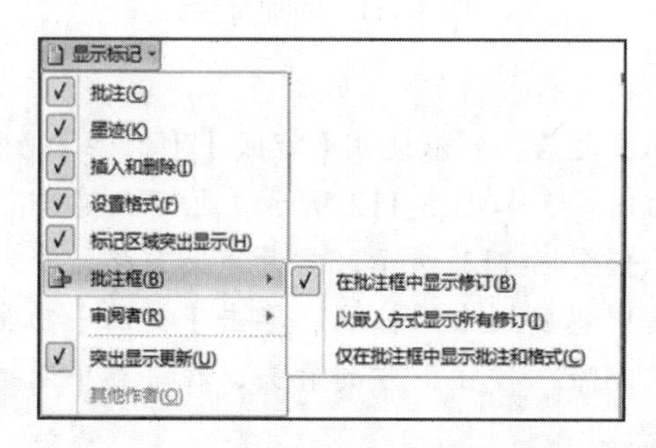

图 3-116 更改修订显示形式

图 3-117 在批注框中显示修订

- 退出修订状态

修订完成后，再次单击【审阅】|【修订】功能组中的“修订”按钮，即可退出修订状态，否则对文档进行的任何编辑都被认为是修订的操作。

- 对文档修订的接受或拒绝

文档修订完成后，发回文档制作者重新修改时，文档制作者可以根据实际情况选择接受或不接受修订的内容。如图 3-118 所示，单击【审阅】|【更改】功能组中的“接受”或“拒绝”按钮即可，打开“接受”或“拒绝”按钮的下拉菜单，还可以在接受或拒绝时选择“接受对文档的所有修订”或“拒绝对文档的所有修订”。若选择“拒绝对文档的所有修订”，则修订内容消失，文档回到修订前状态；若选择“接受对文档的所有修订”，则文档内容确定为修订后内容。

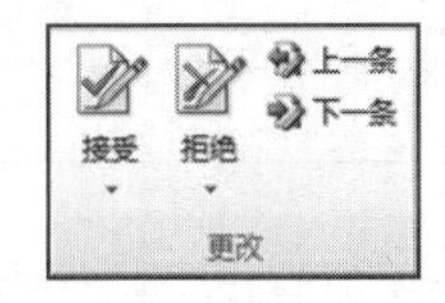

图 3-118　【更改】功能组

项目小结

围绕众惠电脑官方旗舰店综合管理部的工作实际，本项目使用 Word 文档处理软件完成了该部门日常办公中所涉及的各种文档范本的定制。项目的操作涵盖了 Word 软件的文本编排、表格制作、图文混排、版面设计、长文档的编辑方法、大纲和样式的应用等。通过本项目的学习，读者能够熟练使用 Word 软件完成日常工作中的文书制作与管理。

习题与实训

1．制作公司《值班管理标准》，制作效果如图 3-119 所示。要求通过设置字体格式（字体、字号、字形），段落格式（行距、对齐方式、特殊格式等）、项目符号和编号、页眉页脚、页面格式（页边距）等来完成整个文档的制作。

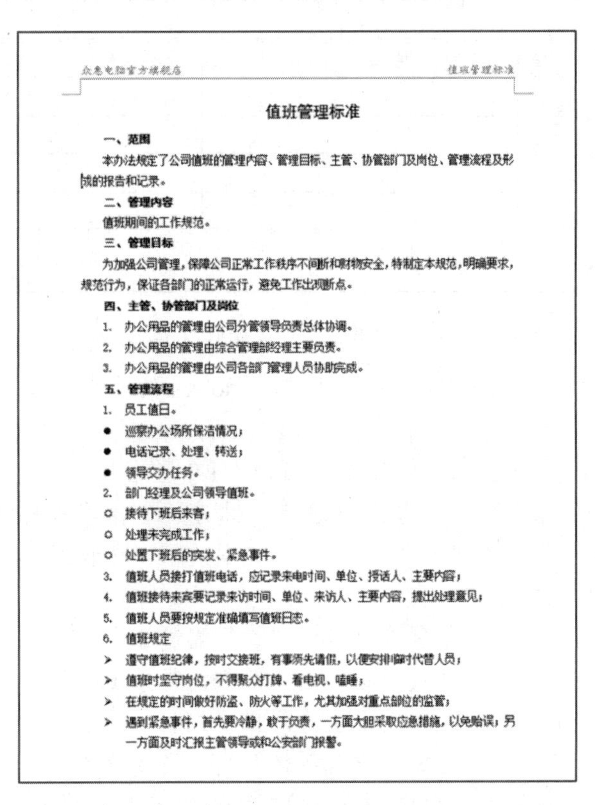

众惠电脑官方旗舰店　　值班管理标准

值班管理标准

一、范围

本办法规定了公司值班的管理内容、管理目标、主管、协管部门及岗位、管理流程及形成的报告和记录。

二、管理内容

值班期间的工作规范。

三、管理目标

为加强公司管理，保障公司正常工作秩序不间断和财物安全，特制定本规范，明确要求，规范行为，保证各部门的正常运行，避免工作出现断点。

四、主管、协管部门及岗位

1. 办公用品的管理由公司分管领导负责总体协调。
2. 办公用品的管理由综合管理部经理主要负责。
3. 办公用品的管理由公司各部门管理人员协助完成。

五、管理流程

1. 员工值日。
- 巡察办公场所保洁情况；
- 电话记录、处理、转送；
- 领导交办任务。

2. 部门经理及公司领导值班。
- 接待下班后来客；
- 处理未完成工作；
- 处置下班后的突发、紧急事件。

3. 值班人员接打值班电话，应记录来电时间、单位、接话人、主要内容；
4. 值班接待来宾要记录来访时间、单位、来访人、主要内容，提出处理意见；
5. 值班人员要按规定准确填写值班日志。
6. 值班规定
- 遵守值班纪律，按时交接班，有事须先请假，以便安排临时代替人员；
- 值班时坚守岗位，不得聚众打牌、看电视、嗑睡；
- 在规定的时间做好防盗、防火等工作，尤其加强对重点部位的监管；
- 遇到紧急事件，首先要冷静，敢于负责，一方面大胆采取应急措施，以免贻误；另一方面及时汇报主管领导或和公安部门报警。

图 3-119　实训 1 完成效果

2．请按照图 3-120 制作公司《会议纪要表》。

会议记录

编号：

会议主题：					
会议主持人		会议时间		会议地点	
会议记录人		标准		页数	
会议列席人员					
会议出席人员					

编号	议题	决议	备注
1			
2			
3			
4			
5			
6			
7			
8			
9			
10			

纪要抄送	签收部门	签收人	日期

图 3-120　实训 2 完成效果

3. 按照如下要求，完成素材文件“音乐与我.docx”的格式设置，完成效果如图 3-121 所示。

（1）页面设置要求。纸张大小“A4”，页眉“1.9 厘米”。

（2）标题设置要求。标题“音乐”设置为艺术字，艺术字式样“填充—茶色，强调文字颜色 2，粗糙棱台”，字体“宋体”，艺术字文本效果“波形 2”，环绕方式“上下型”，调整艺术字的大小和位置。

（3）段落格式设置要求。段落特殊格式“首行缩进 2 个字符”，单倍行距。

（4）设置底纹。设置正文第一段底纹为“白色，背景 1，深色 15%”。

（5）设置分栏。将正文第 2~4 段设置为两栏格式。

（6）插入图片。在如图所示位置插入素材图片，适当调整图片大小。

4．请利用所给素材图片，制作一份公司招聘海报，完成效果如图 3-122 所示。

提示：页面背景的设置可以使用【页面布局】|【页面颜色】|【填充效果】|【图片】选项卡进行设置。

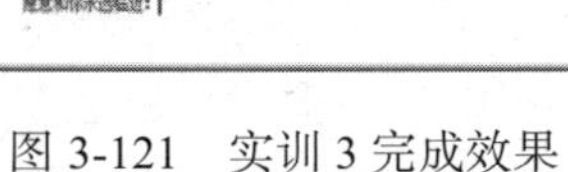

图 3-121　实训 3 完成效果

图 3-122　实训 4 完成效果

5. 使用【邮件】|【创建】|【中文信封】|【信封制作向导】批量制作客户信函，制作效果如图 3-123 所示。(提示：注意数据源的文件格式)

图 3-123　实训 5 完成效果

项目四 Excel 表格处理

学习目标

Microsoft Excel 是微软公司办公软件 Microsoft Office 的重要组件之一，它可以进行各种数据的处理、统计分析和辅助决策操作，广泛地应用于管理、统计财经、金融等众多领域。

通过本项目的学习，能够使读者了解 Excel 工作簿、工作表、区域、行、列、单元格等概念，理解 Excel 常用数据类型，掌握 Excel 常用的表格编辑功能；了解 Excel 的数据处理、页面设置等功能，掌握 Excel 的公式、函数、图表、透视图、分类汇总等功能。

工作任务

利用 Excel 软件完成电子表格编辑和数据处理的工作任务，包括：能够熟练创建 Excel 电子表格、美化表格、控制采集数据的有效性；能够完成表格数据的计算；能够熟练操作 Excel 的图表；能够对数据进行统计和分析；会进行 Excel 页面设置及打印设置等。

通过本项目的实践，围绕库存管理业务，用 Excel 软件制作完成商品基本信息表、商品进出库流水账管理表、库存汇总管理表三个基本业务处理表，在这三个表的基础上，完成销售情况统计与分析、商品库存明细账等数据管理与分析的任务。

完成本项目工作任务后应提交的标志性成果："商品库存管理.xlsx"文件。

项目引例

众惠电脑官方旗舰店是一家以电脑硬件销售和整机组装销售为主要业务的小型电商企业，库存管理业务是该企业的重要日常管理业务之一。库存管理的好坏，直接影响后续的采购决策、产品销售和用户体验。该公司的库存管理业务主要包括电脑配件、整机等商品的日常采购业务、销售业务和商品库存管理三个方面。现要求用 Excel 软件为该公司完成日常库存管理业务的核算。

任务一 制作商品基本信息表

【任务引例】

为了完成众惠电脑官方旗舰店的日常库存管理工作，首先需要将该公司经营活动中进销存涉及的所有商品信息录入到 Excel 中。本任务完成后的效果如图 4-1 所示。

	A	B	C	D	E	F	G	H
1	商品基本信息表							
2								众惠电脑官方旗舰店
3	商品编号	仓库类别	商品名称	型号规格	计量单位	供货厂商	供货厂商联系方式	供货厂商联系地址
4	CL01	备件库	英特尔CPU	酷睿四核i7	个	飞云电脑耗材	18788586583	山西省太原市飞鸿大厦
5	CL02	备件库	华硕主板	华硕Z170-A	个	飞云电脑耗材	18788586583	山西省太原市飞鸿大厦
6	CL03	备件库	威刚内存	威刚DDR3(8G)	个	飞云电脑耗材	18788586583	山西省太原市飞鸿大厦
7	CL04	备件库	希捷硬盘	希捷(3TB)	个	飞云电脑耗材	18788586583	山西省太原市飞鸿大厦
8	CL05	备件库	三星显示器	三星(23.6英寸)	个	阳光科技	13365256851	山西省太原市晋商大厦
9	CL06	备件库	戴尔显示器	戴尔(23.8英寸)	个	阳光科技	13365256851	山西省太原市晋商大厦
10	CP01	成品库	办公电脑	OFFICE-1	台	腾飞电脑科技	13326351236	北京市融合商业中心
11	CP02	成品库	家用电脑	HOME-1	台	腾飞电脑科技	13326351236	北京市融合商业中心

图 4-1 商品基本信息表

【相关知识】

相比以前的版本，Excel 2010 在各方面都有不小的改变，界面功能有很大的提高。在完成本任务之前，先认识一下 Excel 2010 的工作界面。打开 Microsoft Excel 2010 软件，Excel 会自动新建一个文件，系统默认为新文件命名为“工作簿 1”、“工作簿 2”……Excel 文件编辑界面如图 4-2 所示。

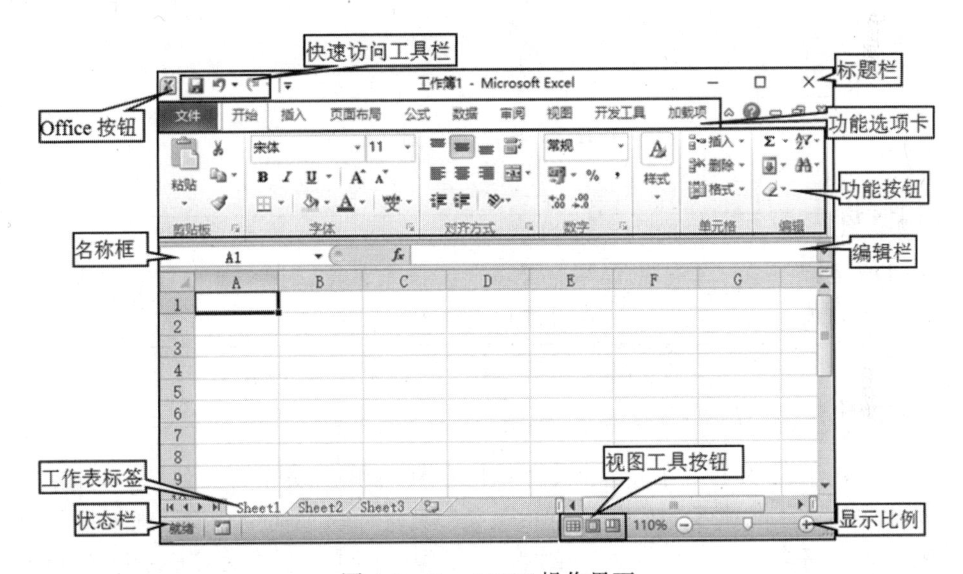

图 4-2 Excel 2010 操作界面

Excel 文件又称为工作簿文件，一个工作簿由若干张工作表组成，每张工作表由若干个行列交叉的格组成，这些格称为单元格。单元格的名称由该格所在列的列号和所在行的行号组成。Excel 中行号从 1 开始顺序往下编号，列号从 A 开始按一定规则依次编号，因此单元格名称为：列号行号，如 A1、G100 等。不同版本的 Excel 工作表支持的最大行数和最大列数有所区别，Excel 2010 支持的最大行数是 1 048 576 行（从 1 到 1 048 576），最大列数是 16 384 列（从 A 到 XFD）。

【业务操作】

步骤 1：新建 Excel 文件并保存。

打开 Excel 2010 软件，系统将自动新建一个 Excel 文件。单击【文件】|【另存为】命令，打开“另存为”对话框，设置文件存储位置为“D：\众惠电脑库存管理”，文件名为“商品库存管理.xlsx”，单击“保存”按钮，如图 4-3 所示。

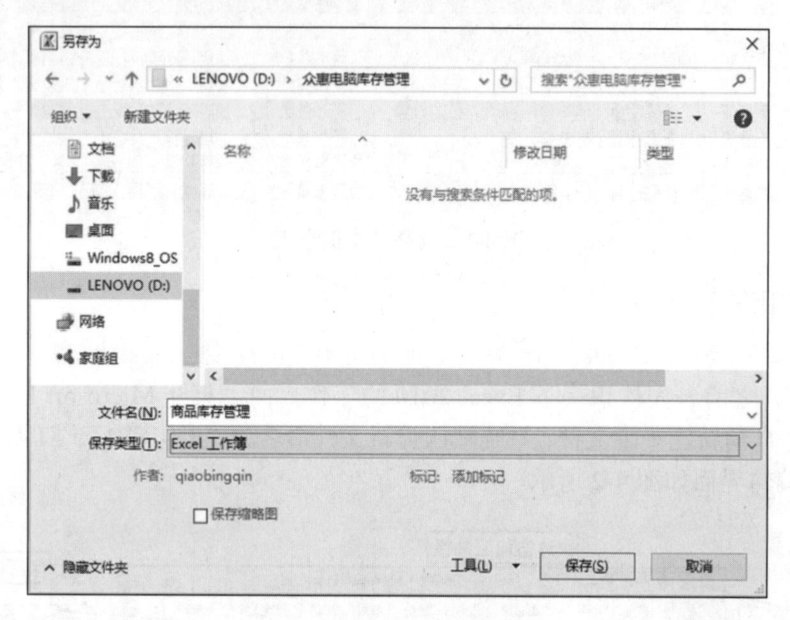

图 4-3 “另存为”对话框

温馨提示

若 D：盘不存在“众惠电脑库存管理”文件夹，可以在“另存为”对话框中直接单击左上角的“新建文件夹”按钮进行创建。

做中学

默认情况下，【另存为】功能将工作簿保存为“.xlsx”类型的文件。在“另存为”对话框中单击“保存类型”右侧的下拉箭头，可打开保存类型列表，选择需要的文件类型，即可将当前文件保存为对应的文件类型。其中，保存为“Excel 97-2003 工作簿”类型的 Excel 文件可以在 Excel 97 至 Excel 2003 的旧版本 Excel 软件中打开该工作簿文件。

步骤 2：修改工作表标签。

双击“Sheet1”工作表标签，修改默认的工作表标签为“商品基本信息表”。

右击“商品基本信息表”工作表标签，在快捷菜单中设置【工作表标签颜色】为“标准色”中的“红色”，如图 4-4 所示。

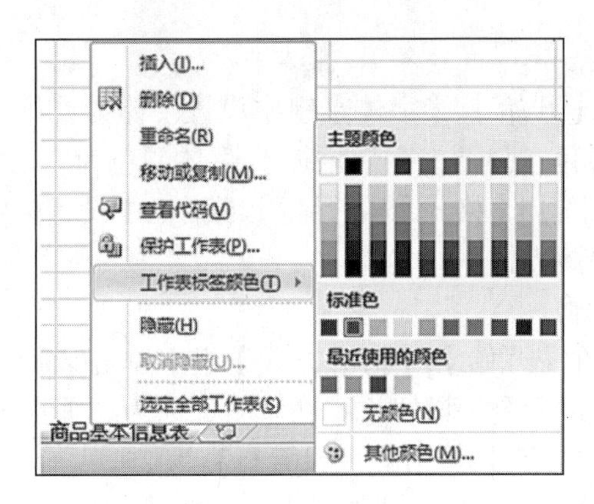

图 4-4　设置工作表标签颜色

步骤 3：输入表格标题及表头。

选中 A1 单元格，输入表格标题“商品基本信息表”。

选中 A2 单元格，输入表格副标题“众惠电脑官方旗舰店”。

在 A3 至 H3 单元格中，参照图 4-1 依次输入表格各列标题。

步骤 4：合并标题单元格。

选中 A1 至 H1 单元格，单击【开始】|【对齐方式】右下角的对话框启动器（ ），打开“单元格格式”对话框，在“对齐”选项卡中，设置“文本对齐方式”下的“水平对齐”方式为“居中”，“垂直对齐”方式为“居中”，选中“文本控制”下的“合并单元格”选项，将 A1 至 H1 单元格合并为一个单元格，如图 4-5 所示。

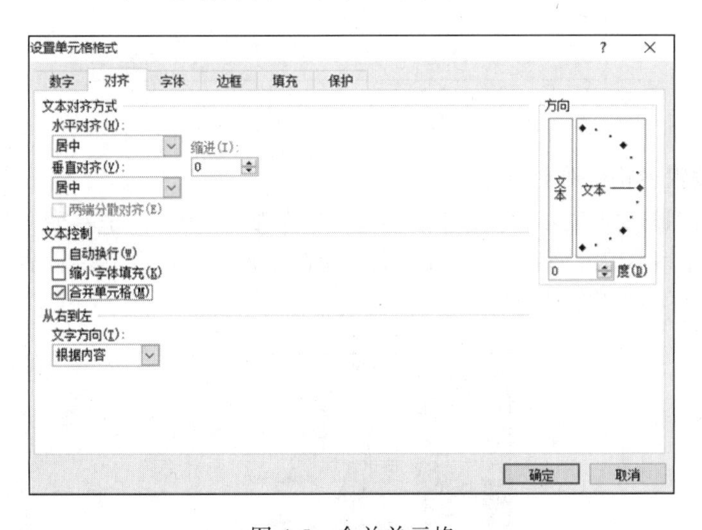

图 4-5　合并单元格

温馨提示

合并单元格也可选中 A1 至 H1 单元格后，直接单击【开始】|【对齐方式】组的 合并后居中 命令，此方法也可实现所选单元格的合并，但是此“合并单元格”效果仅包括合并单元格的水平“居中”对齐，并不包括合并单元格在垂直方向上的“居中”对齐。若要在垂直方向上“居中”对齐，还需要在图 4-5 的对话框中进行设置。

步骤 5：设置标题格式。

选中表格标题，在【开始】|【字体】组中设置字体为“仿宋”，字号为“20”，“加粗”，填充颜色为“橄榄色，强调文字颜色 3”，字体颜色为“白色，背景 1”。

在【开始】|【单元格】|【格式】|【行高】对话框中设置标题的行高为 42。

步骤 6：编辑表格副标题。

合并 A2 至 H2 单元格。

选中表格副标题，在【开始】|【对齐方式】组中单击▤命令，设置文本在水平方向为“文本右对齐”，单击▤命令，设置文本在垂直方向为“垂直居中”。

设置字体为“仿宋”，字号为“14”。设置行高为 25。

在【开始】|【字体】|【边框】下选择【其他边框】，打开“设置单元格格式”的“边框”选项卡，如图 4-6 所示，设置线条样式为粗实线，线条颜色为“橙色”，单击“预置”下的“外边框”，再单击“确定”完成边框线设置。

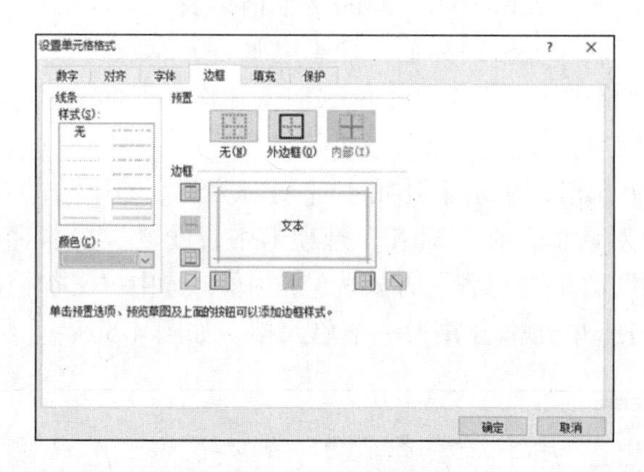

图 4-6 设置边框线

步骤 7：编辑表格各列标题。

选中 A3 至 H3，设置文本“居中对齐”，字体为“仿宋”，字号为“12”，“加粗”。

单击【开始】|【单元格】|【格式】|【自动调整列宽】命令，设置表格各列标题的宽度为最适合的列宽，如图 4-7 所示。

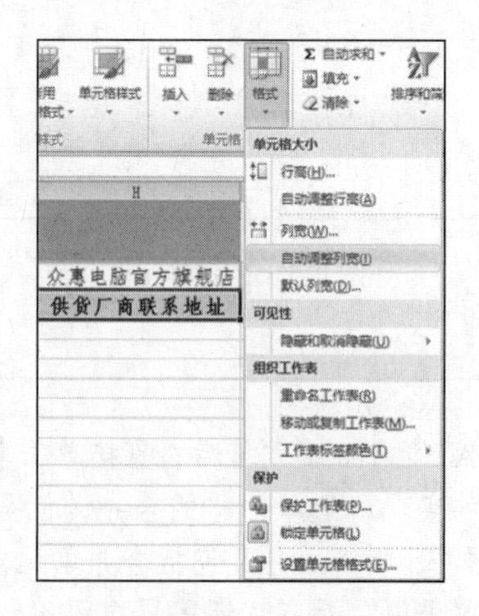

图 4-7 自动调整列宽

至此，商品基本信息表的表头设计完成，在制作的过程中，可随时单击【快速访问工具栏】的命令，将工作簿的最新修改保存到硬盘对应的文件中，也可使用 Ctrl+S 快捷键保存文件。

接下来，参照图 4-1，在表格中输入众惠电脑官方旗舰店库存管理的商品信息，输入的商品信息可根据日常业务需要随时进行增加、删除、修改等操作。

步骤 8：选中 A4 单元格，输入商品编码“CL01”，该值自动在单元格中左对齐。

步骤 9：为 B4 单元格设置数据有效性。

选中 B4 单元格，单击【数据】|【数据工具】|【数据有效性】命令，在下拉列表中选择【数据有效性】，打开“数据有效性”对话框。

在“设置”选项卡的“有效性条件”下的“允许”下拉框中选择“序列”，在“来源”中输入“备件库，成品库”，单击“确定”按钮，如图 4-8 所示。

设置完成后，B4 单元格的右侧将出现下拉箭头，单击下拉箭头，可以看到两个输入选项，单击其中任一选项，即可完成仓库类别的输入，如图 4-9 所示。

温馨提示

输入“备件库，成品库”时，要特别注意两个值中的分隔符号一定是英文半角的逗号。

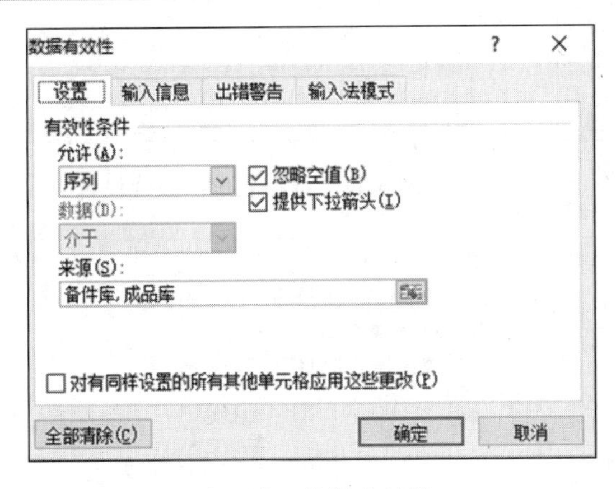

图 4-8　设置数据有效性

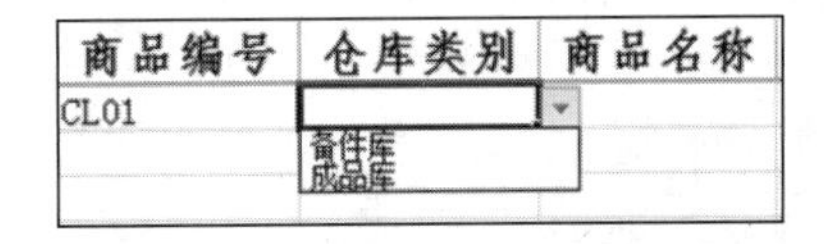

图 4-9　仓库类别的数据有效性

做中学

在 Excel 中输入数据时，可以对单元格进行数据有效性的设置，该设置可以定制下拉列表框，从而节约用户输入时间，同时提高输入数据的准确性。数据有效性功能非常强大，可以设置的条件也非常多，有兴趣的读者可以自己试试，以便灵活地在自己制作的 Excel 表格中进行应用。

步骤 10：依次输入 C4、D4、E4、F4 单元格的数据。

依次选中 C4、D4 单元格，分别输入商品名称和型号规格的数据。

选中 E4 单元格，参照步骤 8 为计量单位设置数据有效性，其下拉列表序列值为“个，台”。

选中 F4 单元格，输入供货厂商，若公司的供货厂商比较固定，也可以为供货厂商设置数据有效性。

步骤 11：设置 G4 单元格的输入限制条件。

选中 G4 单元格，右键单击该单元格，在快捷菜单中选择【设置单元格格式】，在打开的“设置单元格格式”对话框的“数字”选项卡中，设置“分类”为“文本”，如图 4-10 所示，单击“确定”按钮。

继续选中 G4 单元格，打开“数据有效性”对话框，参照图 4-11 设置供货厂商联系方式取值长度的有效性，从而防止输入联系方式时多输入一位或少输入一位，提高输入的正确性。切换到“数据有效性”的【输入信息】选项卡，参照图 4-12 设置在选中 G4 单元格时的屏幕提示信息；再切换到【出错警告】选项卡，参照图 4-13 设置在 G4 单元格中输入的数据不符合有效性设置时的屏幕错误提示信息。

以上设置完成后，参照图 4-1 输入 G4 单元格的值。

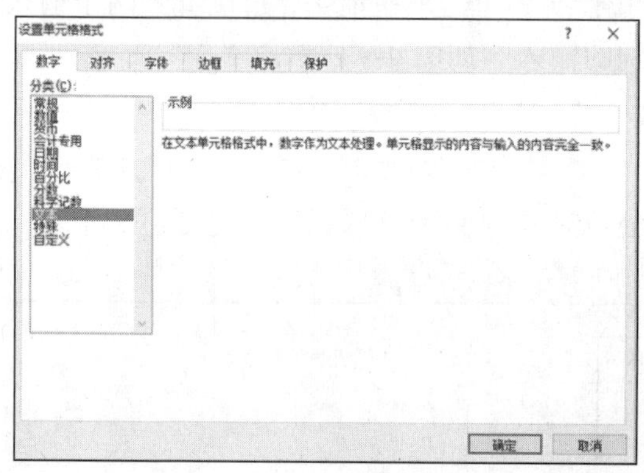

图 4-10 设置单元格格式

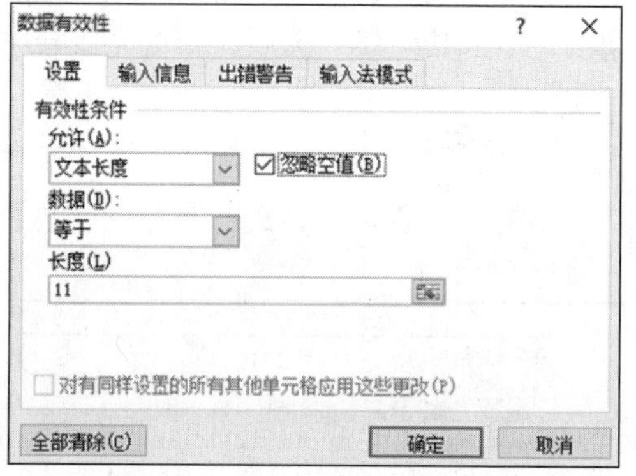

图 4-11 取值长度有效性设置

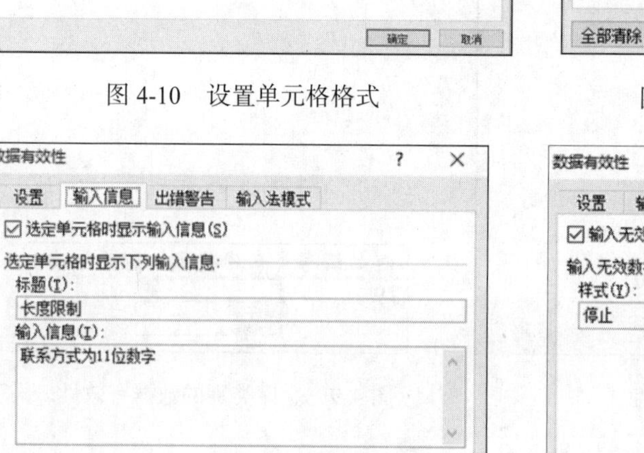

图 4-12 数据有效性的信息提示

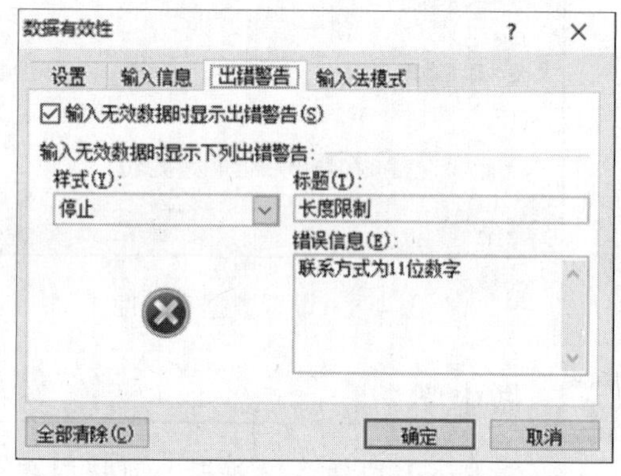

图 4-13 违反数据有效性时的出错信息提示

做中学

试一试，选中 G4 单元格，观察屏幕显示的输入信息提示；在 G4 单元格中输入 1878858658 或者 187885865833，观察屏幕显示的出错信息提示。

温馨提示

将供货厂商联系方式的值设置为“文本”类型，是因为在 Excel 中，超过 11 位的数字会用科学计数法来表示，而且联系方式的值虽然是由 11 位数字组成，但本身没有数学意义。

步骤 12：设置 H4 单元格的数据有效性。

选中 H4 单元格，设置数据有效性，其下拉列表序列值为“山西省太原市飞鸿大厦，山西省太原市晋商大厦，北京市融合商业中心”。

至此，表格的第一行业务数据输入完毕。下面的步骤 13~16 输入其他行数据，输入时尽可能利用 Excel 的快速填充功能实现快速输入。

步骤 13：自动填充 A4 单元格的数据。

选中 A4 单元格，将光标移到该单元格右下角的黑色方块上，待光标由空心十字形变成黑实线十字形时，按下左键，拖动光标到 A5 单元格，则 A5 单元格中自动填充了文本“CL02”。此时，填充区域右下角会显示“自动填充选项”图标，单击该图标，将打开一个填充选项列表，从中选择不同选项，即可修改默认的自动填充效果，如图 4-14 所示。

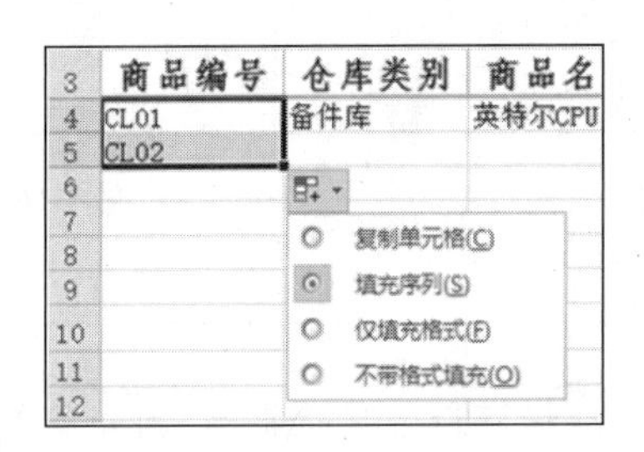

图 4-14　自动填充选项列表

温馨提示

在 Excel 2010 中，单元格右下角的黑色方块称为自动填充柄，巧妙利用自动填充功能，可以在输入数据时大大减少重复劳动，提高工作效率。填充前的初始数据不同，则填充后出现的“自动填充选项”列表的内容也不尽相同。一般地，Excel 会自动判断并选择填充方式。

步骤 14：使用自动填充柄为 B5、E5、F5、G5、H5 单元格填充上对应内容。

温馨提示

对于连续的单元格进行填充时，如 E5、F5 单元格，可先选中 E4 和 F4 单元格，再使用 F4 单元格右下角的自动填充柄进行填充，这样可同时填充 E5 单元格和 F5 单元格。

步骤 15：输入第 5 行的商品名称和型号规格的值。

步骤 16：参照图 4-1，依次输入其他行的数据。

步骤 17：拖动鼠标选中 A4 至 H11 单元格，设置文本“居中对齐”，字体为“仿宋”，字号为“12”。

步骤 18：排版表格数据区域的格式。

选中 A3 至 H11 单元格，设置行高为 8，设置各列的列宽为最适合的列宽。

打开“设置单元格格式”对话框，在“边框”选项卡中为选定区域设置边框线，线条样式为中等程度粗的实线，颜色为“橄榄绿，强调文字颜色 3”，单击“预置”和“边框”中的相应按钮为区域设置边框，如图 4-15 所示。

在“填充”选项卡的“背景色”中为所选区域设置“橄榄绿，强调文字颜色 3，淡色 80%”，如图 4-16 所示。

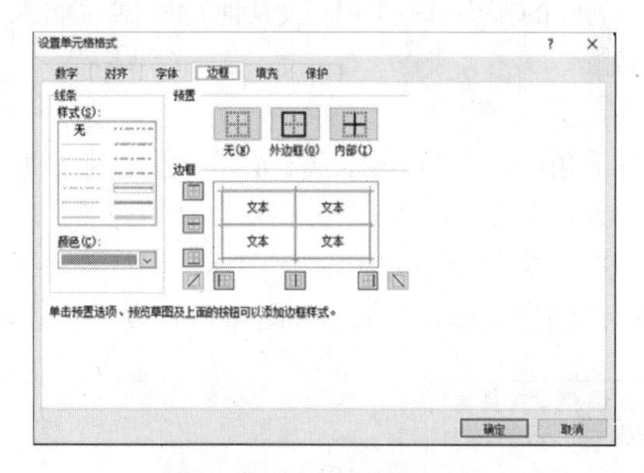

图 4-15 设置边框线

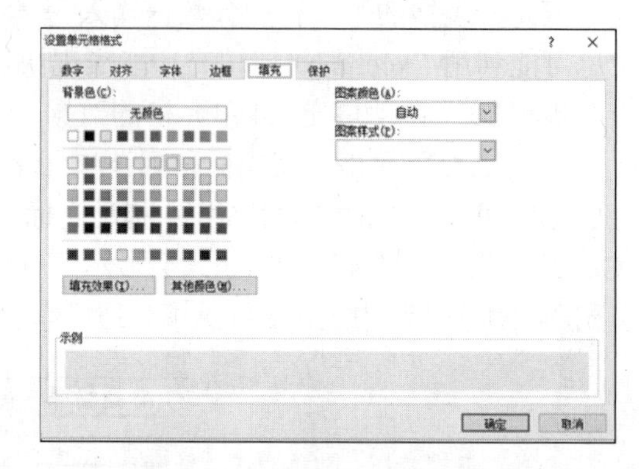

图 4-16 设置填充背景色

温馨提示

由于步骤 6 已经为表格副标题设置了边框线，而步骤 18 所选区域与副标题相邻，故步骤 18 中所选区域已经有了上边线，所以在步骤 18 中注意设置边框线时不要修改了原有的边框线。

至此，完成了商品基本信息表的创建，最终效果如图 4-1 所示。

做中学

在 Excel 的单元格中可以输入多种类型的数据，如文本、数值、日期时间等。

（1）文本型数据

文本类型，又称字符类型，其值可以由汉字、英文字母、符号、数字等组成。默认情况下，文本型数据在单元格中左对齐，当输入的字符串超出了当前单元格的宽度时，若其右侧相邻单元格里没有数据，那么字符串会向右延伸显示；若其右侧单元格有数据，超出的那部分数据就会隐藏起来，只有把当前单元格的宽度调大后才能显示被隐藏的数据。一个单元格内最多能容纳的字符数为 32 767 个字节（一个半角字符为一个字节，一个汉字为两个字节）。

如果要输入的字符串全部由数字组成，如邮政编码、电话号码、存折账号等，为了避免 Excel 把它按数值型数据处理，在输入时可以先输一个单引号'（英文半角符号），接着再输入具体的数字。例如，要在单元格中输入电话号码 64016633，可连续输入'64016633，然后按下回车键，则出现在单元格里的就是文本类型的64016633，并自动左对齐。需要注意的是，文本类型的数字不能参与数学计算。

（2）数值型数据

在 Excel 中，数值型数据由 0~9 的数字、正号、负号、小数点、货币符号、百分号等组成。默认情况下，数值型数据在单元格中右对齐。在输入过程中，以下两种特殊情况要注意：

- 负数：在数值前输入一个减号或把数值放在括号里，都可以输入负数。例如要在单元格中输入–66，可以连续输入–66 或（66），然后按下回车键都可以在单元格中出现–66。
- 分数：若要在单元格中输入分数形式的数据，应先在单元格中输入数字 0 和一个空格，然后再输入分数，否则 Excel 会把分数当作日期处理。例如，要输入分数 2/3，先在单元格中输入数字 0 和一个空格，接着再输入 2/3，按下回车键，单元格中就会出现分数 2/3。

当然，负数和分数的输入也可以先设置相应的单元格格式后，然后再进行输入。

（3）日期型数据和时间型数据

在库存管理中，经常需要录入一些日期型数据，在录入过程中要注意以下几点：

- 输入日期时，年、月、日之间要用/号或-号隔开，如 2002-8-16 或者 2002/8/16。
- 输入时间时，时、分、秒之间要用冒号隔开，如 10:29:36。
- 若要在单元格中同时输入日期和时间，日期和时间之间应该用空格隔开，如 2002-8-16 10:29:36。

温馨提示

在 Excel 中输入数据之前，可以预先设置好单元格的数据类型，也可以在输入数据之后设置单元格的数据类型；选中要设置数据类型的单元格，打开【设置单元格格式】对话框，在对话框中选中【数字】选项卡，就可以设置需要的 Excel 数据类型了。

下面的步骤对商品基本信息表进行打印设置。

步骤 19：设置纸张方向。

单击【页面布局】|【页面设置】组中的“纸张方向”命令，在下拉菜单中选择“横向”，将页面由默认的纵向布局改为横向布局，如图 4-17 所示。

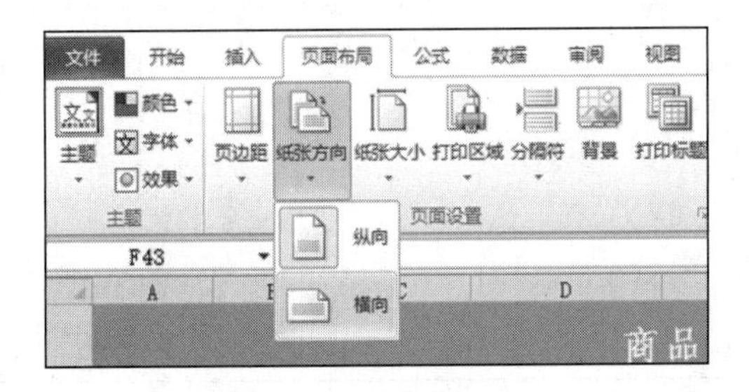

图 4-17 设置纸张方向

步骤 20：切换到页面布局视图。

单击【视图】|【工作簿视图】组中的“页面布局”命令，此时，页面上方和下方显示出页眉和页脚区域，选中任一页眉或页脚区域后，可以看到菜单中添加了【页眉和页脚工具】|【设计】选项卡，如图 4-18 所示。

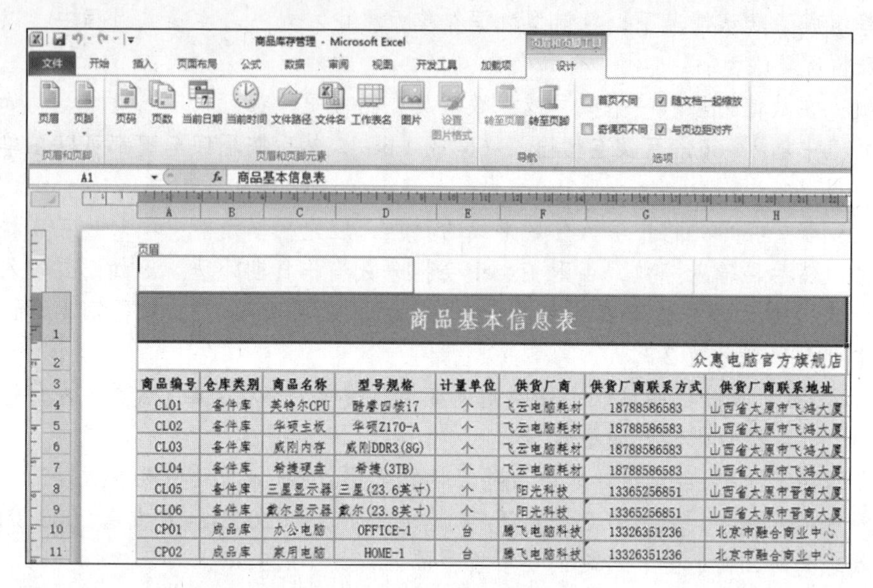

图 4-18　页眉和页脚区域

步骤 21：在页眉区域插入图片。

选中左侧页眉区域，单击【页眉和页脚工具】|【设计】|【页眉和页脚元素】组中的“图片”命令，打开“插入图片”对话框，在对话框中选择“Excel 素材文件”文件夹下的“LOGO.png”文件，单击“插入”按钮，如图 4-19 所示。插入图片后，当选中该页眉区域时，图片显示为“&[图片]”，当离开该页眉区域时，显示图片。

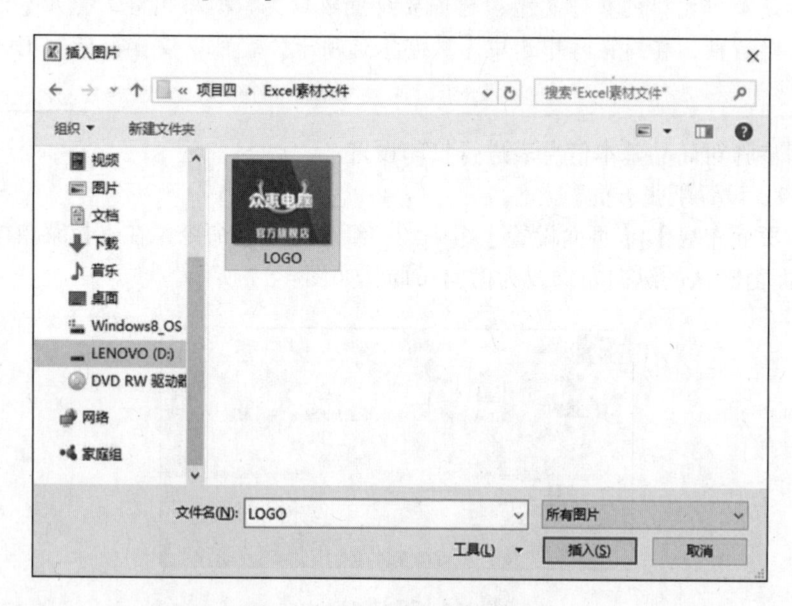

图 4-19　在页眉区域插入图片

步骤 22：调整页眉区域的图片大小。

插入图片后，要调整图片大小以适应页眉区域。选中左侧页眉区域，单击【页眉和页脚工具】|【设计】|【页眉和页脚元素】组中的“设置图片格式”命令，打开“设置图片格式”对话框，如图 4-20 所示，在“大小和转角”中设置图片高度为 1.11 厘米，由于“锁定纵横比”选项是选中状态，所以图片宽度会自动调整，单击“确定”按钮。

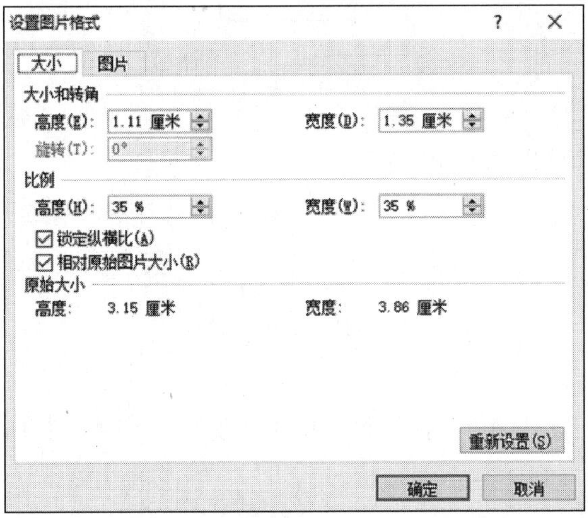

图 4-20　设置页眉图片格式

步骤 23：在页眉区域插入当前文件名。

选中页眉的中部区域，单击【页眉和页脚工具】|【设计】|【页眉和页脚元素】组中的“文件名”命令，插入“&[文件]”，光标离开此编辑区域后，显示当前的文件名。

步骤 24：在页眉区域插入当前日期。

选中页眉的右侧区域，单击【页眉和页脚工具】|【设计】|【页眉和页脚元素】组中的“当前日期”命令，插入“&[日期]”，光标离开此编辑区域后，显示当前的系统日期。

步骤 25：在页脚区域插入页码。

选中页脚的右侧区域，单击【页眉和页脚工具】|【设计】|【页眉和页脚元素】组中的“页码”命令，插入“&[页码]”，光标离开此编辑区域后，显示当前的页码。

步骤 26：取消网格线的显示。

光标选中表格区域的任一单元格，取消勾选【页面布局】|【工作表选项】组中“网格线”中的“查看”选项，即不显示工作表行列间的框线。

步骤 27：设置表格在纸张页面中水平居中。

单击【页面布局】|【页面设置】组右下角的对话框启动器，打开【页面设置】对话框，切换到“页边距”选项卡，选中“居中方式”下的“水平”选项，如图 4-21 所示，单击“确定”按钮。

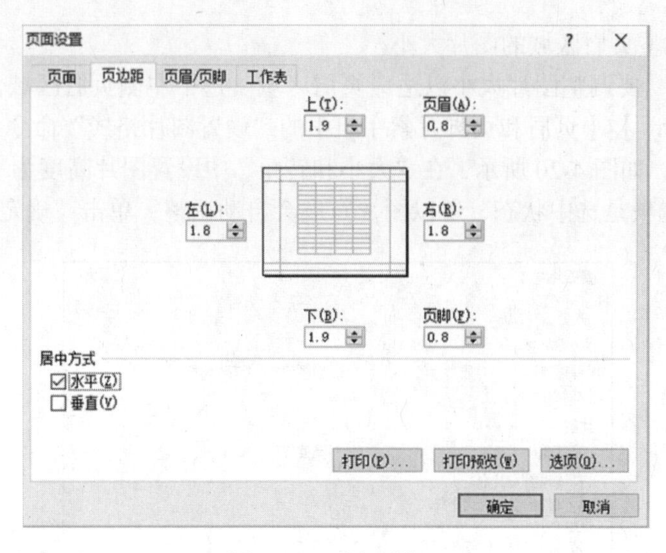

图 4-21 页边距设置

步骤 28：打印预览。

单击【文件】|【打印】命令，在屏幕右侧可预览到工作表的打印预览效果，如图 4-22所示。

商品库存管理　　2016-9-5

商品基本信息表

众惠电脑官方旗舰店

商品编号	仓库类别	商品名称	型号规格	计量单位	供货厂商	供货厂商联系方式	供货厂商联系地址
CL01	备件库	英特尔CPU	酷睿四核i7	个	飞云电脑耗材	18788586583	山西省太原市飞鸿大厦
CL02	备件库	华硕主板	华硕Z170-A	个	飞云电脑耗材	18788586583	山西省太原市飞鸿大厦
CL03	备件库	威刚内存	威刚DDR3(8G)	个	飞云电脑耗材	18788586583	山西省太原市飞鸿大厦
CL04	备件库	希捷硬盘	希捷(3TB)	个	飞云电脑耗材	18788586583	山西省太原市飞鸿大厦
CL05	备件库	三星显示器	三星(23.6英寸)	个	阳光科技	13365256851	山西省太原市晋商大厦
CL06	备件库	戴尔显示器	戴尔(23.8英寸)	个	阳光科技	13365256851	山西省太原市晋商大厦
CP01	成品库	办公电脑	OFFICE-1	台	腾飞电脑科技	13326351236	北京市融合商业中心
CP02	成品库	家用电脑	HOME-1	台	腾飞电脑科技	13326351236	北京市融合商业中心

图 4-22 打印预览

温馨提示

若数据比较多，而又只需要打印其中一部分内容时，可先选中要打印的数据，然后单击【页面布局】|【页面设置】组中的【打印区域】功能，在展开的下拉菜单中选择“设置打印区域”命令即可。

若数据较多，需要多页打印时，Excel 允许为每页设置相同的打印标题，单击【页面布局】|【页面设置】组中的【打印标题】按钮，打开“页面设置”对话框，在“工作表”选项卡中根据需要设置“顶端标题行”、“左端标题列”，即可设置表格的标题自动打印在每页纸上。

任务二 管理日常出入库数据

【任务引例】

众惠电脑官方旗舰店作为商品流通企业，在日常经营中需要采购商品和销售商品，采购会引发入库业务，销售会引发出库业务。对采购入库进行管理核算可以更好地控制成本，对销售出库进行管理核算可以更好地核算企业利润，实现企业的价值。同时还要对企业库存进行管理，以便更好地为企业的采购和销售提供准确的信息。本任务要求用 Excel 软件对众惠电脑官方旗舰店各月的进销存业务进行管理。

任务涉及的业务描述如下：

10月1日，从飞云电脑耗材购进酷睿四核 i7 型号 CPU 共计60个，单价2 300元/个。

10 月 5 日，从腾飞电脑科技购进电脑成品，其中： OFFICE-1 型号办公电脑共计 30 台，成本 4 520 元/台；HOME-1 型号家用电脑共计 12 台，成本 3 800 元/台。

10 月 5 日，零售 HOME-1 型号家用电脑共计 12 台，单价 4 588 元/台；零售酷睿四核 i7 型号 CPU 共计 20 个，单价 2 600 个。

10 月 8 日，销售给励志科技 OFFICE-1 型号办公电脑共计 30 台，单价 5 000 元/台；零售威刚 DDR3（8G）内存条共计 10 个，单价 320 元。

10 月 10 日，从飞云电脑耗材购进华硕 Z170-A 型号主板共计 20 个，单价 1 100 元/个；购进威刚 DDR3（8G）型号内存条共计 45 个，单价 238 元/个。

10 月 15 日，从腾飞电脑科技购进电脑成品，其中：OFFICE-1 型号办公电脑共计 50 台，成本 4520 元/台。

10 月 15 日，销售给互联教育 OFFICE-1 型号办公电脑共计 25 台，单价 5 000 元/台。

10 月 16 日，从阳光科技购进三星（23.6 英寸）显示器共计 50 个，单价 800 元/个；购进戴尔（23.8 英寸）显示器共计 50 个，单价 1 300 元/个。

10 月 17 日，零售希捷（3TB） 硬盘共计 15 个，单价 650 元/个。

10 月 18 日，从飞云电脑耗材购进希捷（3TB） 硬盘共计 200 个，单价 550 元/个。

10 月 20 日，从飞云电脑耗材购进酷睿四核 i7 型号 CPU 共计 20 个，单价 2 300 元/个；购进华硕 Z170-A 型号主板共计 20 个，单价 1 100 元/个；购进威刚 DDR3（8G）内存条共计 45 个，单价 238 元/个。

10 月 23 日，零售 HOME-1 型号家用电脑共计 5 台，单价 4 588 元/台。

10 月 26 日，零售威刚 DDR3（8G）内存条共计 20 个，单价 320 元/个。

10 月 28 日，销售给爱立科技 OFFICE-1 型号办公电脑共计 27 台，单价 5 000 元/台。

10 月 30 日，销售给互联教育 OFFICE-1 型号办公电脑共计 30 台，单价 5 000 元/台。

本任务完成后的最终效果如图 4-23 所示。

商品出入库表														
众惠电脑官方旗舰店												记录条数:		22
出入库单号	出入库日期	出入库类别	摘要	商品编号	仓库名称	商品名称	规格型号	计量单位	入库数量	入库单价	入库金额	出库数量	出库单价	出库金额
0-001	2016-10-1	备件入库	从飞云电脑耗材购进电脑配件	CL01	备件库	英特尔CPU	酷睿四核i7	个	60.00	2,300.00	138,000.00			-
0-002	2016-10-5	成品入库	从腾飞电脑科技购进电脑成品	CP02	成品库	家用电脑	HOME-1	台	12.00	3,800.00	45,600.00			-
0-002	2016-10-5	成品入库	从腾飞电脑科技购进电脑成品	CP01	成品库	办公电脑	OFFICE-1	台	30.00	4,520.00	135,600.00			-
1-001	2016-10-5	成品出库	零售给客户电脑	CP02	成品库	家用电脑	HOME-1	台			-	12.00	4,588.00	55,056.00
1-001	2016-10-5	备件出库	零售客户CPU	CL01	备件库	英特尔CPU	酷睿四核i7	个			-	20.00	2,600.00	52,000.00
1-002	2016-10-8	成品出库	销售给智宁科技电脑	CP01	成品库	办公电脑	OFFICE-1	台			-	30.00	5,000.00	150,000.00
1-002	2016-10-8	备件出库	零售客户内存	CL03	备件库	威刚内存	威刚DDR3(8G	个			-	10.00	320.00	3,200.00
0-003	2016-10-10	备件入库	从飞云电脑耗材购进电脑配件	CL02	备件库	华硕主板	华硕Z170-A	个	20.00	1,100.00	22,000.00			-
0-003	2016-10-10	备件入库	从飞云电脑耗材购进电脑配件	CL03	备件库	威刚内存	威刚DDR3(8G	个	45.00	238.00	10,710.00			-
0-004	2016-10-15	成品入库	从腾飞电脑科技购进电脑成品	CP01	成品库	办公电脑	OFFICE-1	台	50.00	4,520.00	226,000.00			-
1-003	2016-10-15	成品出库	销售给互联教育电脑	CP01	成品库	办公电脑	OFFICE-1	台			-	25.00	5,000.00	125,000.00
0-005	2016-10-16	备件入库	从阳光科技购进电脑配件	CL05	备件库	三星显示器	三星(23.6英	个	50.00	800.00	40,000.00			-
0-005	2016-10-16	备件入库	从阳光科技购进电脑配件	CL06	备件库	戴尔显示器	戴尔(23.8英	个	50.00	1,300.00	65,000.00			-
1-004	2016-10-17	备件出库	零售客户硬盘	CL04	备件库	希捷硬盘	希捷(3TB)	个			-	15.00	650.00	9,750.00
0-006	2016-10-18	备件入库	从飞云电脑耗材购进电脑配件	CL04	备件库	希捷硬盘	希捷(3TB)	个	200.00	550.00	110,000.00			-
0-007	2016-10-20	备件入库	从飞云电脑耗材购进电脑配件	CL01	备件库	英特尔CPU	酷睿四核i7	个	20.00	2,300.00	46,000.00			-
0-007	2016-10-20	备件入库	从飞云电脑耗材购进电脑配件	CL02	备件库	华硕主板	华硕Z170-A	个	20.00	1,100.00	22,000.00			-
0-007	2016-10-20	备件入库	从飞云电脑耗材购进电脑配件	CL03	备件库	威刚内存	威刚DDR3(8G	个	45.00	238.00	10,710.00			-
1-005	2016-10-23	成品出库	零售客户电脑	CP02	成品库	家用电脑	HOME-1	台			-	5.00	4,588.00	22,940.00
1-006	2016-10-26	备件出库	零售客户内存	CL03	备件库	威刚内存	威刚DDR3(8G	个			-	20.00	320.00	6,400.00
1-007	2016-10-28	成品出库	销售给智宁科技电脑	CP01	成品库	办公电脑	OFFICE-1	台			-	27.00	5,000.00	135,000.00
1-008	2016-10-30	成品出库	销售给互联教育电脑	CP01	成品库	办公电脑	OFFICE-1	台			-	30.00	5,000.00	150,000.00

图 4-23　商品出入库表

【相关知识】

购销存业务在一个经营月内会随时发生，库管人员需要按照要求及时把业务数据逐行录入电脑。本任务为了减少读者的数据输入量，把相关数据事先录入电脑，存储在“进出库素材文件.xlsx”文件中，供读者学习本任务使用。

【业务操作】

步骤 1：打开 Excel 文件。

在 Excel 2010 应用程序窗口中，单击【文件】|【打开】命令，在“打开”对话框中，选择打开“D：\众惠电脑库存管理\商品库存管理.xlsx”文件。

步骤 2：修改工作表标签。

双击“Sheet2”工作表标签，修改默认的工作表标签为“商品出入库表”。

右击“商品出入库表”工作表标签，在快捷菜单中设置【工作表标签颜色】为“标准色”中的“绿色”。

步骤 3：编辑表格标题。

在 A1 单元格中输入“商品出入库表”。合并 A1 至 O1 单元格，设置表格标题“商品出入库表”在合并单元格的水平方向和垂直方向均居中显示。

设置字体为“仿宋”，字号为“20”，“加粗”，填充颜色为“橄榄色，强调文字颜色 3”，字体颜色为“白色，背景 1”；设置行高为 42。

步骤 4：编辑表格副标题。

在 A2 单元格中输入“众惠电脑官方旗舰店”，合并 A2:D2 区域的单元格。

设置“众惠电脑官方旗舰店”的字体为“仿宋”，字号为“14”，水平方向左对齐，垂直方向居中，并给该合并单元格加上、下、左边框线，线条样式为粗实线，线条颜色为“橙色”。

步骤 5：编辑“记录条数”统计单元格。

选择 M2 单元格，输入文本“记录条数:”，合并 M2 和 N2 单元格，设置字体为“仿宋”，字号为“14”，水平方向和垂直方向均居中。

选中 E2:O2 区域，给该区域加上、下、右边框线，线条样式为粗实线，线条颜色为“橙色”。

O2 单元格用于统计记录条数，由于每个月的出入库记录条数是一个变化的数字，用户事先并不知道会有多少行数据，因此在 O2 单元格中输入统计记录条数的公式时，该公式需要动态参数来表示统计范围。这里由于还没有讲到相应的知识，因此 O2 单元格的公式输入请参见本任务后续的操作步骤 17。

步骤 6：编辑表格列标题。

在 A3 至 O3 单元格中依次输入下面的表格列标题：出入库单号、出入库日期、出入库类别、摘要、商品编号、仓库类别、商品名称、规格型号、计量单位、入库数量、入库单价、入库金额、发出数量、发出单价、发出金额。

设置列标题字体为：仿宋，字号为：12。如图 4-24 所示。

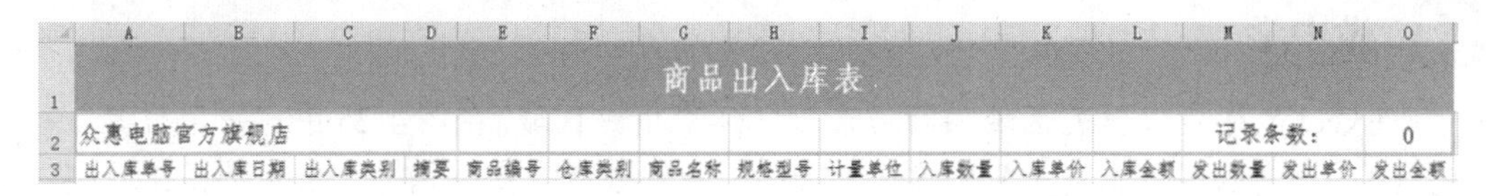

图 4-24　表头示例

步骤 7：输入业务数据。

按照图 4-23 所示，在 A4 单元格中输入：'0-001。

在 B4 单元格中输入：2016-10-1。

选中 C4 单元格，为其设置数据有效性，允许该单元格输入的序列值包括：备件入库、成品入库、备件出库、成品出库共四种类型。设置完成后，在 C4 单元格中选择出入库类别为：备件入库。

在 D4 单元格中输入摘要：从飞云电脑耗材购进电脑配件。双击 D 列和 E 列之间的分隔线，使 D 列的列宽自动适应该列中最宽的文本宽度。

步骤 8：设置 E4 单元格的数据有效性。

为 E4 单元格设置数据有效性。切换到“商品基本信息表”中，选中 A4:A11 区域，单击【公式】|【定义的名称】|【定义名称】，打开“新建名称”对话框，在“名称”中输入“商品编号”，“范围”为“工作簿”，如图 4-25 所示，单击“确定”按钮。

切换回“商品出入库表”工作表中，选择 E4 单元格，打开数据有效性对话框，参照图 4-26 设置 E4 单元格的数据有效性。

本步骤设置完成后，E4 单元格将把“商品基本信息表”的 A4:A11 区域中的所有商品编号加载到下拉列表中，如图 4-27 所示，以后在输入商品编号时，只需要从下拉列表中选择相应编号即可。

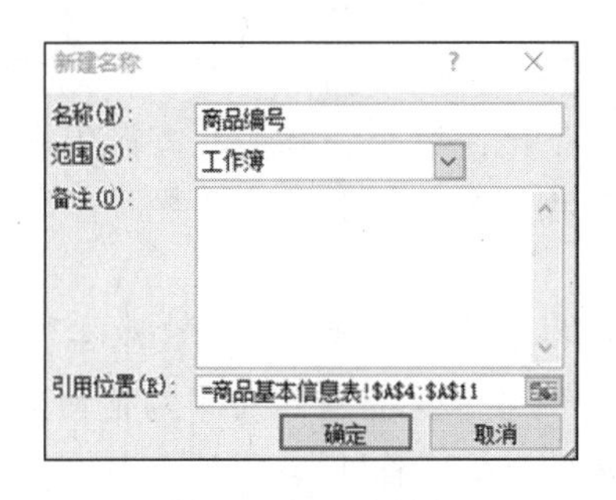

图 4-25　定义区域名称

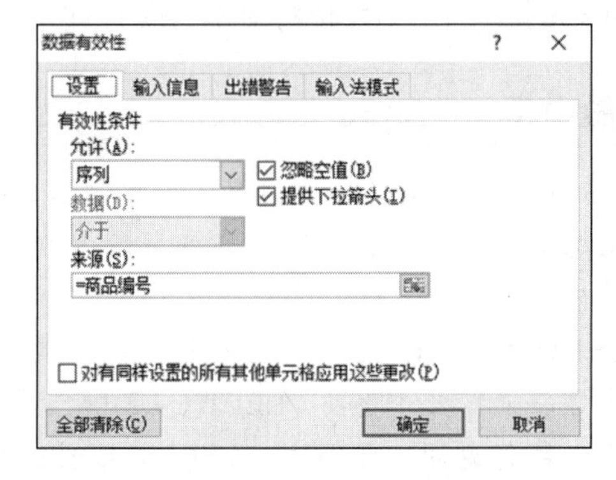

图 4-26　使用区域名设置单元格数据有效性

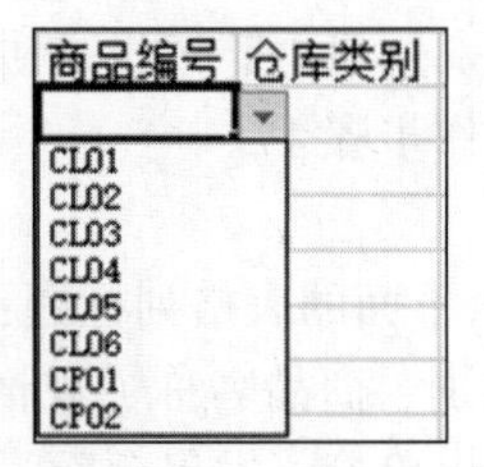

图 4-27 使用区域名设置单元格数据有效性后的效果

做中学

Excel 允许对工作表区域进行命名以方便引用该区域。在图 4-25 中，“引用位置”的值为“=商品基本信息表！$A$4:$A$11”，表示名称“商品编号”引用的是工作表“商品基本信息表”的 A4:A11 区域，其中“!”是工作表名与区域之间的分隔符，“$”表示绝对引用行或列，“:”是所选区域左上角的单元格与所选区域右下角的单元格之间的分隔符号，表示一个连续的矩形区域。

也可以对不连续的区域命名，选择不连续的单元格区域时，首先选中第一个区域，然后按住 Ctrl 键，选择第二个区域，也可以选择更多的区域。

给区域命名的方法还可以在选中区域后，直接把光标定位到名称框，在名称框中输入区域名称后，按回车键确认即可。

要管理已定义的名称，可以打开【公式】|【定义的名称】|【名称管理器】，进行操作。

步骤 9：设置 F4 单元格的计算公式。

F4 单元格中存储的是仓库类别，仓库类别分为备件库和成品库。读者可以为此单元格的输入设置数据有效性，也可以根据下一步——步骤 10 的方法自动获取数据，还可以按照本步骤的方法——根据“出入库类别”的值自动确定仓库类别。

本步骤的实现方法是：只要是备件，不论是出库还是入库，其所属仓库都是备件库；若是成品，不论是出库还是入库，其所属仓库都是成品库。因此，F4 单元格的值将根据 C4 单元格值的前两个字符进行判断。

选中 F4 单元格，输入下面的公式：

=IF（LEFT(C4,2）="备件"，"备件库","成品库"）

按回车键后，F4 单元格将显示：备件库。

做中学

Excel 的函数格式是：函数名（参数列表）。不论函数是否有参数，都必须在函数名后写一对圆括号；函数允许嵌套，函数嵌套时，先计算里层的函数，再依次向外计算外层函数。

LEFT(text, [num_chars])函数的功能是根据所指定的字符数，返回文本字符串中第一个字符或前几个字符。LEFT(C4,2)的作用是把 C4 单元格中字符串的前两个（左边两个）字符返回，此例中，LEFT(C4,2)的计算结果是“备件”。

IF(logical_test, [value_if_true], [value_if_false])函数的功能是根据指定条件的计

算结果返回对应的值，如果 logical_test 条件的计算结果为 TRUE，IF 函数将返回[value_if_true]；如果该条件的计算结果为 FALSE，则返回[value_if_false]。

公式 IF(LEFT(C4,2)="备件", "备件库", "成品库")的计算顺序是：首先计算 LEFT(C4,2)的值，再把 LEFT(C4,2) 的计算结果“备件”代入原公式，此时公式变为 IF("备件"="备件", "备件库","成品库")，由于 IF 的条件："备件"="备件"成立，因此 IF 的计算结果为"备件库"。

步骤 10：自动获取 G4 单元格的商品名称。

在工作表“商品基本信息表”中已经录入了商品基本信息，为了提高输入速度及保证数据一致性，这里将利用公式根据 E4 单元格的商品编号自动从工作表“商品基本信息表”中取得该编号对应的商品名称。

单击“商品基本信息表”工作表标签，切换到“商品基本信息表”工作表中，选择区域 A4:H11，在名称框中直接输入区域名“商品基本信息”，按回车键确认输入。

再切换到“商品出入库表”工作表中，在 G4 单元格中输入下面的公式：

=IF(E4="","",VLOOKUP(E4,商品基本信息,3, FALSE))

输入完成后，单击编辑栏左侧的 ✔ 命令，G4 单元格将显示：英特尔 CPU。

做中学

VLOOKUP 函数根据给定的值在指定区域的第一列进行搜索，若搜索到该值，则返回该值相同行上指定列中的值。例如，工作表“商品基本信息表”的区域 A4:H11 中包含了商品基本信息，商品编号存储在该区域的第一列，如图 4-28 所示。

	A	B	C	D	E	F	G	H
1	商品基本信息表							
2								众惠电脑官方旗舰店
3	商品编号	仓库类别	商品名称	型号规格	计量单位	供货厂商	供货厂商联系方式	供货厂商联系地址
4	CL01	备件库	英特尔CPU	酷睿四核i7	个	飞云电脑耗材	18788586583	山西省太原市飞鸿大厦
5	CL02	备件库	华硕主板	华硕Z170-A	个	飞云电脑耗材	18788586583	山西省太原市飞鸿大厦
6	CL03	备件库	威刚内存	威刚DDR3(8G)	个	飞云电脑耗材	18788586583	山西省太原市飞鸿大厦
7	CL04	备件库	希捷硬盘	希捷(3TB)	个	飞云电脑耗材	18788586583	山西省太原市飞鸿大厦
8	CL05	备件库	三星显示器	三星(23.6英寸)	个	阳光科技	13365256851	山西省太原市晋商大厦
9	CL06	备件库	戴尔显示器	戴尔(23.8英寸)	个	阳光科技	13365256851	山西省太原市晋商大厦
10	CP01	成品库	办公电脑	OFFICE-1	台	腾飞电脑科技	13326351236	北京市融合商业中心
11	CP02	成品库	家用电脑	HOME-1	台	腾飞电脑科技	13326351236	北京市融合商业中心

图 4-28 商品基本信息表

如果已知某商品的编号，则可以使用 VLOOKUP 函数返回该商品的仓库类别、商品名称、型号规格、计量单位、供货厂商等等信息。例如，若要获取 CLO3 商品的名称，可以使用公式 =VLOOKUP("CL03",A4:H11,3,FALSE)。此公式将搜索区域 A4:H11 的第一列中是否存在值 CL03，若存在则返回该值同一行中第三列中的值作为计算结果（此例返回威刚内存）。

本步骤中，VLOOKUP(E4,商品基本信息,3, FALSE)函数的作用是在区域“商品基本信息”的第一列中，搜索当前工作表 E4 单元格的值“CL01”，并返回该值同一行中第三列包含的值：英特尔 CPU。

若 G4 单元格已经输入了公式：VLOOKUP(E4,商品基本信息,3, FALSE)，但 E4 单元格还没有输入商品编号，则 G4 单元格显示：#N/A，此错误提示说明 G4 单元格的公式发生“值不可用”的错误。为了避免该错误，将 VLOOKUP(E4,商品基本信息,3, FALSE)嵌套在 IF 函数中，公式 IF(E4="","",VLOOKUP(E4,商品基本信息,3, FALSE))的含义是如果 E4 为空，则 G4 等于空，否则 G4 等于 VLOOKUP(E4,商品基本信息,3, FALSE)。

步骤 11：单元格公式的复制。

将 G4 单元格的公式：=IF(E4="","",VLOOKUP(E4,商品基本信息,3, FALSE))修改为下面的公式：

=IF($E4="","",VLOOKUP($E4,商品基本信息,3, FALSE))

然后，拖动 G4 单元格的填充柄将 G4 单元格的公式复制到单元格 H4 和 I4 中，再按下面的公式分别修改 H4 和 I4 的公式：

H4= IF($E4="","",VLOOKUP($E4,商品基本信息,4, FALSE))

I4 = IF($E4="","",VLOOKUP($E4,商品基本信息,5, FALSE))

做中学

公式 IF(E4="","",VLOOKUP(E4,商品基本信息,3, FALSE))中使用 E4 引用了该单元格的值，这种直接写 E4 的引用方法是 Excel 中默认的单元格引用方式：相对引用。公式中的相对引用（如 E4）是引用单元格的相对位置，如果公式所在单元格的位置改变，公式所引用的单元格也随之改变。当本步骤在复制或用填充柄填充公式时，公式的相对引用会自动调整。例如，如果将单元格 G4 中的公式：=IF(E4="","",VLOOKUP(E4,商品基本信息,3, FALSE))复制或填充到单元格 H4，由于公式向右移动一个单元格，公式中的相对引用单元格也会向右移动一个单元格，即 H4 的公式将自动调整公式中的 E4 为 F4，即 H4 中的公式为：=IF(F4="","",VLOOKUP(F4,商品基本信息,3, FALSE))，显然，这并不是 H4 的正确公式。

在单元格引用中使用$符号可将相对引用变为绝对引用或混合引用（绝对列和相对行或绝对行和相对列）。绝对单元格引用（如 $E$4）总是在特定位置引用单元格。如果公式所在单元格的位置改变，公式中的绝对引用将保持不变。混合引用（如 $E4 或 E$4）是引用特定列相对行，或者引用相对列特定行。例如，如果将单元格 G4 中的公式修改为：=IF($E4="","",VLOOKUP($E4,商品基本信息,3, FALSE))后，再复制或填充到单元格 H4，则 H4 的公式为：=IF($E4="","",VLOOKUP($E4,商品基本信息,3, FALSE))，此时，再调整 H4 公式，使 VLOOKUP($E4,商品基本信息,3, FALSE)改为 VLOOKUP($E4,商品基本信息,4, FALSE)即可返回商品的规格型号。

默认情况下，在 Excel 中输入的新公式在引用单元格时将使用相对引用，如若需要可将相对引用转换为绝对引用，转换时可直接在公式中输入$，也可用 F4 键将单元格引用在相对引用、绝对引用和混合引用之间进行切换。使用 F4 键时，先选中公式中的单元格引用名称，如选中 G4 公式中的“E4”，即=IF(E4="","",VLOOKUP(E4,商品基本信息,3, FALSE)，然后按 F4 键，即可将 E4 转换为$E$4，再次按 F4 键，引用继续转换为 E$4，继续按 F4 键，引用继续转换为$E4。

步骤 12：按照业务要求继续输入相关的业务数据。

在 J4 单元格中输入入库数量：60。

在 K4 单元格中输入入库单价：2 300。

在 L4 单元格中输入公式：=J4*K4。

在 O4 单元格中输入公式：=M4*N4。

步骤 13：输入下一行的业务数据。

按照上述步骤在第 5 行中输入 2016-10-5 的业务数据。

在 A5 单元格中输入：'0-002，在 B5 单元格中输入：2016-10-5。

在 C5 单元格中输入前，先使用填充柄将 C4 单元格的设置复制到 C5 后，再修改为：成品入库。

在输入 D5 单元格的摘要时，可右击 D5 单元格，在弹出的快捷菜单中单击“从下拉列表中选择”，此时 Excel 会将当前列中已经输入过的内容在下拉列表中列出，用户可从中选择合适的摘要，从而减轻用户的输入量，如图 4-29 所示。

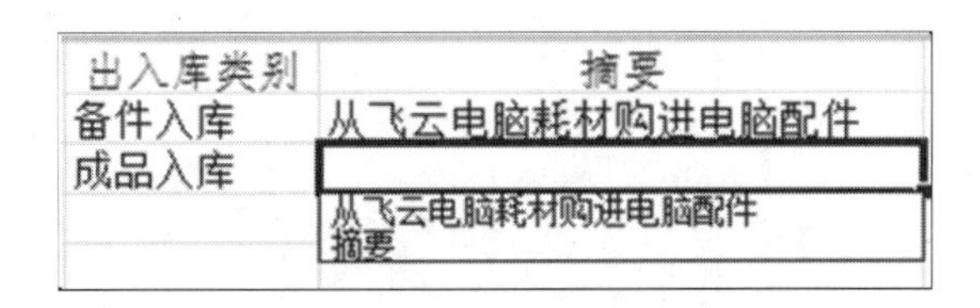

图 4-29 摘要的快捷输入提示界面

温馨提示

D5 单元格并没有设置数据有效性，“从下拉列表中选择”命令是利用了 Excel 的智能记忆输入功能，用户也可直接输入摘要而不使用此功能，当用户直接输入字符时，Excel 也会在单元格中给出智能输入提示，如在 D5 单元格中输入“从”，则单元格会显示 从飞云电脑耗材购进电脑配件 ，黑底白字的字符是 Excel 给出的智能字符匹配提示。

步骤 14：继续完成该行其余业务数据的输入。

将 E4 单元格复制到 E5 单元格，再修改 E5 单元格的值为：CP01。

复制 F4 单元格到 F5 单元格；复制 G4:I4 区域到 G5:I5 区域。

在 J5 单元格中输入：30，在 K5 单元格中输入：4520。

将 L4 的公式复制到 L5 单元格，将 O4 的公式复制到 O5 单元格。

温馨提示

从步骤 13 到步骤 14 的操作可以看出，每次有出入库业务发生时，用户都需要复制上一行的单元格设置来完成新业务的输入，这给用户操作带来了诸多不便。其实，用户可以利用 Excel 中的数据表功能，这个功能可以更加方便地帮助用户实现出入库业务管理。下面的操作将使用这个功能来完成出入库业务的录入工作。

步骤 15：创建表。

选中区域 A3:O5，单击【插入】|【表格】，打开“创建表”对话框，勾选“表包含标题”选项，如图 4-30 所示，单击“确定”按钮。

此时区域 A3:O5 自动套用了表格样式，表格各列名右侧自动添加了筛选按钮，O5 单元格右下角出现一个▟标志，该区域的局部截图如图 4-31 所示。

单击【公式】|【名称管理器】，选中系统自动为该区域命名的表名，单击“编辑”按钮，将表名修改为“商品出入库表”，如图 4-32 所示。

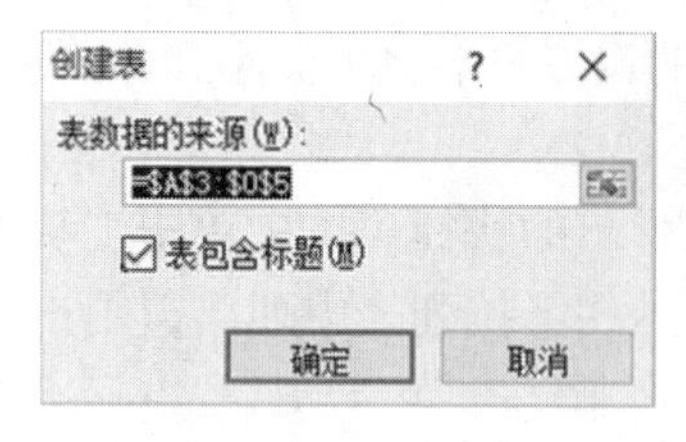

图 4-30 创建表

入库金额	发出数量	发出单价	发出金额
138000			0
135600			0

图 4-31 Excel 表

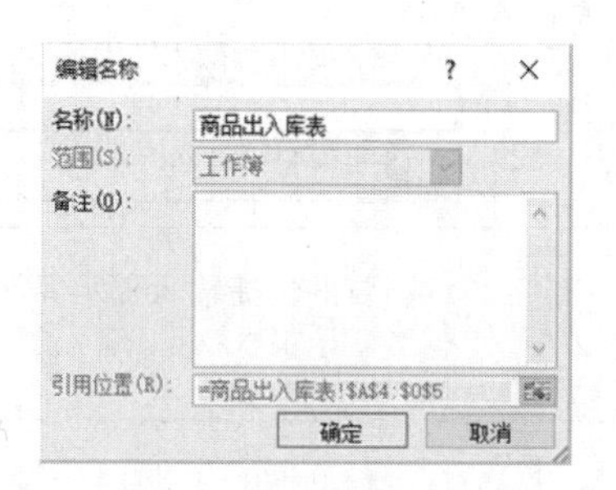

图 4-32 修改表名

温馨提示

创建 Excel 表格，也可以在【开始】|【样式】组中，单击【套用表格样式】命令，在展开的样式列表中选择所需的表格样式。还可以使用快捷键 Ctrl+L 或 Ctrl+T。

步骤 16：输入下一行进出库的业务数据。

在 A6 单元格中输入值“'0-002”后，步骤 15 创建的“商品出入库表”将自动向下扩展，即行 6 被自动包括到“商品出入库表”中，行 6 自动套用了“商品出入库表”的样式，行 5 相应单元格的设置和公式自动复制到行 6 对应的单元格中。

此时，第 6 行的新业务数据录入工作简化为这些操作：

在 B6 单元格中输入：2016-10-5，在 C6 单元格中选择：成品入库，复制或者快速输入摘要，输入商品编号、入库数量、入库单价，即可完成第 6 行数据的输入。

温馨提示

与行 5 的业务数据输入相比，行 6 的数据输入由于使用了表，节省了复制单元格、格式排版、单元格修改等操作。

做中学

步骤 15 创建的表格是一个结构化后的表格区域。不同于普通的数据表，结构化后的表格类似数据库的表，具有各自的特点，这些特点使数据处理更加简单，可以帮助用户更加方便地使用数据进行业务分析和统计。为方便说明，这里将这个结构化的表称为 Excel 表格。

（1）当光标选中 Excel 表格中任一区域时，Excel 功能区将增加【表格工具】|【设计】选项卡，其包含的功能如图 4-33 所示。

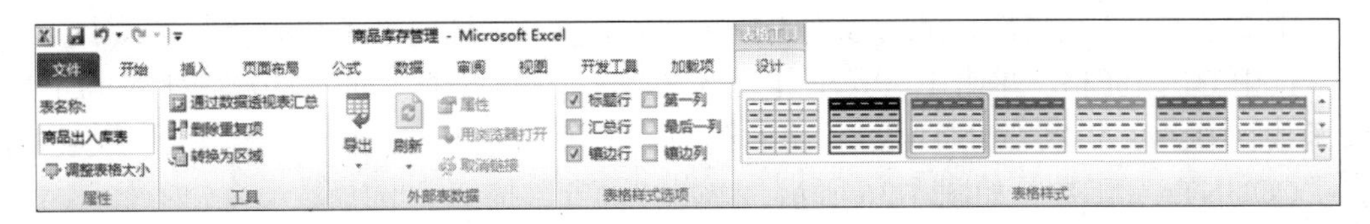

图 4-33 【表格工具】|【设计】选项卡

（2）新建的 Excel 表格自动套用了预定义的表格样式，该样式可以在【表格工具】|【设计】|【表格样式】中进行修改，如图 4-33 所示。

（3）结构化表的每一列的列名右侧增加了一个下拉箭头，其中包含了排序功能和筛选功能，如图 4-34 所示。

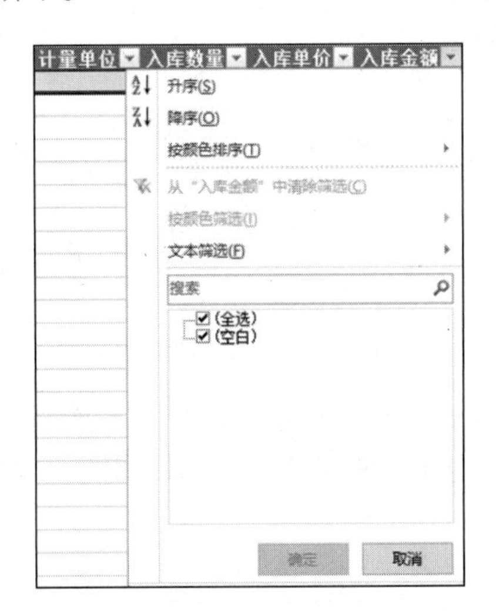

图 4-34 增加了排序功能和筛选功能的列

（4）在 Excel 表格的右下角，有个符号，光标指向该箭头向下拖动或向右拖动，Excel 表格就会自动增加行或列，而且新增的行或列与原有 Excel 表格保持格式一致；另外，在 Excel 表格的最右列的右侧输入新列或在最后一行的下方输入新行时，Excel 表格也会以同样的格式自动扩展，即结构化表具有向下、向右自动延伸的属性。

（5）当光标选中 Excel 表格中某个单元格时，向下滚动屏幕，当列名所在的行上移出屏幕时，该表格的列名会自动出现在工作表的列号位置，即 Excel 表格的列名取代了工作表的原有列名在屏幕上显示出来，以方便用户操作数据。如图 4-35 所示。

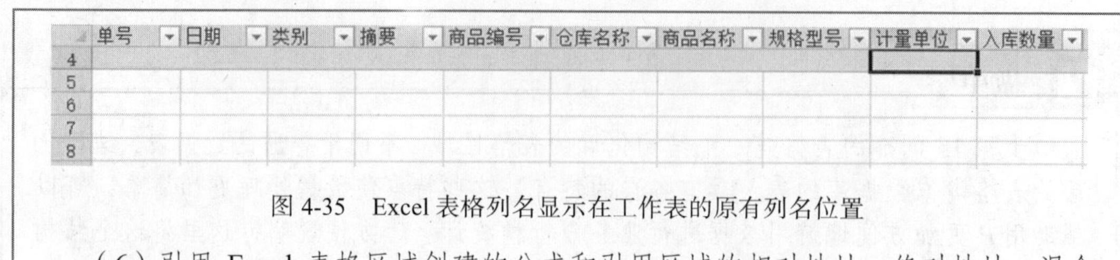

图 4-35　Excel 表格列名显示在工作表的原有列名位置

（6）引用 Excel 表格区域创建的公式和引用区域的相对地址、绝对地址、混合引用地址创建的公式有所不同，这部分内容将在任务三中介绍。

步骤 17：输入统计记录条数的动态公式。

定义了 Excel 表格后，就可以在 O2 单元格中输入统计记录条数的动态公式了。

选中 O2 单元格，单击【公式】|【插入函数】，在打开的“插入函数”对话框的“搜索函数”中，输入“COUNTA”，单击右侧的“转到”按钮，再从“选择函数”区域中选择“COUNTA”函数，如图 4-36 所示，单击“确定”按钮。

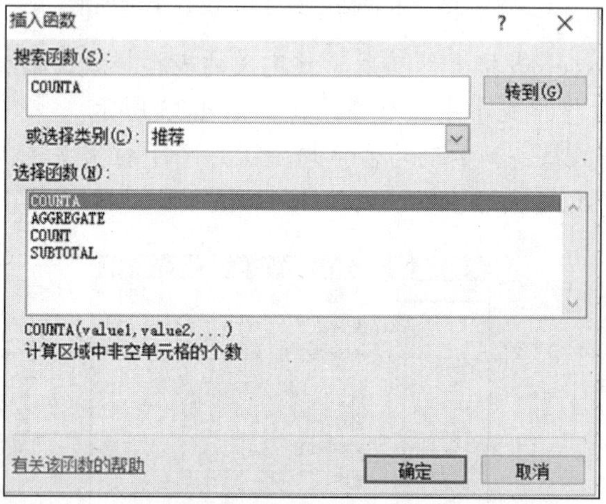

插入函数　?　×
搜索函数(S):
COUNTA　转到(G)
或选择类别(C): 推荐
选择函数(N):
COUNTA
AGGREGATE
COUNT
SUBTOTAL
COUNTA(value1, value2, ...)
计算区域中非空单元格的个数
有关该函数的帮助　确定　取消

图 4-36　“插入函数”对话框

接着进入“函数参数”对话框，单击 Value1 右侧的按钮，缩小函数参数对话框，拖动鼠标选择区域 A4:A6，此时的函数参数对话框如图 4-37 所示。

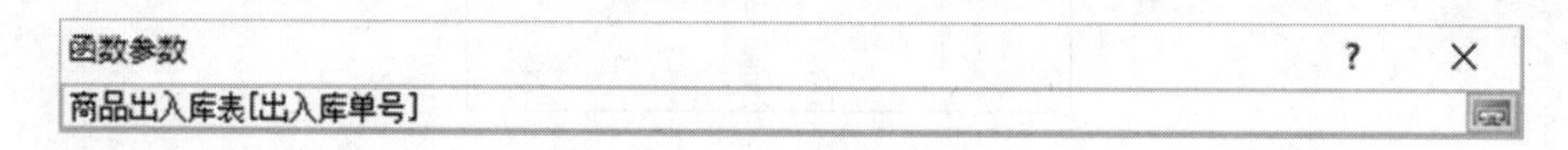

图 4-37　选择函数参数

再次单击按钮，返回到“函数参数”对话框，如图 4-38 所示，单击“确定”按钮，完成记录条数的统计。

此时 O2 单元格显示数字 3，查看编辑栏，可以看到该单元格的实际内容是：=COUNTA（商品出入库表[出入库单号]）。

最后，设置 O2 单元格的字体为“仿宋”，字号为“14”，水平方向和垂直方向均居中。

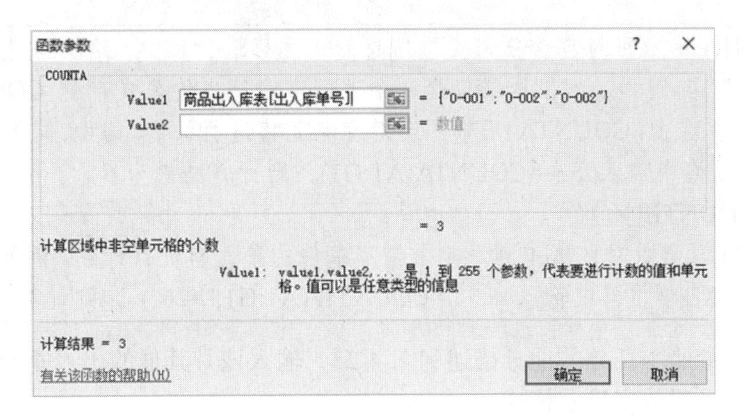

图 4-38　设置“函数参数”对话框

温馨提示

由于定义了 Excel 表格“商品出入库表”，所以在选择 COUNTA 函数的参数区域 A4:A6 时，Excel 系统使用“商品出入库表[出入库单号]”代替区域 A4:A6 作为 COUNTA 函数的参数。

“商品出入库表[出入库单号]”的含义是“商品出入库表”的“[出入库单号]”列，这种参数表示相比区域 A4:A6 更加直观。更重要的是“商品出入库表[出入库单号]”作为参数是一种动态参数，当“商品出入库表”增加新的出入库记录时，由于 Excel 表格“商品出入库表”会自动扩展容纳新行，因此使用公式“=COUNTA（商品出入库表[出入库单号])”就可以随时正确地统计出出入库记录条数。

做中学

在日常工作中，经常需要对含有数值或者内容的单元格数量进行统计，这就会用到统计函数。常见的统计函数 COUNT、COUNTA、COUNTIF，下面将介绍这几个函数的用法。

（1）COUNT 函数

COUNT 函数计算包含数字的单元格以及参数列表中数字的个数。使用函数 COUNT 可以获取区域或数字数组中数字字段的输入项的个数。如图 4-39 所示的示例，其中在 G1 单元格中输入的内容是 =2/0，而 G1 单元格显示 #DIV/0!，这是系统给出的错误提示，表示该单元格中的公式或函数被零或空单元格除。

	A	B	C	D	E	F	G
1	电脑	2016-10-8	26		122.24	TRUE	#DIV/0!

图 4-39　COUNT 函数示例

在 A2 单元格中输入公式：=COUNT(A1:G1)，可以计算区域 A1:G1 中数字的个数，此示例中，B1、C1 和 E1 三个单元格包含数字（在 Excel 中，日期数据在计算机内按数字处理），则计算结果为 3。

（2）COUNTA 函数

COUNTA 函数可对包含任何类型信息的单元格进行计数，这些信息包括错误值和空文本 ("")。例如，如果区域包含一个返回空字符串的公式，则 COUNTA 函数会将该值计算在内。COUNTA 函数不会对空单元格进行计数。例如，同上面的示例，若在 A2 单元格中输入公式=COUNTA(A1:G1)，则计算结果为 6。

（3）COUNTIF 函数

COUNTIF 函数对区域中满足单个指定条件的单元格进行计数。例如，同上面的示例，若在 A2 单元格中输入公式 =COUNTIF(A1:G1,"=26") ，则计算结果为 1。

步骤 18：参照本任务的业务描述和图 4-23，输入该月其他的出入库业务数据。

步骤 19：设置数字显示格式。

选中区域 J4:O25，单击【开始】|【数字】组的“千分位分隔符”，将所选区域单元格的格式设置为不带货币符号的会计格式。

温馨提示

若单元格显示一串“#”时，说明该单元格的列宽不足以显示该单元格中的内容，此时，可选中该单元格，调整其列宽即可。

步骤 20：给表格应用样式。

单击名称框右侧的下拉箭头，在下拉列表中单击“商品出入库表”名称，选中区域 A4:O25，在【表格工具】|【设计】|【表格样式】中选择“表格样式中等深线 4”。

最终效果如图 4-23 所示。

任务三　管理期末库存

【任务引例】

月末，需要把众惠电脑官方旗舰店的出入库数据进行汇总计算，得到库存中各备件、成品等的期末结余数量和期末结余金额，并按照库存成本核算方法——月加权平均法，计算各备件或成品的期末单位成本。

完成本任务后的结果如图 4-40 所示。

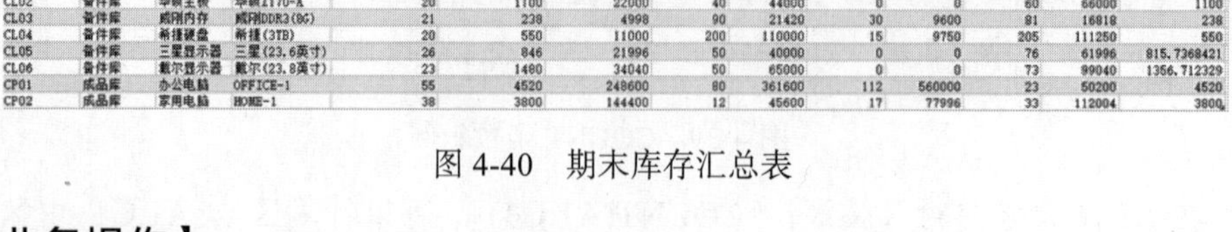

期末库存汇总表

众惠电脑官方旗舰店　　货币单位：元

商品编号	仓库类别	商品名称	型号规格	期初结存数量	期初单位成本	期初结存金额	入库数量	入库金额	发出数量	发出金额	结存数量	结存金额	期末单位成本
CL01	备件库	英特尔CPU	酷睿四核i7	22	2300	50600	80	184000	20	52000	82	182600	2300
CL02	备件库	华硕主板	华硕Z170-A	20	1100	22000	40	44000	0	0	60	66000	1100
CL03	备件库	威刚内存	威刚DDR3(8G)	21	238	4998	90	21420	30	9600	81	16818	238
CL04	备件库	希捷硬盘	希捷(3TB)	20	550	11000	200	110000	15	9750	205	111250	550
CL05	备件库	三星显示器	三星(23.6英寸)	26	846	21996	50	40000	0	0	76	61996	815.7368421
CL06	备件库	戴尔显示器	戴尔(23.8英寸)	23	1480	34040	50	65000	0	0	73	99040	1356.712329
CP01	成品库	办公电脑	OFFICE-1	55	4520	248600	80	361600	112	560000	23	50200	4520
CP02	成品库	家用电脑	HOME-1	38	3800	144400	12	45600	17	77996	33	112004	3800

图 4-40　期末库存汇总表

【业务操作】

步骤 1：打开文件并修改工作表标签。

在 Excel 2010 中，打开“D:\众惠电脑库存管理\商品库存管理.xlsx”文件。

双击“Sheet3”工作表标签，修改默认的工作表标签为“期末库存汇总表”；右击“期末库存汇总表”工作表标签，在快捷菜单中设置【工作表标签颜色】为“标准色”中的“橙色”。

步骤 2：输入并设置表格标题。

在 A1 单元格中输入“期末库存汇总表”，合并 A1~N1 单元格，设置表格标题“期末库存汇总表”在合并单元格的水平方向和垂直方向均居中显示。

设置字体为“仿宋”，字号为“20”，“加粗”，填充颜色为“橄榄色，强调文字颜色 3”，字体颜色为“白色，背景 1”；设置行高为 42。

步骤 3：复制表格副标题。

在工作表“商品出入库表”中选择 A2 单元格，单击【开始】|【剪贴板】组中的“复制”命令，再单击“期末库存汇总表”工作表标签切换到“期末库存汇总表”工作表，选中 A2 单元格，单击【开始】|【剪切板】组中的“粘贴”命令。

步骤 4：输入并设置货币单位。

在 L2 单元格中输入“货币单位:”，在 N2 单元格中输入“元”，合并 L2 和 M2 单元格。

选择区域 L2:N2，设置字体为“仿宋”，字号为“14”，水平方向和垂直方向均居中。

步骤 5：设置副标题边框线。

选择区域 A2:N2，给该区域加上、下、左、右边框线，线条样式为粗实线，线条颜色为“橙色”。

步骤 6：输入表格列标题并创建 Excel 表格。

在 A3~N3 单元格中依次输入表格列标题：商品编号、仓库类别、商品名称、型号规格、期初结存数量、期初单位成本、期初结存金额、入库数量、入库金额、发出数量、发出金额、结存数量、结存金额、期末单位成本，并调整各列列宽。

选中区域 A3:N3，按 Ctrl+T 快捷键，在创建表的对话框中选中“表包含标题”，如图 4-41 所示，单击“确定”按钮。

选中表格任一区域，在【表格工具】|【设计】|【属性】中修改“表名称”为“期末库存汇总表”，设置【表格工具】|【设计】|【表格样式】为“表样式中等深线 4”。

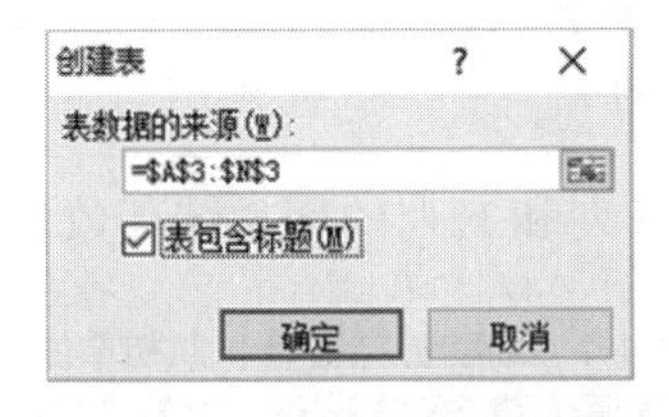

图 4-41 创建 Excel 表格

步骤 7：选择性粘贴单元格数据。

选中工作表“商品基本信息表”的区域 A4:A11，按 Ctrl+C 快捷键，切换到工作表“期末库存汇总表”中，选中 A4 单元格，单击【开始】|【剪贴板】|【粘贴】下拉列表中“粘贴数值”的“值”（123）命令，仅将源区域的数值（不包括格式、公式等）粘贴到目标区域。

步骤 8：分别使用 VLOOKUP 函数计算 B4、C4、D4 单元格的数据。

选中 B4 单元格，单击【公式】|【插入函数】，在“插入函数”对话框中选择 VLOOKUP

函数，在“函数参数”对话框中，设置“Lookup_value”的值为A4单元格，设置“Table_array”的值为工作表“商品基本信息表”的区域A4:H11（“商品基本信息”区域），设置“Col_index_num”的值为2，设置“Range_lookup”的值为FALSE，参数设置如图4-42所示，单击“确定”按钮。由于创建了Excel表格，所以在单击“确定”按钮后，单元格B4~B11全部自动填充了计算公式。

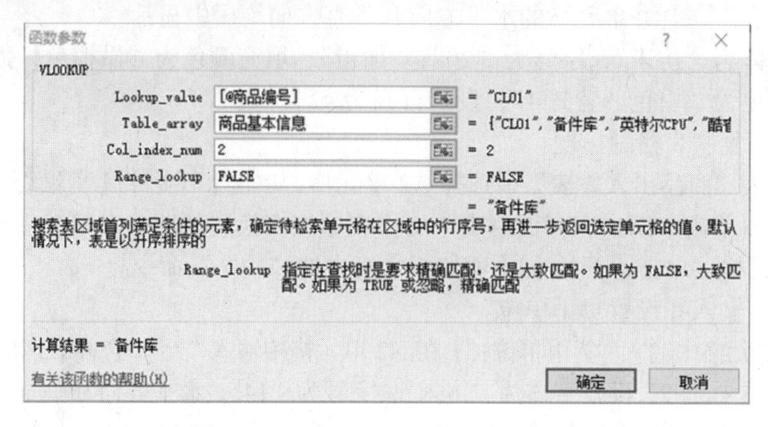

图4-42 VLOOKUP函数的参数设置

同理，请读者自行为C4、D4单元格设置VLOOKUP计算公式。

做中学

在B4单元格的公式“=VLOOKUP([@商品编号],商品基本信息,2,FALSE)”中，VLOOKUP函数的第一个参数“[@商品编号]”是Excel表格的特殊用法，称为Excel表格的结构化引用。创建了Excel表格后，表格的所有元素都可以进行结构化引用，而不必再使用区域引用或单元格引用（相对引用、绝对引用、混合引用）。例如，在本步骤中，若没有定义Excel表格，则B4单元格的公式应该为：“=VLOOKUP(A4,商品基本信息,2,FALSE)”，显然，本步骤中的公式更加直观。在公式“VLOOKUP([@商品编号],商品基本信息,2,FALSE)”中，“[@商品编号]”表示B4单元格的公式引用了同一行的商品编号列的值，其中“@”表示当前行，“[]”是列名的定界符号。

步骤9：参照表4-1输入E列和F列的期初结存数量和期初单位成本。

表4-1 期初结存数量和期初单位成本

商品编号	期初结存数量	期初单位成本
CL01	22	2 300
CL02	20	1 100
CL03	21	238
CL04	20	550
CL05	26	846
CL06	23	1 480
CP01	55	4 520
CP02	38	3 800

步骤 10：输入 G4 单元格的公式。

在 G4 单元格中输入公式："=[@期初结存数量]*[@期初单位成本]"。

输入本步骤的公式时，可先在 G4 单元格中输入=，然后单击 E4 单元格，接着输入*，再单击 F4 单元格，最后按回车键确认公式输入，或者单击编辑栏左侧命令按钮区的✓确认公式输入。

步骤 11：输入 H4 单元格的公式。

选中 H4 单元格，单击【公式】|【插入函数】，在"插入函数"对话框中选择"SUMIF 函数"，单击"确定"按钮进入"函数参数"对话框。SUMIF 函数参数设置如下：

单击"Range"右侧的按钮，选择工作表"商品出入库表"的区域 E4:E25，再单击按钮返回"函数参数"对话框。

单击"Criteria"右侧的按钮，选择工作表"期末库存汇总表"的单元格 A4，再单击按钮返回"函数参数"对话框。

单击"Sum_range"右侧的按钮，选择工作表"商品出入库表"的区域 J4:J25，再单击按钮返回"函数参数"对话框。

上述参数设置的结果如图 4-43 所示，单击"确定"按钮完成公式输入。

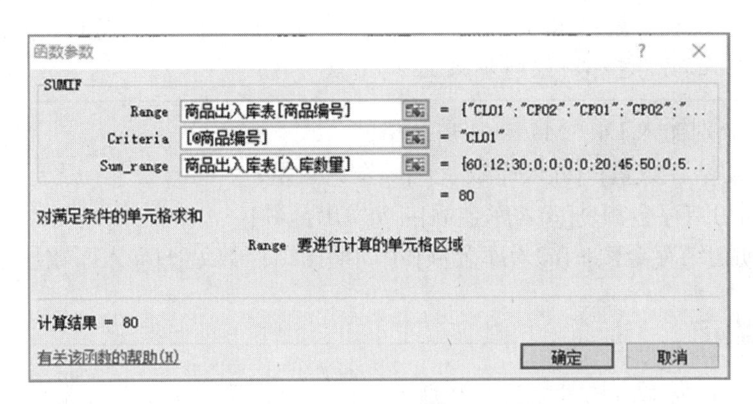

图 4-43　SUMIF 函数参数的设置

温馨提示

此时，在 H4 单元格的编辑栏中显示公式："=SUMIF(商品出入库表[商品编号],[@商品编号],商品出入库表[入库数量])。"此公式的含义是：若"商品出入库表"的"[商品编号]"列中，某单元格值等于当前行的"商品编号"列的值"CL01"（[@商品编号]的值，也就是单元格 A4 的值），则将该单元格所在行的[入库数量]单元格的值纳入求和范围。简单地说，就是根据"商品出入库表"的明细记录汇总计算"CL01"的入库总数量。

做中学

定义了 Excel 表格后，引用表格中某列数据可以写成：表格名[列名]。步骤 11 中"商品出入库表[商品编号]"表示引用"商品出入库表"的"[商品编号]"列的数据。

步骤 12：同步骤 11，分别输入 I4、J4、K4 单元格的公式。

I4 =SUMIF（商品出入库表[商品编号],[@商品编号],商品出入库表[入库金额]）

J4 =SUMIF（商品出入库表[商品编号],[@商品编号],商品出入库表[发出数量]）

K4 =SUMIF（商品出入库表[商品编号],[@商品编号],商品出入库表[发出金额]）

做中学

SUMIF 函数是 Excel 2007 版本以后新增的函数，功能十分强大，实用性很强，SUMIF 函数的功能是对区域（区域：工作表上的两个或多个单元格，区域中的单元格可以相邻或不相邻）中符合指定条件的值求和。例如，假设区域 B2:B25 中各单元格均是数字，现需要将该区域中大于 5 的数值相加，则可以使用以下公式：

=SUMIF(B2:B25,">5")

此例中，B2:B25 是条件区域，">5"是指定的求和条件，公式的含义是对区域 B2:B25 中满足">5"的值进行求和，此例中，应用条件的单元格即要求和的单元格。

如果需要，还可以在 SUMIF 函数中将条件应用于某个单元格区域，但对另一个单元格区域中的对应值求和。例如，使用公式“=SUMIF(B2:B5, "John", C2:C5)”时，该函数仅对单元格区域 C2:C5 中与单元格区域 B2:B5 中等于“John”的单元格对应的单元格值求和。这种用法同步骤 12 的用法一致。

步骤 13：分别输入 L4、M4、N4 单元格的公式。

L4 =[@期初结存数量]+[@入库数量]–[@发出数量]

M4 =[@期初结存金额]+[@入库金额]–[@发出金额]

N4 =([@期初结存金额]+[@入库金额])/([@期初结存数量]+[@入库数量])

温馨提示

会计中存货成本的核算方法有个别计价法、加权平均法、先进先出法等。加权平均法有月加权平均法（也叫全月一次加权平均法、月末一次加权平均法）和移动加权平均法。本任务中存货成本核算采用的是月加权平均法，其存货单位成本计算方法为：

存货单位成本=[月初库存存货的实际成本+(本月各批进货的实际单位成本*本月各批进货的数量)]/（月初库存存货数量+本月各批进货数量）

有兴趣的读者可自行参考相应资料了解相关内容。

步骤 14： 设置 Excel 表格的汇总行。

选择区域“期末库存汇总表”的任一单元格区域，勾选【表格工具】|【设计】|【表格样式选项】组中的☑ 汇总行，可在区域“期末库存汇总表”的最后添加“汇总行”。

默认情况下，汇总行的最右侧单元格将显示对应列的“求和”结果。选中“汇总行”中的任一单元格，单击该单元格右侧的下拉箭头▼，打开如图 4-44 所示的下拉菜单，可从中选择需要的计算方式。

分别设置“汇总行”的“期初结存数量”、“期初结存金额”、“入库数量”、“入库金额”、“发出数量”、“发出金额”、“结存数量”、“结存金额”的汇总方式为“求和”，将系统默认添加的“期末单位成本”的“汇总行”的汇总方式设置为：无。

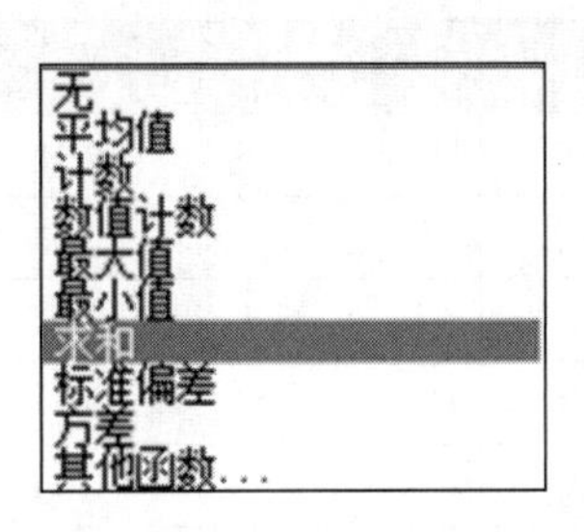

图 4-44　汇总方式选项

做中学

本步骤中“汇总行”求和使用的函数为 SUBTOTAL()。

一般地，用户在进行简单的数据计算时，经常会使用 SUM（求和）函数、AVERAGE（平均值）函数、MAX（最大值）函数、MIN（最小值）函数等，这些函数的计算方法非常简单，如图 4-45 所示的成绩表数据，若要计算成绩表中的各项数据，可以在相应单元格中输入公式，例如：B5=SUM(B2:B4)，B6=AVERAGE(B2:B4)，B7=MAX(B2:B4)，B8=MIN(B2:B4)，其他单元格的公式直接用填充柄填充即可。

	A	B	C
1	姓名	语文	数学
2	张三	86	78
3	李四	78	76
4	王五	88	80
5	总分		
6	平均分		
7	最高分		
8	最低分		

图 4-45　成绩表

而在本步骤中，在“汇总行”进行了求和计算，从图 4-44 中可以看出，“汇总行”的计算还可以进行“平均值”、“计数”、“最大值”、“最小值”等计算。观察“汇总行”使用的函数，却并不是常见的 SUM()、AVERAGE()、MAX()、MIN()、COUNT()等函数，而是一个不太常见的函数 SUBTOTAL()。在 Excel 的分类汇总中（此内容的学习见任务四），SUBTOTAL 函数用来返回列表或数据库中的分类汇总结果，SUBTOTAL 函数是 Excel 中唯一能统计用户可见单元格的函数。在实际工作中，用户经常会对数据进行筛选，若想实现汇总结果随着筛选结果的变化而变化，就非 SUBTOTAL 函数莫属了。

SUBTOTAL 函数的语法如下：

SUBTOTAL(function_num,ref1,[ref2],...])

其中：

（1）function_num 参数为必需。其值可取 1~11（计算时包含隐藏的单元格值）或 101~111（计算时忽略隐藏的单元格值）之间的数字，如表 4-2 所示，function_num 参数用于指定使用何种函数在列表中进行分类汇总计算。

表 4-2 function_num 参数取值列表

function_num（包含隐藏值）	function_num（忽略隐藏值）	函数
1	101	AVERAGE
2	102	COUNT
3	103	COUNTA
4	104	MAX
5	105	MIN
6	106	PRODUCT
7	107	STDEV
8	108	STDEVP
9	109	SUM
10	110	VAR
11	111	VARP

（2）Ref1 参数为必需。表示汇总计算的第一个命名区域或引用。

（3）Ref2,...为可选参数。表示进行汇总计算的第 2~254 个命名区域或引用。

下面先使用包含隐藏值的 SUBTOTAL 函数，完成成绩表各项统计数据的计算。将如图 4-45 所示的成绩表复制到区域 E1:G8 区域中，在相应单元格中输入下面的公式：

F5=SUBTOTAL(9,F2:F4)，F6=SUBTOTAL(1,F2:F4)，F7=SUBTOTAL(4,F2:F4)，F8=SUBTOTAL(5,F2:F4)，其他单元格的公式直接用填充柄填充即可。计算结果如图 4-46 所示。

再将如图 4-45 所示的成绩表复制到区域 I1:K8 区域中，使用忽略隐藏值的 SUBTOTAL 函数，完成成绩表各项统计数据的计算，在相应单元格中输入下面的公式：J5=SUBTOTAL(109,J2:J4)，J6=SUBTOTAL(101,J2:J4)，J7=SUBTOTAL(104,J2:J4)，J8=SUBTOTAL(105,J2:J4)，其他单元格的公式直接用填充柄填充即可。计算结果如图 4-46 所示。

	A	B	C	D	E	F	G	H	I	J	K
1	姓名	语文	数学		姓名	语文	数学		姓名	语文	数学
2	张三	86	78		张三	86	78		张三	86	78
3	李四	78	76		李四	78	76		李四	78	76
4	王五	88	80		王五	88	80		王五	88	80
5	总分	252	234		总分	252	234		总分	252	234
6	平均分	84	78		平均分	84	78		平均分	84	78
7	最高分	88	80		最高分	88	80		最高分	88	80
8	最低分	78	76		最低分	78	76		最低分	78	76
9	SUM、AVERAGE、MAX、MIN函数				包含隐藏值的SUBTOTAL函数				忽略隐藏值的SUBTOTAL函数		

图 4-46 未隐藏行之前的三种方式计算结果比较

下面对成绩表进行数据隐藏，隐藏可以使用筛选功能，也可以手动隐藏。这里使用手动隐藏，单击行标“3”选中第 3 行，再单击【开始】|【单元格】|【格式】命令，在打开的下拉菜单中选择“隐藏和取消隐藏”下的“隐藏行”，如图 4-47 所示，将第 3 行隐藏。

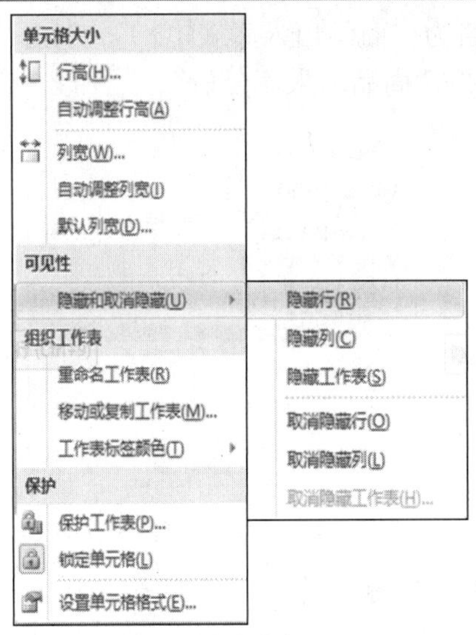

图 4-47　隐藏行

观察图 4-48 所示的成绩表计算结果，可以看到，包含隐藏值的 SUBTOTAL 函数的计算结果与普通的 SUM、AVERAGE、MAX、MIN 等函数的计算结果一致，而忽略隐藏值的 SUBTOTAL 函数的计算结果中却自动忽略被隐藏的第 3 行数据，即第 3 行数据未参与计算。

	A	B	C	D	E	F	G	H	I	J	K
1	姓名	语文	数学		姓名	语文	数学		姓名	语文	数学
2	张三	86	78		张三	86	78		张三	86	78
4	王五	88	80		王五	88	80		王五	88	80
5	总分	252	234		总分	252	234		总分	174	158
6	平均分	84	78		平均分	84	78		平均分	87	79
7	最高分	88	80		最高分	88	80		最高分	88	80
8	最低分	78	76		最低分	78	76		最低分	86	78
9	SUM、AVERAGE、MAX、MIN函数				包含隐藏值的SUBTOTAL函数				忽略隐藏值的SUBTOTAL函数		

图 4-48　隐藏行之后的三种方式计算结果比较

任务四　分析公司出入库业务

【任务引例】

由于市场分析、市场预测、成本分析、商品定价等相关业务的需要，众惠电脑官方旗舰店需要对商品出入库业务数据进行排序、筛选、汇总等相关操作，从而更加及时准确地掌握商品出入库数据的动态变化，有助于采购入库计划的制订及销售方案的调整。

【业务操作】

步骤 1：复制工作表。

右键单击“商品出入库表”工作表的标签，在弹出的快捷菜单中单击【移动或复制】命令，打开“移动或复制工作表”对话框，在对话框中选择“(移至最后)”，选中“建立副本”，如图 4-49 所示，单击“确定”按钮。“商品出入库表”工作表被复制到最后一张新工作表，并被 Excel 命名为“商品出入库表（2）”。双击“商品出入库表（2）”工作表标签，将该工作表重命名为“商品出入库分析”。

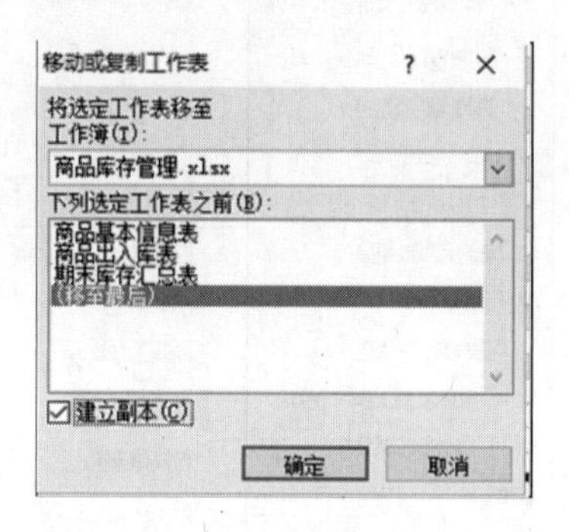

图 4-49 移动或复制工作表

步骤 2：将表转换为普通区域。

在“商品出入库分析”工作表中，选中 Excel 表格的任一单元格区域后，单击【表格工具】|【设计】|【工具】中的“转换为区域”，在打开的“是否将表转换为普通区域”对话框中，单击按钮“是(Y)”。

步骤 3：单关键字排序。

在“商品出入库分析”工作表中，选中区域 A3:O25，单击【开始】|【单元格】|【格式】，在下拉菜单中选择“自动调整列宽”。

单击【数据】|【排序和筛选】组中的“排序”命令，在打开的“排序”对话框中，设置“列”下的“主要关键字”为“出入库单号”，排序依据和次序不变，如图 4-50 所示，单击“确定”按钮后，即可将记录按入库和出库区分开来。

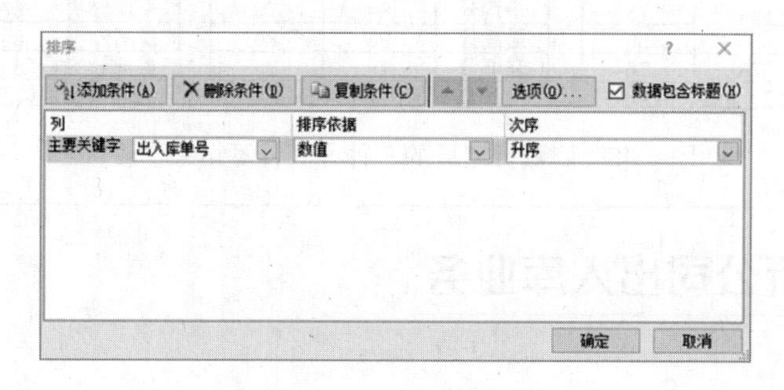

图 4-50 排序设置

步骤 4：多关键字排序。

在“商品出入库分析”工作表中，选中区域 A3:O25，打开“排序”对话框，设置“列”下的“主要关键字”为“出入库单号”，排序依据和次序不变；单击对话框中的“添加条件”，添加排序次要关键字，设置“次要关键字”为“出入库日期”，排序依据和次序不变；如图 4-51 所示，单击“确定”按钮，即可将记录先按照主要关键字“出入库单号”的升序排序，若某些记录“出入库单号”的值相同（同批入库），则这些记录再按照次要关键字“出入库日期”的升序进行排序。最终的排序结果可供用户按单号顺序查看每日的出入库记录。

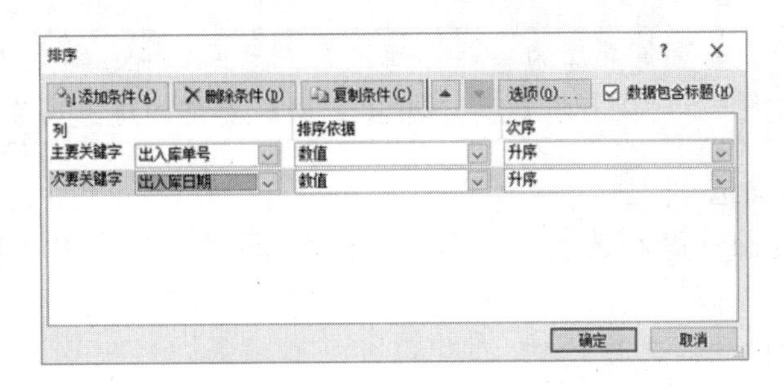

图 4-51 多列排序设置

步骤 5：对所选单元格启用筛选。

在“商品出入库分析”工作表中，选择区域 A3:O25，单击【数据】|【排序和筛选】组的“筛选”命令，所选区域各列右侧出现下拉箭头，利用该箭头可以方便地实现记录的排序和筛选。

单击列“出入库日期”右侧的下拉箭头，在打开的下拉列表中单击“升序”，恢复初始的数据排序顺序。

步骤 6：选择列筛选器。

单击“仓库类别”列右侧的下拉箭头，在展开的列表中取消 “成品库”列的选中状态，如图 4-52 所示，单击“确定”按钮后，便可隐藏“成品库”的出入库记录，只查看“备件库”的出入库记录。此时“仓库类别”列右侧的下拉箭头变成，表示对此列做了筛选操作。

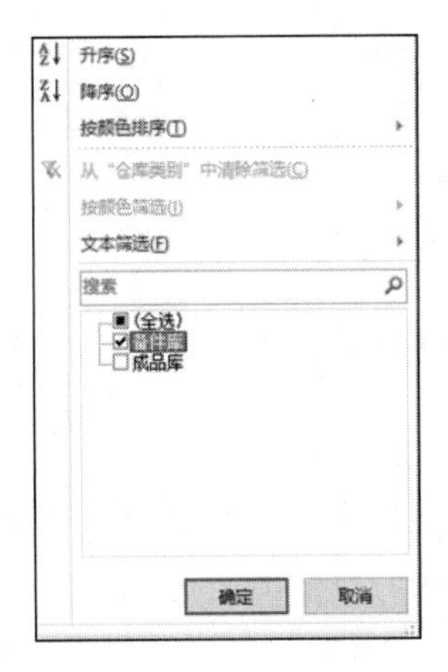

图 4-52 筛选设置

步骤 7：多条件自动筛选。

在步骤 6 的基础上，再单击“出入库类别”列右侧的下拉箭头，取消“备件出库”列的选中状态，单击“确定”按钮后，便可在步骤 6 显示“备件库”出入库记录的基础上，继续隐藏“备件出库”的记录，只显示“备件入库”的记录。

做中学

步骤 6 的筛选操作是在单个列上执行的筛选，而步骤 7 是在步骤 6 的筛选基础上，进一步对“出入库类别”列进行了筛选。步骤 6 和步骤 7 筛选结果的含义是：

在商品出入库表中，查看备件库的备件入库记录，因此，筛选条件“仓库类别=备件库”和“出入库类别=备件入库”这两个条件是同时满足的筛选关系。

步骤 8：取消列筛选。

单击【数据】|【排序和筛选】组的 清除 命令，取消上述步骤对数据的筛选操作，显示出全部数据。

步骤 9：自定义自动筛选方式。

单击“入库数量”列右侧的下拉箭头，在展开的列表中单击【数字筛选】|【介于】命令，如图 4-53 所示，打开“自定义自动筛选方式”对话框。在该对话框中设置入库数量大于或等于 30，并且小于或等于 50，如图 4-54 所示，单击“确定”按钮后，筛选出满足“30≤入库数量 AND 入库数量≥50”的出入库记录。

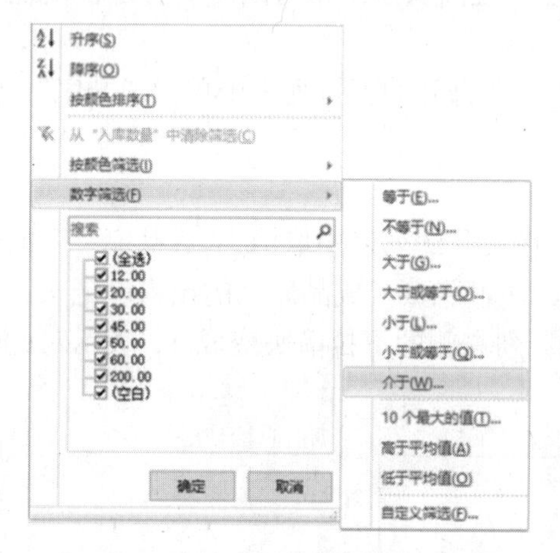

图 4-53 筛选菜单

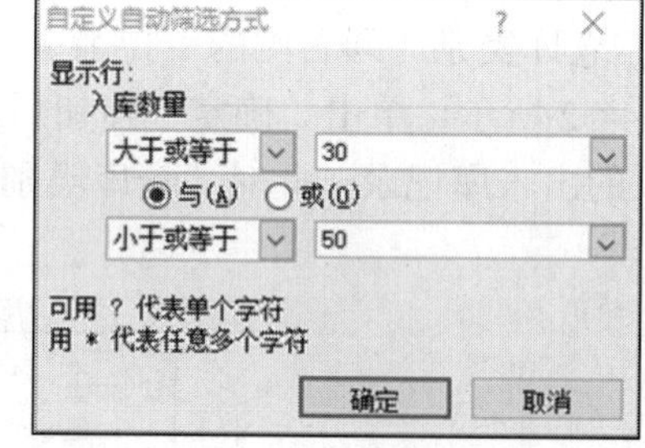

图 4-54 自定义筛选

步骤 10：清除对数据的筛选。

单击【数据】|【排序和筛选】组的 清除 命令，取消上述步骤对数据的筛选操作，显示出全部数据。

步骤 11：自定义自动筛选方式。

单击“入库数量”列右侧的下拉箭头，在展开的列表中单击【数字筛选】|【大于】命令，打开“自定义自动筛选方式”对话框，在该对话框中设置入库数量大于 100，或者小于 20，如图 4-55 所示，单击“确定”按钮后，筛选出满足“入库数量<20”或“入库数量>100”的出入库记录。

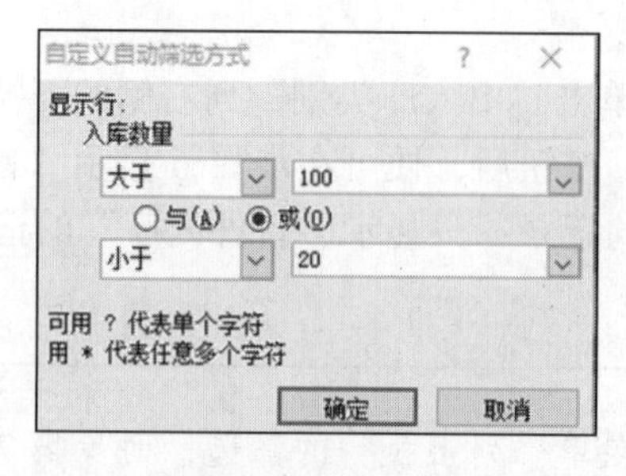

图 4-55 自定义筛选

步骤 12：取消自动筛选。

在“商品出入库分析”工作表中，选中任一单元格，单击【数据】|【排序和筛选】组的“筛选”命令，使该命令按钮处于弹起状态时，即可取消“商品出入库分析”工作表的自动筛选设置。

步骤 13：单等值条件高级筛选。

将 F3 单元格复制到 F30 单元格。

在 F31 单元格中输入：“'=备件库”，如图 4-56 所示。

选择区域 A3:O25，单击【数据】|【排序和筛选】组的 高级 命令，在打开的“高级筛选”对话框中，设置“列表区域”为：$A$3:$O$25，设置“条件区域”为：$F$30:$F$31，其他设置保持系统默认，如图 4-57 所示，单击“确定”按钮后，在原有数据区域上筛选出“仓库类别”等于“备件库”的所有记录。

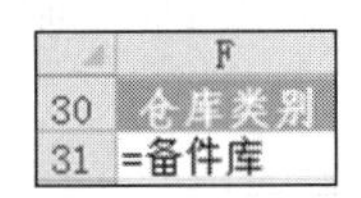

	F
30	仓库类别
31	=备件库

图 4-56　筛选条件

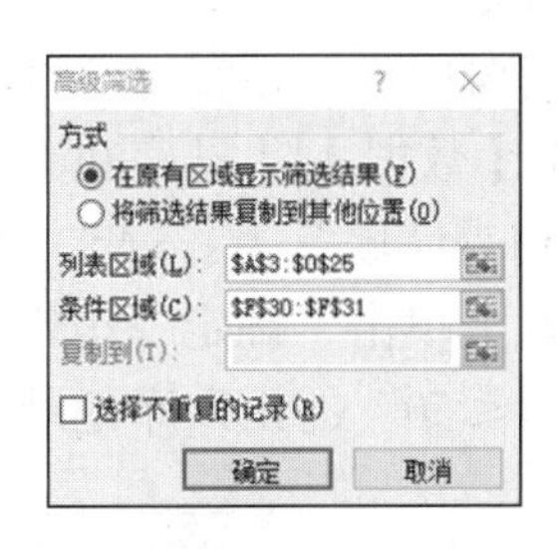

图 4-57　高级筛选设置

温馨提示

步骤 13 的筛选条件是等值筛选，等值筛选条件的输入可以省略等号，因此在 F31 单元格中的条件也可输入：“备件库”。

在 F31 单元格中输入筛选条件“'=备件库”时，注意=前的'，'符号表示该单元格输入的是文本，而不是以等号开头的公式。

步骤 13 与步骤 6 实现的功能相同。

步骤 14：清除对数据的筛选。

单击【数据】|【排序和筛选】组的 清除 命令，取消上述步骤对数据的筛选操作，显示出全部数据。

步骤 15：多个同时成立的等值条件高级筛选。

将 C3 单元格复制到 G30 单元格，在 G31 单元格中输入：备件入库，如图 4-58 所示。选择区域 A3:O25，单击【数据】|【排序和筛选】组的 高级 命令，在打开的“高级筛选”对话框中，设置“列表区域”为：$A$3:$O$25，设置“条件区域”为：$F$30:$G$31，其他设置保持系统默认，单击“确定”按钮后，在原有数据区域上筛选出“仓库类别”等于“备件库”，同时“出入库类别”等于“备件入库”的所有记录。

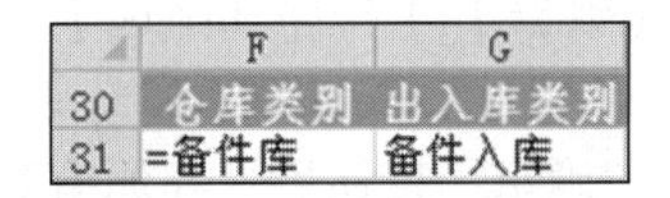

	F	G
30	仓库类别	出入库类别
31	=备件库	备件入库

图 4-58　筛选条件

温馨提示

步骤 15 与步骤 6~7 实现的功能相同。

步骤 16：清除对数据的筛选。

选中区域 F30:G31，单击【开始】|【编辑】|【清除】下拉菜单中的“全部清除”，清除所选区域的全部内容。

单击【数据】|【排序和筛选】组的 清除 命令，取消上述步骤对数据的筛选操作，显示出全部数据。

步骤 17：多个同时成立的非等值条件高级筛选。

选中区域 A30:B30，从键盘输入：入库数量，按 Ctrl+回车键，则可快速在区域 A30:B30 中同时输入“入库数量”。

在 A31 单元格中输入：>=30，在 B31 单元格中输入：<=50，如图 4-59 所示。选择区域 A3:O25，单击【数据】|【排序和筛选】组的 高级 命令，在打开的“高级筛选”对话框中，设置“列表区域”为：$A$3:$O$25，设置“条件区域”为：$A30:$B31，其他设置保持系统默认，单击“确定”按钮后，在原有数据区域上筛选出满足“30≤入库数量”和“入库数量≤50”的出入库记录。

	A	B
30	入库数量	入库数量
31	>=30	<=50

图 4-59　筛选条件

温馨提示

步骤 17 与步骤 9 实现的功能相同。

步骤 18：清除对数据的筛选。

单击【数据】|【排序和筛选】组的 清除 命令，取消上述步骤对数据的筛选操作，显示出全部数据。

步骤 19：多个非同时成立的、非等值条件高级筛选。

修改 A31 单元格的筛选条件为：<20，删除 B31 单元格的筛选条件，在 B32 单元格中输入筛选条件：>100，如图 4-60 所示。

	A	B
30	入库数量	入库数量
31	<20	
32		>100

图 4-60　筛选条件

选择区域 A3:O25，单击【数据】|【排序和筛选】组的 高级 命令，在打开的“高级筛选”对话框中，设置“列表区域”为：$A$3:$O$25，设置“条件区域”为：$A30:$B32，其他设置保持系统默认，单击“确定”按钮后，在原有数据区域上筛选出满足“入库数量<20”或“入库数量>100”的出入库记录。

温馨提示

步骤 19 与步骤 10 实现的功能相同。

步骤 20：清除对数据的筛选。

单击【数据】|【排序和筛选】组的 清除 命令，取消上述步骤对数据的筛选操作，显示出全部数据。

选中区域 A30:B32，按 Delete 键，删除筛选条件。

步骤 21：多个非同时成立的、非等值条件高级筛选。

按照图 4-61 所示，在区域 A30:B32 单元格中输入筛选条件。选择区域 A3:O25，单击【数据】|【排序和筛选】组的 高级 命令，在打开的“高级筛选”对话框中，设置“列表区域”为：$A$3:$O$25，设置“条件区域”为：$A30:$B32，其他设置保持系统默认，单击“确定”按钮后，在原有数据区域上筛选出满足“入库数量>100”或“发出数量<10”的出入库记录。

	A	B
30	入库数量	发出数量
31	>100	
32		<10

图 4-61　筛选条件

温馨提示

步骤 21 已完成的筛选功能，利用自动筛选功能无法实现。

步骤 22：清除对数据的筛选。

删除区域 A30:B32 的内容，清除筛选结果，显示所有出入库记录。

步骤 23：利用自动筛选或者高级筛选将“备件入库”的数据筛选出来。

步骤 24：隐藏连续的多列。

单击列 A，按 Shift 键的同时再单击列 F，选中列区域 A:F，单击【开始】|【单元格】|【格式】，在打开的下拉菜单中选择“隐藏和取消隐藏”下的“隐藏列”，将 A~F 列的 6 个列全部隐藏。

步骤 25：隐藏不连续的多列。

选中列 H、列 I，按 Ctrl 键的同时再依次单击列 K、列 M、列 N 和列 O，将这 6 个列隐藏。隐藏后的效果如图 4-62 所示。

步骤 26：定位可见单元格。

选中区域 G3:L21，单击【开始】|【编辑】|【查找和选择】，在展开的下拉菜单中单击“定位条件”，打开“定位条件”对话框，选中单选按钮“可见单元格”，如图 4-63 所示，单击“确定”按钮。

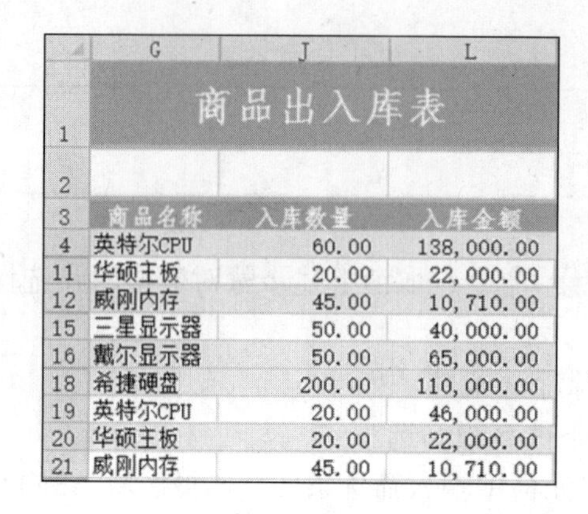

	G	J	L
1	商品出入库表		
2			
3	商品名称	入库数量	入库金额
4	英特尔CPU	60.00	138,000.00
11	华硕主板	20.00	22,000.00
12	威刚内存	45.00	10,710.00
15	三星显示器	50.00	40,000.00
16	戴尔显示器	50.00	65,000.00
18	希捷硬盘	200.00	110,000.00
19	英特尔CPU	20.00	46,000.00
20	华硕主板	20.00	22,000.00
21	威刚内存	45.00	10,710.00

图 4-62　隐藏列

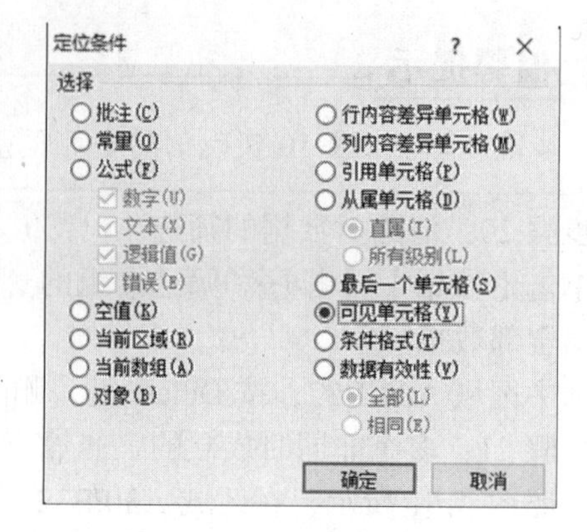

图 4-63　设置定位条件

步骤 27：复制可见单元格数据。

单击【开始】|【剪贴板】|【复制】，切换到新工作表中，选中 A2 单元格，单击【开始】|【剪贴板】|【粘贴】，将图 4-62 中的可见数据复制到新工作表中。

修改新工作表标签为“图表分析”。

给数据加上表格标题“备件入库分析”，设置标题在表格上方合并居中，并调整合适的表格列宽。

步骤 28：插入柱形图。

在“图表分析”工作表中，选中区域 A2:B11，单击【插入】|【图表】|【柱形图】命令，在下拉菜单中选择【二维柱形图】|【簇状柱形图】命令，如图 4-64 所示。

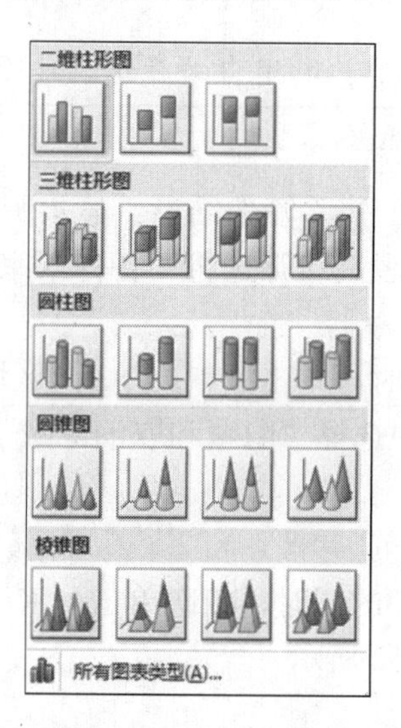

图 4-64　选择柱形图

步骤 29：编辑柱形图。

此时，当前工作表中出现了如图 4-65 所示的图形，功能区添加了【图表工具】功能。【图表工具】包含三个功能选项卡：设计、布局、格式。

单击【图表工具】|【设计】|【图表布局】组中的“布局 5”，修改图表标题为：备件入库数量分析，修改纵坐标为：入库数量。

单击【图表工具】|【布局】|【标签】组中的“坐标轴标题”命令，在下拉菜单中选择“主要横坐标轴标题”下的子菜单项“坐标轴下方标题”命令，为图表添加横坐标，设置横坐标标题为：商品名称。

单击【图表工具】|【布局】|【标签】组中的“图例”命令，在下拉菜单中选择“在右侧显示图例”命令。

在【图表工具】|【布局】|【属性】组中，设置“图表名称”为：备件入库数量分析。

把光标指向图表四个角中的任一角，当光标变成双向箭头，拖动光标调整图表对象的大小；用光标指向图表对象，当光标变成十字箭头，拖动光标移动图表到合适位置。

图表最终效果如图 4-66 所示。

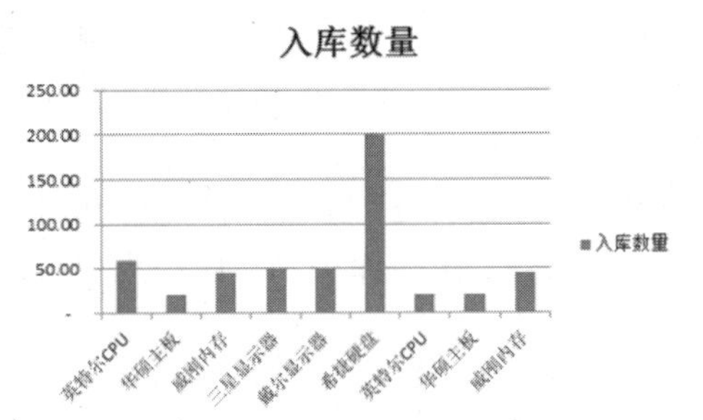

图 4-65 入库数量柱形图

备件入库数量分析

	英特尔CPU	华硕主板	威刚内存	三星显示器	戴尔显示器	希捷硬盘	英特尔CPU	华硕主板	威刚内存
入库数量	60.00	20.00	45.00	50.00	50.00	200.0	20.00	20.00	45.00

商品名称

图 4-66 备件入库数量柱形图最终效果

步骤 30：插入并编辑折线图。

选中区域 A2:A11，按 Ctrl 键的同时，再选择区域 C2:C11，单击【插入】|【图表】|【折线图】命令，在下拉菜单中选择“二维折线图”|“带数据标记的折线图”命令，生成相应的折线图。

单击【图表工具】|【设计】|【图表布局】组中的“布局 10”，修改图表的标题为：“备件入库金额分析”，修改纵坐标为：“入库金额”，修改横坐标为：“商品名称”。

单击【图表工具】|【布局】|【标签】组中的“数据标签”命令，在下拉菜单中选择“右”，在数据点右侧显示数据标签。

单击【图表工具】|【布局】|【坐标轴】组中的“坐标轴”命令，在下拉菜单中选择“主要纵坐标轴”下的子菜单项“显示千单位坐标轴”命令。

调整图表大小并拖放到合适的位置。图表最终效果如图 4-67 所示。

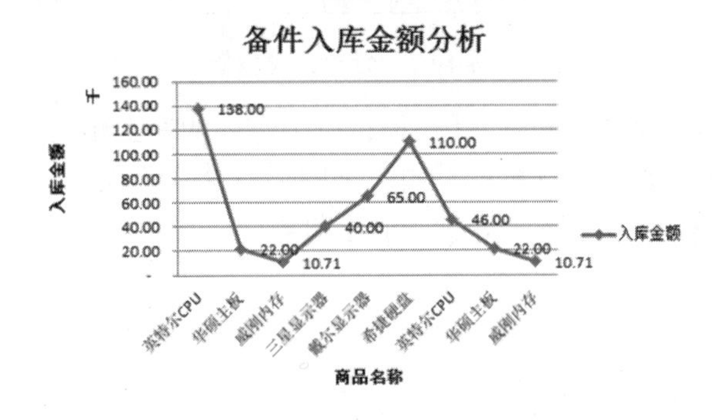

图 4-67 备件入库金额折线图最终效果

温馨提示

Excel 中的图表功能十分强大，读者可仔细查看【图表工具】的功能选项卡中的功能，多做练习，以掌握 Excel 中的图表功能。

步骤 31：取消工作表中的隐藏列，清除工作表的数据筛选。

在“商品出入库分析”工作表中，单击工作表左上角的 按钮（位于名称框下面），全选整个工作表。

单击【开始】|【单元格】|【格式】命令，在打开的下拉菜单中选择“隐藏和取消隐藏”中的“取消隐藏列”，将隐藏列显示出来。

单击【数据】|【排序和筛选】组中的“清除”命令，清除工作表的筛选设置，恢复显示所有数据。

步骤 32：对“商品出入库表”进行升序排序。

选中区域 A3:O25，单击【数据】|【排序和筛选】组中的“排序”命令，在打开的“排序”对话框中删除已经设置的排序关键字，重新以列“出入库类别”作为主要排序关键字，对“商品出入库表”进行升序排序。

步骤 33：对数据进行分类汇总。

选中区域 A3:O25，单击【数据】|【分组显示】|【分类汇总】命令，打开“分类汇总”对话框，设置“分类字段”为：“出入库类别”，“汇总方式”为：“求和”，在“选定汇总项”中勾选“入库数量”、“入库金额”、“发出数量”和“发出金额”；其他设置不变，如图 4-68 所示，单击“确定”按钮。

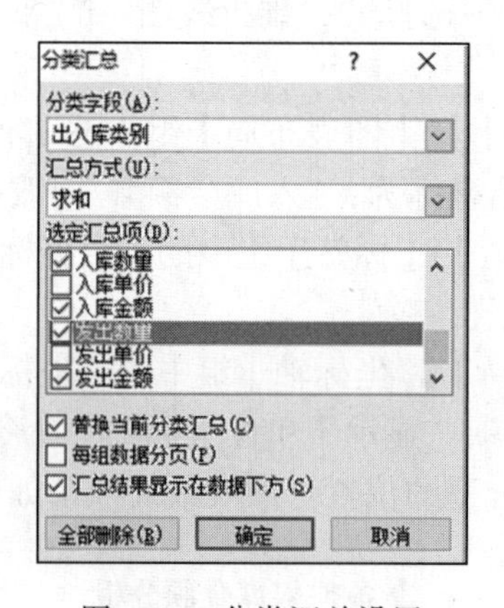

图 4-68　分类汇总设置

分类汇总结果如图 4-69 所示，可以看到在工作表的左上角显示了 1、2、3 三个显示级别按钮，单击不同的数字可以显示不同级别的汇总结果。单击“1”显示合计，单击“2”显示小计和合计，单击“3”显示明细、小计和合计。

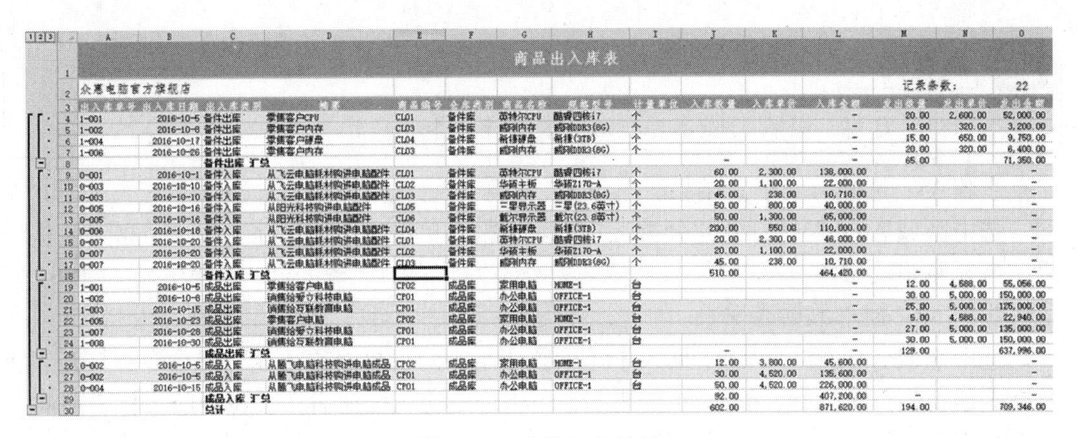

	A	B	C	D	E	F	G	H	I	J	K	L	M	N	O
1	商品出入库表														
2	众惠电脑官方旗舰店												记录条数：		22
3	出入库单号	出入库日期	出入库类别	摘要	商品编号	仓库类别	商品名称	规格型号	计量单位	入库数量	入库单价	入库金额	出库数量	出库单价	出库金额
4	1-001	2016-10-5	备件出库	零售客户CPU	CL01	备件库	英特尔CPU	酷睿四核i7	个			-	20.00	2,600.00	52,000.00
5	1-002	2016-10-8	备件出库	零售客户内存	CL03	备件库	威刚内存	威刚DDR3(8G)	个			-	10.00	320.00	3,200.00
6	1-004	2016-10-17	备件出库	零售客户硬盘	CL04	备件库	希捷硬盘	希捷(3TB)	个			-	15.00	650.00	9,750.00
7	1-006	2016-10-26	备件出库	零售客户内存	CL03	备件库	威刚内存	威刚DDR3(8G)	个			-	20.00	320.00	6,400.00
8			备件出库 汇总							-		-	65.00		71,350.00
9	0-001	2016-10-1	备件入库	从飞云电脑耗材购进电脑配件	CL01	备件库	英特尔CPU	酷睿四核i7	个	60.00	2,300.00	138,000.00			-
10	0-003	2016-10-10	备件入库	从飞云电脑耗材购进电脑配件	CL02	备件库	华硕主板	华硕Z170-A	个	20.00	1,100.00	22,000.00			-
11	0-003	2016-10-10	备件入库	从飞云电脑耗材购进电脑配件	CL03	备件库	威刚内存	威刚DDR3(8G)	个	45.00	238.00	10,710.00			-
12	0-005	2016-10-16	备件入库	从阳光科技购进电脑配件	CL05	备件库	三星显示器	三星(23.6英寸)	个	50.00	800.00	40,000.00			-
13	0-005	2016-10-16	备件入库	从阳光科技购进电脑配件	CL06	备件库	戴尔显示器	戴尔(23.8英寸)	个	50.00	1,300.00	65,000.00			-
14	0-006	2016-10-18	备件入库	从飞云电脑耗材购进电脑配件	CL04	备件库	希捷硬盘	希捷(3TB)	个	200.00	550.00	110,000.00			-
15	0-007	2016-10-20	备件入库	从飞云电脑耗材购进电脑配件	CL01	备件库	英特尔CPU	酷睿四核i7	个	20.00	2,300.00	46,000.00			-
16	0-007	2016-10-20	备件入库	从飞云电脑耗材购进电脑配件	CL02	备件库	华硕主板	华硕Z170-A	个	20.00	1,100.00	22,000.00			-
17	0-007	2016-10-20	备件入库	从飞云电脑耗材购进电脑配件	CL03	备件库	威刚内存	威刚DDR3(8G)	个	45.00	238.00	10,710.00			-
18			备件入库 汇总							510.00		464,420.00	-		-
19	1-001	2016-10-5	成品出库	零售给客户电脑	CP02	成品库	家用电脑	HOME-1	台			-	12.00	4,588.00	55,056.00
20	1-002	2016-10-8	成品出库	销售给爱宁科技电脑	CP01	成品库	办公电脑	OFFICE-1	台			-	30.00	5,000.00	150,000.00
21	1-003	2016-10-15	成品出库	销售给育新教育电脑	CP01	成品库	办公电脑	OFFICE-1	台			-	25.00	5,000.00	125,000.00
22	1-005	2016-10-23	成品出库	零售客户电脑	CP02	成品库	家用电脑	HOME-1	台			-	5.00	4,588.00	22,940.00
23	1-007	2016-10-28	成品出库	销售给爱宁科技电脑	CP01	成品库	办公电脑	OFFICE-1	台			-	27.00	5,000.00	135,000.00
24	1-008	2016-10-30	成品出库	销售给育新教育电脑	CP01	成品库	办公电脑	OFFICE-1	台			-	30.00	5,000.00	150,000.00
25			成品出库 汇总							-		-	129.00		637,996.00
26	0-002	2016-10-5	成品入库	从腾飞电脑科技购进电脑成品	CP02	成品库	家用电脑	HOME-1	台	12.00	3,800.00	45,600.00			-
27	0-002	2016-10-5	成品入库	从腾飞电脑科技购进电脑成品	CP01	成品库	办公电脑	OFFICE-1	台	30.00	4,520.00	135,600.00			-
28	0-004	2016-10-15	成品入库	从腾飞电脑科技购进电脑成品	CP01	成品库	办公电脑	OFFICE-1	台	50.00	4,520.00	226,000.00			-
29			成品入库 汇总							92.00		407,200.00	-		-
30			总计							602.00		871,620.00	194.00		709,346.00

图 4-69　分类汇总效果

步骤 34：在上一步分类汇总的基础上，进一步进行多级分类汇总。

选中区域 A3:O25，再次打开“分类汇总”对话框，设置“分类字段”仍然为“出入库类别”，设置“汇总方式”为：计数，在“选定汇总项”中仅勾选“商品名称”一项；取消勾选“替换当前分类汇总”选项，如图 4-70 所示，单击“确定”按钮。

分类汇总结果如图 4-71 所示，可以看到在工作表的左上角显示了 1、2、3、4 四个显示级别按钮，单击不同的数字可以显示不同级别的汇总结果。

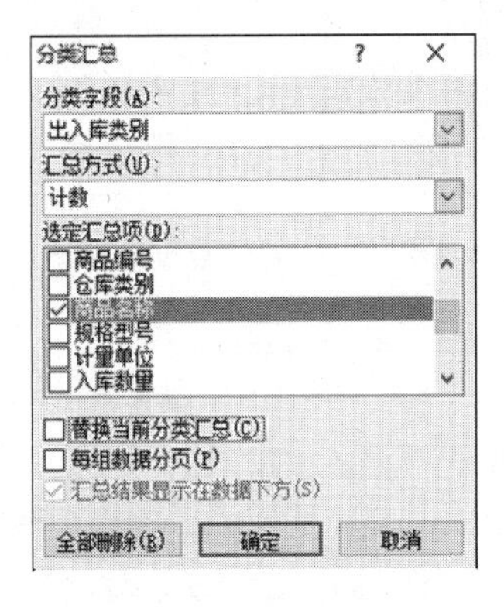

图 4-70　多级分类汇总

	A	B	C	D	E	F	G	H	I	J	K	L	M	N	O
1	商品出入库表														
2	众惠电脑官方旗舰店												记录条数：		22
3	出入库单号	出入库日期	出入库类别	摘要	商品编号	仓库类别	商品名称	规格型号	计量单位	入库数量	入库单价	入库金额	出库数量	出库单价	出库金额
4	1-001	2016-10-5	备件出库	零售客户CPU	CL01	备件库	英特尔CPU	酷睿四核i7	个			-	20.00	2,600.00	52,000.00
5	1-002	2016-10-8	备件出库	零售客户内存	CL03	备件库	威刚内存	威刚DDR3(8G)	个			-	10.00	320.00	3,200.00
6	1-004	2016-10-17	备件出库	零售客户硬盘	CL04	备件库	希捷硬盘	希捷(3TB)	个			-	15.00	650.00	9,750.00
7	1-006	2016-10-26	备件出库	零售客户内存	CL03	备件库	威刚内存	威刚DDR3(8G)	个			-	20.00	320.00	6,400.00
8			备件出库 计数				4								
9			备件出库 汇总							-		-	65.00		71,350.00
10	0-001	2016-10-1	备件入库	从飞云电脑耗材购进电脑配件	CL01	备件库	英特尔CPU	酷睿四核i7	个	60.00	2,300.00	138,000.00			-
11	0-003	2016-10-10	备件入库	从飞云电脑耗材购进电脑配件	CL02	备件库	华硕主板	华硕Z170-A	个	20.00	1,100.00	22,000.00			-
12	0-003	2016-10-10	备件入库	从飞云电脑耗材购进电脑配件	CL03	备件库	威刚内存	威刚DDR3(8G)	个	45.00	238.00	10,710.00			-
13	0-005	2016-10-16	备件入库	从阳光科技购进电脑配件	CL05	备件库	三星显示器	三星(23.6英寸)	个	50.00	800.00	40,000.00			-
14	0-005	2016-10-16	备件入库	从阳光科技购进电脑配件	CL06	备件库	戴尔显示器	戴尔(23.8英寸)	个	50.00	1,300.00	65,000.00			-
15	0-006	2016-10-18	备件入库	从飞云电脑耗材购进电脑配件	CL04	备件库	希捷硬盘	希捷(3TB)	个	200.00	550.00	110,000.00			-
16	0-007	2016-10-20	备件入库	从飞云电脑耗材购进电脑配件	CL01	备件库	英特尔CPU	酷睿四核i7	个	20.00	2,300.00	46,000.00			-
17	0-007	2016-10-20	备件入库	从飞云电脑耗材购进电脑配件	CL02	备件库	华硕主板	华硕Z170-A	个	20.00	1,100.00	22,000.00			-
18	0-007	2016-10-20	备件入库	从飞云电脑耗材购进电脑配件	CL03	备件库	威刚内存	威刚DDR3(8G)	个	45.00	238.00	10,710.00			-
19			备件入库 计数				9								
20			备件入库 汇总							510.00		464,420.00	-		-
21	1-001	2016-10-5	成品出库	零售给客户电脑	CP02	成品库	家用电脑	HOME-1	台			-	12.00	4,588.00	55,056.00
22	1-002	2016-10-8	成品出库	销售给爱宁科技电脑	CP01	成品库	办公电脑	OFFICE-1	台			-	30.00	5,000.00	150,000.00
23	1-003	2016-10-15	成品出库	销售给育新教育电脑	CP01	成品库	办公电脑	OFFICE-1	台			-	25.00	5,000.00	125,000.00
24	1-005	2016-10-23	成品出库	零售客户电脑	CP02	成品库	家用电脑	HOME-1	台			-	5.00	4,588.00	22,940.00
25	1-007	2016-10-28	成品出库	销售给爱宁科技电脑	CP01	成品库	办公电脑	OFFICE-1	台			-	27.00	5,000.00	135,000.00
26	1-008	2016-10-30	成品出库	销售给育新教育电脑	CP01	成品库	办公电脑	OFFICE-1	台			-	30.00	5,000.00	150,000.00
27			成品出库 计数				6								
28			成品出库 汇总							-		-	129.00		637,996.00
29	0-002	2016-10-5	成品入库	从腾飞电脑科技购进电脑成品	CP02	成品库	家用电脑	HOME-1	台	12.00	3,800.00	45,600.00			-
30	0-002	2016-10-5	成品入库	从腾飞电脑科技购进电脑成品	CP01	成品库	办公电脑	OFFICE-1	台	30.00	4,520.00	135,600.00			-
31	0-004	2016-10-15	成品入库	从腾飞电脑科技购进电脑成品	CP01	成品库	办公电脑	OFFICE-1	台	50.00	4,520.00	226,000.00			-
32			成品入库 计数				3								
33			成品入库 汇总							92.00		407,200.00	-		-
34			总计数				22								
35			总计							602.00		871,620.00	194.00		709,346.00

图 4-71　多级分类汇总效果

温馨提示

分类汇总前，必须先按分类的列对数据进行排序。

步骤 35：删除分类汇总结果。

选中区域 A3:O25，打开“分类汇总”对话框，单击“全部删除”命令，删除汇总结果，恢复原始数据。

步骤 36：插入数据透视表。

选中区域 A3:O25，单击【插入】|【表格】组中的“数据透视表”命令，打开“创建数据透视表”对话框，如图 4-72 所示，单击“确定”按钮后，会在当前工作表前插入一个新工作表，新工作表中显示空的数据透视表，如图 4-73 所示。

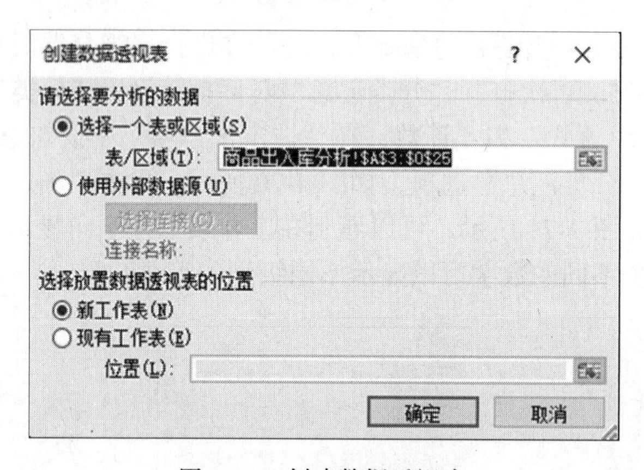

图 4-72　创建数据透视表

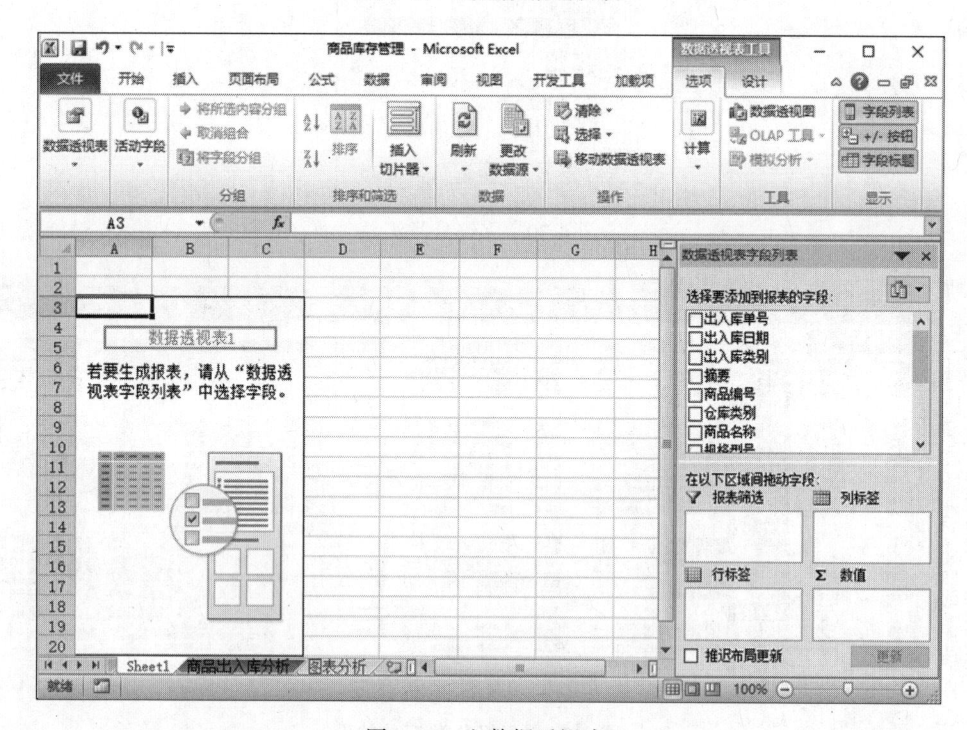

图 4-73　空数据透视表

步骤 37：编辑数据透视表。

修改新工作表名为“销售出库分析”。

在“数据透视表字段列表”任务窗格中，将“出入库类别”字段拖至“报表筛选”区域，将“商品名称”字段拖至“行标签”区域，将“发出数量”和“发出金额”字段拖至“数值”区域。

在“数值”区域中，单击字段右侧的下拉箭头，在展开的菜单中单击“值字段设置”命令， 如图 4-74 所示。在打开的“值字段设置”对话框中，可以修改值字段的“值汇总方式”，例如修改“发出数量”字段的汇总方式，如图 4-75 所示，修改完毕后单击“确定”按钮。

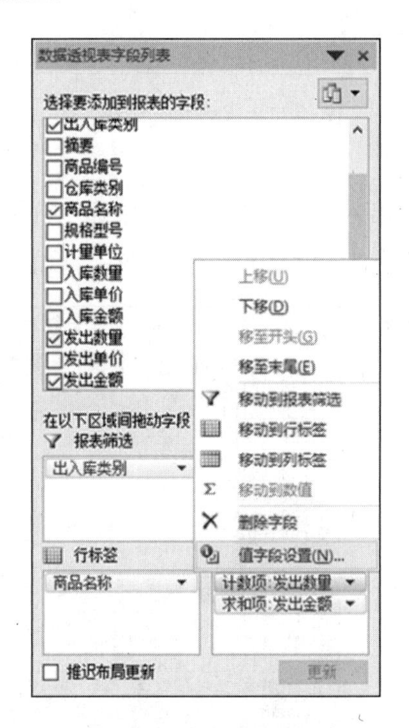

图 4-74 “数据透视表字段列表”任务窗格

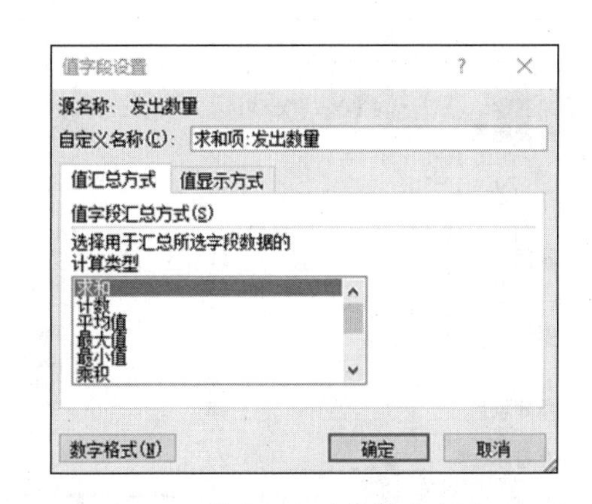

图 4-75 数据透视表的值字段设置

步骤 38：利用数据透视表筛选数据。

双击 A3 单元格的“行标签”，修改 A3 单元格的值为“商品名称”。

在【数据透视表工具】|【选项】|【数据透视表】组中，修改“数据透视表名称”为：商品销售出库分析。

单击 B1 单元格右侧的下拉箭头，在展开的菜单中勾选“选择多项”复选框，再勾选“备件出库”和“成品出库”字段，如图 4-76 所示，单击“确定”按钮。此时 B1 单元格的值改变为(多项)，透视表中的数据仅显示“备件出库”和“成品出库”的记录统计结果，如图 4-77 所示。

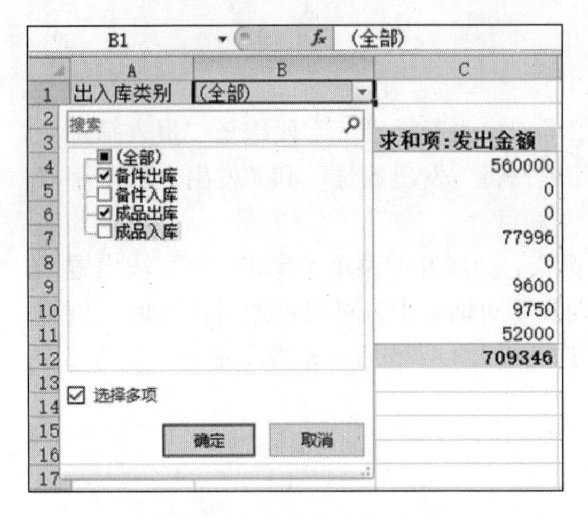

图 4-76 报表筛选条件设置

出入库类别	(多项)	
商品名称	求和项:发出数量	求和项:发出金额
办公电脑	112	560000
家用电脑	17	77996
威刚内存	30	9600
希捷硬盘	15	9750
英特尔CPU	20	52000
总计	194	709346

图 4-77 报表筛选结果

步骤 39：修改数据透视表。

在“数据透视表字段列表”任务窗格中，将“出入库日期”字段添加到“行标签”的“商品名称”字段下面，数据透视表自动更新如图 4-78 所示。

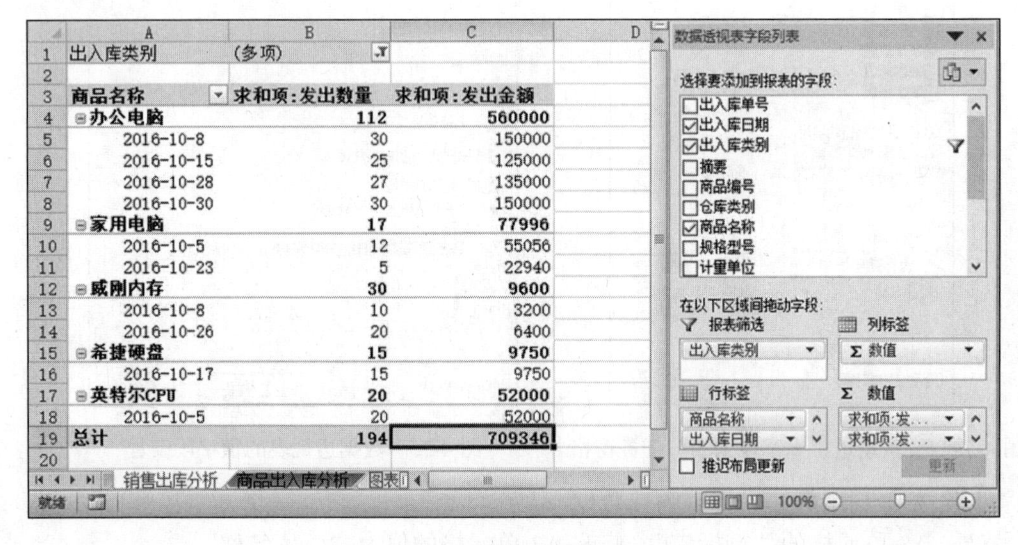

出入库类别	(多项)	
商品名称	求和项:发出数量	求和项:发出金额
⊟办公电脑	112	560000
2016-10-8	30	150000
2016-10-15	25	125000
2016-10-28	27	135000
2016-10-30	30	150000
⊟家用电脑	17	77996
2016-10-5	12	55056
2016-10-23	5	22940
⊟威刚内存	30	9600
2016-10-8	10	3200
2016-10-26	20	6400
⊟希捷硬盘	15	9750
2016-10-17	15	9750
⊟英特尔CPU	20	52000
2016-10-5	20	52000
总计	194	709346

图 4-78 自动更新的数据透视表

温馨提示

在默认情况下，数据透视表会自动随着添加字段或删除字段而更新，当源数据量较大时，操作会变得缓慢。可以在如图 4-78 所示的“数据透视表字段列表”任务窗格的底部勾选“推迟布局更新”选项，然后通过单击其右侧的“更新”按钮手动更新数据透视表。

步骤 40：利用数据透视表查看数据。

图 4-78 中，单击各商品名称左侧的⊟按钮，可折叠其下的明细数据，此时⊟按钮变成⊞，单击⊞按钮可展开其下的明细数据。单击 A3 单元格右侧的下拉箭头，可按照“商

品名称”对透视表数据进行排序或筛选。

步骤 41：在数据透视表中插入切片器。

光标置于透视表中，单击【数据透视表工具】|【选项】|【排序和筛选】组中的“插入切片器”命令，在打开的“插入切片器”对话框中，勾选“商品名称”，如图 4-79 所示，单击“确定”按钮后，插入“商品名称”切片器，如图 4-80 所示。

在图 4-80 中，单击某商品名称，数据透视表自动筛选出该商品的数据记录。如图 4-81 所示为在“商品名称”切片器中选择“办公电脑”后的显示结果。

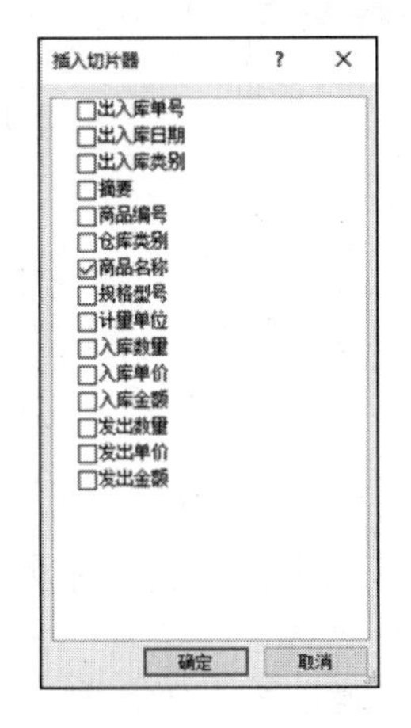

图 4-79　插入切片器

图 4-80　“商品名称”切片器

	A	B	C
1	出入库类别	(多项)	
2			
3	商品名称	求和项:发出数量	求和项:发出金额
4	⊟办公电脑	112	560000
5	2016-10-8	30	150000
6	2016-10-15	25	125000
7	2016-10-28	27	135000
8	2016-10-30	30	150000
9	总计	112	560000

商品名称：办公电脑、家用电脑、威刚内存、希捷硬盘、英特尔CPU、戴尔显示器、华硕主板、三星显示器

图 4-81　“办公电脑”的筛选结果

温馨提示

利用切片器筛选数据后，单击切片器右上角的“清除筛选器”按钮，可清除筛选结果，显示全部数据。

插入切片器后，在 Excel 的菜单中添加【切片器工具】|【选项】选项卡。利用该功能选项卡可对切片器进行相应的设置。

在“商品名称”切片器中，利用 Shift 键可选中连续的多个商品名称进行筛选，利用 Ctrl 键可选中不连续的多个商品名称进行筛选。

右击图 4-80 的“商品名称”切片器，在快捷菜单中选择 删除“商品名称”(V) 命令，可删除插入的切片器。

步骤 42：生成报表筛选页。

选中数据透视表的任一单元格区域，单击【数据透视表工具】|【选项】|【数据透视表】组中的“选项”命令右侧的下拉箭头，在展开的下拉菜单中单击“显示报表筛选页”命令，打开如图 4-82 所示的对话框，在对话框中单击“确定”按钮。此时，Excel 系统在当前“销售出库分析”工作表前插入两个新工作表：“备件出库”、“成品出库”。

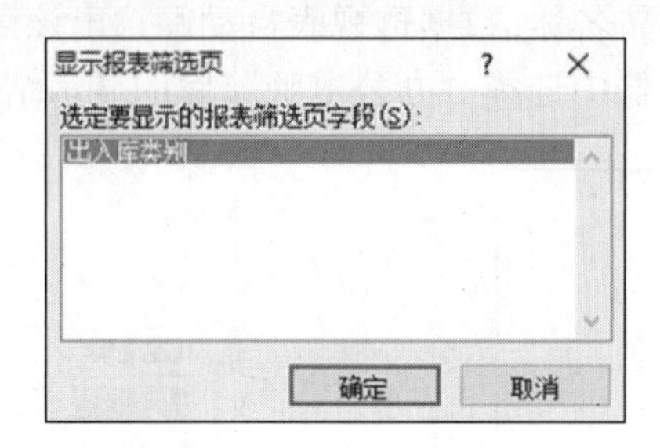

图 4-82　显示报表筛选页

温馨提示

新插入的工作表的数量由数据透视表中报表筛选字段“出入库类别”的筛选条件取值个数而定，新工作表的标签由数据透视表中报表筛选字段“出入库类别”的筛选条件取值而定。本步骤插入的两个新工作表标签分别为“备件出库”、“成品出库”，这是因为在步骤 38 中，为报表筛选字段“出入库类别”设置了两个筛选条件取值：“备件出库”、“成品出库”，如图 4-76 所示。其中，“备件出库”工作表中显示的内容如图 4-83 所示，“成品出库”工作表中显示的内容如图 4-84 所示。可以看出，“显示报表筛选页”功能是按照报表筛选条件将报表筛选结果自动放到对应该条件的工作表中。

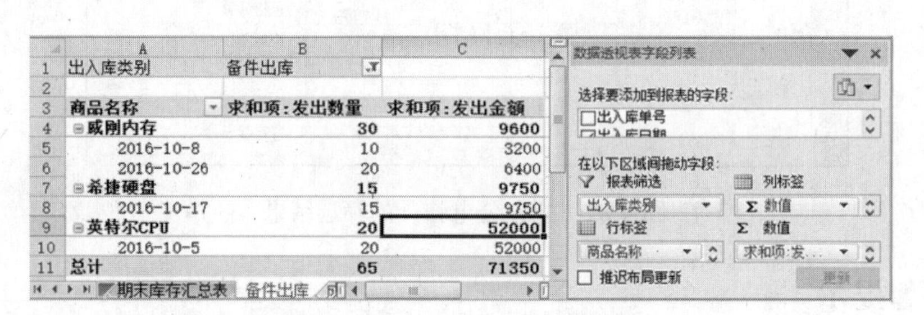

	A	B	C
1	出入库类别	备件出库	
2			
3	商品名称	求和项:发出数量	求和项:发出金额
4	威刚内存	30	9600
5	2016-10-8	10	3200
6	2016-10-26	20	6400
7	希捷硬盘	15	9750
8	2016-10-17	15	9750
9	英特尔CPU	20	52000
10	2016-10-5	20	52000
11	总计	65	71350

图 4-83　“备件出库”工作表

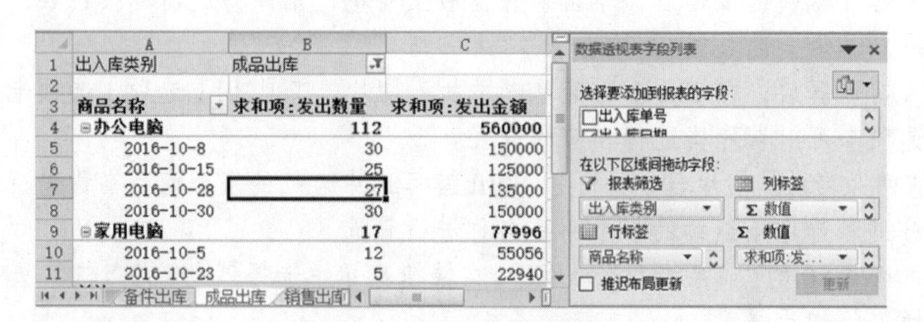

	A	B	C
1	出入库类别	成品出库	
2			
3	商品名称	求和项:发出数量	求和项:发出金额
4	办公电脑	112	560000
5	2016-10-8	30	150000
6	2016-10-15	25	125000
7	2016-10-28	27	135000
8	2016-10-30	30	150000
9	家用电脑	17	77996
10	2016-10-5	12	55056
11	2016-10-23	5	22940

图 4-84　“成品出库”工作表

步骤 43：设置条件格式。

在“备件出库”工作表中，将各商品的明细销售数据折叠起来，选中区域 B4:B6，单击【开始】|【样式】|【条件格式】命令，在展开的下拉菜单中选择“突出显示单元格规则”子菜单中的“大于”命令，如图 4-85 所示。在打开的“大于”对话框中设置单元格值大于 22 时，单元格格式为“浅红填充色深红色文本”，如图 4-86 所示，单击“确定”按钮。

选中区域 C4:C6，单击【开始】|【样式】|【条件格式】命令，在展开的下拉菜单中选择“数据条”子菜单中的“渐变填充”里的“绿色填充条”，如图 4-87 所示。

本步骤最终效果如图 4-88 所示。

图 4-85　条件格式——突出显示单元格规则

大于

为大于以下值的单元格设置格式:

22 设置为 浅红填充色深红色文本

确定 取消

图 4-86　条件格式设置——大于规则设置

图 4-87　条件格式——数据条设置

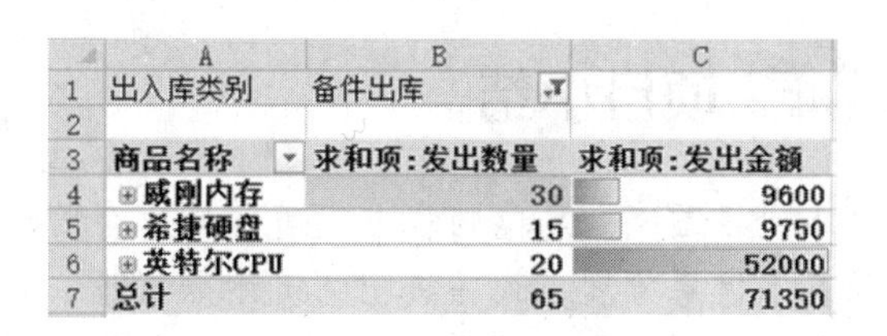

	A	B	C
1	出入库类别	备件出库	
2			
3	商品名称	求和项:发出数量	求和项:发出金额
4	⊞威刚内存	30	9600
5	⊞希捷硬盘	15	9750
6	⊞英特尔CPU	20	52000
7	总计	65	71350

图 4-88　条件格式设置效果

步骤 44：创建数据透视图。

在“成品出库”工作表中，光标选中数据透视表任一单元格区域，单击【数据透视表工具】|【选项】|【工具】组中的“数据透视图”命令，在打开的“插入图表”对话框

中选择“柱形图”中的“簇状柱形图”，单击“确定”按钮后，出现如图 4-89 所示的数据透视图，由于发出数量和发出金额不具备可比性，故须删除发出数量求和项，右键单击数据透视图中的 求和项:发出数量 ，在快捷菜单中选择“删除字段”，或者在“数据透视表字段列表”的“数值”区域中，将 求和项:发出数量 拖出数据透视表的区域。操作结果如图 4-90 所示。

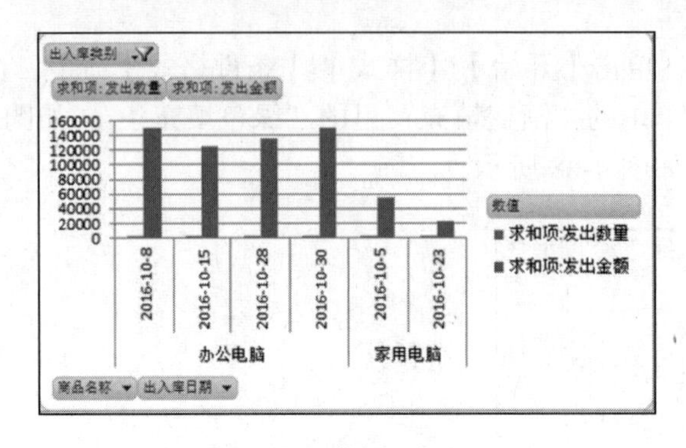

图 4-89　数据透视图

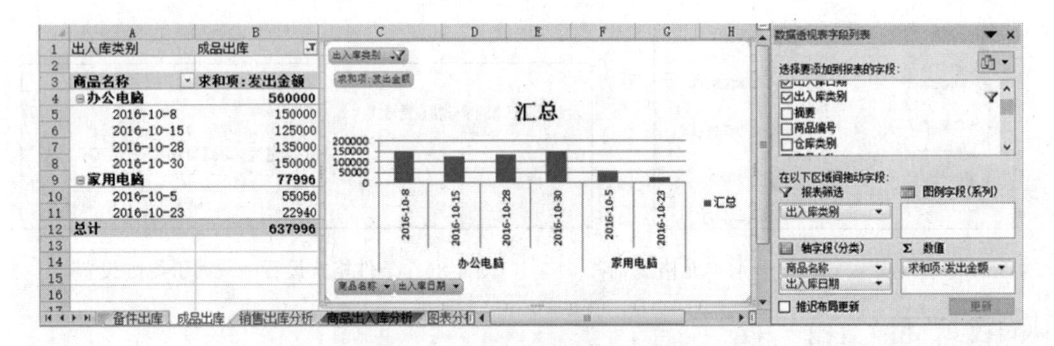

图 4-90　修改后的数据透视图

温馨提示

数据透视图也可以在选择数据源后，单击【插入】|【表格】组中的“数据透视表”命令，在展开的下拉菜单中单击“数据透视图”命令插入数据透视图。

项目小结

本项目围绕众惠电脑官方旗舰店的库存管理业务，使用 Excel 软件完成了该公司的商品基本信息管理、商品进出库流水账管理、库存汇总管理三个基本业务处理过程，并在此基础上，完成了销售情况统计与分析、商品库存明细账等数据分析的任务。项目的操作涵盖 Excel 软件的数据输入、排版、公式、函数、图表、数据分析与统计等常用功能。通过本项目的学习，读者能够熟练使用 Excel 软件完成日常工作的数据输入、处理、分析等任务。

习题与实训

1．按照下面的操作要求完成“电器类商品库存管理.xlsx”文件。

（1）新建一个工作簿，命名此文件为：“电器类商品库存管理.xlsx”。

（2）修改 sheet1 工作表名为“商品库存”。按照图 4-91 所示输入表格数据，并完成下面的操作。

商品库存						
						元
商品编码	商品名称	型号规格	供应商	库存数量	单价	库存金额
090001	冰箱	1-HR29	海尔	50	3,500.00	
090002	音响	3-XH5218	欧亚	100	2,100.00	
090003	洗衣机	4-XTE54	新世界	20	2,600.00	
090004	电视	2-TCL60	TCL	32	5,300.00	
合计						

图 4-91 商品库存表

- 第一行：标题设置为黑体，大小为 20，在表格上方合并居中，设置填充色（颜色自定）。
- 第二行：合并单元格并设置右对齐，设置字体大小为 16。
- 输入表格中的数据，字体大小为 16。列标题居中，商品编码为文本型，单价、库存金额两列的小数位数为两位。单价、库存金额的数值设置千分位分隔符。
- 计算各库存商品的库存金额，计算结果设置小数位数为 2 位、千分位分隔符。
- 合计行的库存金额由 SUM 函数计算得到，并设置小数位数为 2 位、千分位分隔符。为合计行设置填充色，颜色自定。

（3）修改 sheet2 工作表名为“产品销售业务”，按照图 4-92 输入表格的列标题，如图 4-93 所示输入业务日期、摘要、客户、商品编码、销售数量和实收货款等信息，并进行适当的排版，然后完成下面的操作。

业务日期	摘要	客户	商品编码	商品名称	型号规格	供应商	销售数量	销售单价	应收货款	实收货款	应收账款余额

图 4-92 产品销售业务表的列标题

业务日期	摘要	客户	商品编码	商品名称	型号规格	供应商	销售数量	销售单价	应收货款	实收货款	应收账款余额
9月4日	销售	利新公司	090001				12			42,000	
9月4日	销售	利新公司	090002				15			31,500	
9月5日	销售	科技公司	090001				2			3,000	
9月5日	销售	科技公司	090002				6			1,000	
9月8日	销售	利新公司	090003				11				
9月8日	销售	科技公司	090003				5				
9月10日	销售	伟业公司	090004				9			47,700	
9月12日	销售	零售	090002				2				
9月12日	零售	伟业公司	090001				3			6,000	
9月12日	零售	零售	090002				7			10,000	

图 4-93 产品销售业务表的数据

- 利用 VLOOKUP 函数从“商品库存”工作表中取得商品名称、型号规格、供应商、销售单价这几个列的信息。
- 利用公式计算应收货款、应收账款余额。

- 将结清货款的单元格设置为绿色背景，即应收账款余额为 0，则设置条件格式为绿色填充背景。

（4）按照下面的操作要求对工作表“产品销售业务”进行统计计算。

- 将工作表“产品销售业务”复制到新的工作表，并将新工作表命名为“销售业务统计分析 1”。在“销售业务统计分析 1”中，利用分类汇总功能统计各商品的销售数量、应收货款总计，并将分类汇总的结果制作成条形图，自行设置排版成良好的图表格式。
- 将表格“产品销售业务”复制到新的工作表，并将新工作表命名为“销售业务统计分析 2”。在“销售业务统计分析 2”中，利用自动筛选功能筛选出应收货款超过 10000 元的行。
- 将表格“产品销售业务”复制到新的工作表，并将新工作表命名为“销售业务统计分析 3”。在“销售业务统计分析 3”中，利用分类汇总功能汇总各客户的应收账款、实收货款、应收账款余额。
- 将“销售业务统计分析 3”工作表中的分类汇总结果复制到到新的工作表，并重命名新工作表为“客户分类”。在此工作表中，增加一列为“是否优质客户”，并根据应收账款余额是否小于或等于 3 000 元，判断该客户是否为优质客户，将判断结果填入列“是否优质客户”。

2. 按照下面的操作要求完成“产品库存管理.xlsx”文件。

（1）新建一个工作簿，命名此文件为：“产品库存管理.xlsx”。

（2）修改 sheet1 工作表名为“产品库存”，参照图 4-94 输入表格数据，并完成下面的操作。

产成品仓库期初数						
						元
产品编码	产品名称	型号规格	单位	期初库存	期初单位成本	期初余额
CP001	三星显示器	三星(23.6英寸)	台	8,000	846.00	
CP002	华硕显示器	华硕(34英寸)	台	8,000	13,999.00	
CP003	戴尔显示器	戴尔(23.8英寸)	台	10,020	1,480.00	
合计						

图 4-94 产品库存表

- 第一行：标题设置为黑体，大小为 20，在表格上方合并居中，设置填充色（颜色自定）。
- 第二行：合并单元格并设置右对齐，设置字体大小为 16。
- 输入表格中的数据，字体大小为 16。列标题居中，产品编码为文本型数据，期初单位成本、期初余额两列的小数位数为 2 位，设置千分位分隔符。
- 计算各库存产成品的期初金额，计算结果设置小数位数为 2 位、千分位分隔符。
- 合计行的期初余额由 SUM 函数计算得到，并设置小数位数为 2 位、千分位分隔符。为合计行设置填充色，颜色自定。

（3）修改 sheet2 工作表名为“产品销售业务”，按照图 4-95 输入表格的列标题。选中列标题，将该表设置为 Excel 表格，并命名为“产品销售”。

业务日期	摘要	客户	产品编码	产品名称	型号规格	单位	销售数量	销售单价	应收货款	实收货款	应收账款余额

图 4-95 产品销售业务表的列标题

（4）根据下面的业务数据完成产品销售业务核算。

该公司销售业务描述如下：

- 9 月 4 日，销售给美丽达公司 1 200 台三星显示器，销售单价 1 000 元，实收货款 1 200 000 元。
- 9 月 4 日，销售给美丽达公司 500 台华硕显示器，销售单价 15 999 元，实收货款 7 100 000 元。
- 9 月 5 日，销售给芬丽公司 1 240 台三星显示器，销售单价 1 000 元，实收货款 372 000 元。
- 9 月 5 日，销售给芬丽公司 1 200 台戴尔显示器，销售单价 1 800 元，实收货款 2 160 000 元。
- 9 月 8 日，销售给辰星科技公司 1 860 台华硕显示器，销售单价 15 999 元，实收货款 29 038 140 元。
- 9 月 8 日，销售给美丽达公司 3 210 台戴尔显示器，销售单价 1 800 元，实收货款 5 750 800 元。
- 9 月 10 日，销售给辰星科技公司 3 300 台三星显示器，销售单价 1 000 元，实收货款 2 817 180 元。
- 9 月 12 日，销售给诺明公司 2 000 台三星显示器，销售单价 1 000 元，实收货款 1 692 000 元。
- 9 月 12 日，销售给芬丽公司 3 310 台华硕显示器，销售单价 15 999 元，实收货款 52 336 690 元。
- 9 月 12 日，销售给诺明公司 1 800 台戴尔显示器，销售单价 1 800 元，实收货款 2 664 000 元。

该公司销售业务核算要求如下：

- 根据产品编码列的数据，使用 VLOOKUP 函数为产品名称、型号规格、单位等列定义自动填充数据的公式。为了使公式具有一定的容错功能，可以配套使用 IF 函数来判断，若产品编码列的数据为空，则产品名称、型号规格、单位等列填充为空，否则填充对应的值。
- 为应收货款列定义计算公式，应收货款=销售数量×销售单价。
- 为应收账款余额定义计算公式，应收账款余额=应收货款−实收货款。
- 该月销售业务数据处理完成后，最终结果如图 4-96 所示。

业务日期	摘要	客户	产品编码	产品名称	型号规格	单位	销售数量	销售单价	应收货款	实收货款	应收账款余额
9月4日	销售	美丽达公司	CP001	三星显示器	三星(23.6英寸)	台	1,200	1000.00	1,200,000	1,200,000	-
9月4日	销售	美丽达公司	CP002	华硕显示器	华硕(34英寸)	台	500	15999.00	7,999,500	7,100,000	899,500
9月5日	销售	芬丽公司	CP001	三星显示器	三星(23.6英寸)	台	1,240	1000.00	1,240,000	372,000	868,000
9月5日	销售	芬丽公司	CP003	戴尔显示器	戴尔(23.8英寸)	台	1,200	1800.00	2,160,000	2,160,000	-
9月8日	销售	辰星科技公司	CP002	华硕显示器	华硕(34英寸)	台	1,860	15999.00	29,758,140	29,038,140	720,000
9月8日	销售	美丽达公司	CP003	戴尔显示器	戴尔(23.8英寸)	台	3,210	1800.00	5,778,000	5,750,800	27,200
9月10日	销售	辰星科技公司	CP001	三星显示器	三星(23.6英寸)	台	3,330	1000.00	3,330,000	2,817,180	512,820
9月12日	销售	诺明公司	CP001	三星显示器	三星(23.6英寸)	台	2,000	1000.00	2,000,000	1,692,000	308,000
9月12日	销售	芬丽公司	CP002	华硕显示器	华硕(34英寸)	台	3,310	15999.00	52,956,690	52,336,690	620,000
9月12日	销售	诺明公司	CP003	戴尔显示器	戴尔(23.8英寸)	台	1,800	1800.00	3,240,000	2,664,000	576,000
汇总			10				19,650		109,662,330	105,130,810	4,531,520

图 4-96 产品销售业务表的数据

（5）对“产品销售”区域的数据进行统计计算。

- 将结清货款的单元格设置为绿色背景，即应收账款余额为 0，则设置条件格式为绿色填充背景。
- 利用数据透视表功能，统计各产品的销售数量、应收货款，统计结果如图 4-97 所示。

	产品销售统计	
产品名称	求和项:销售数量	求和项:应收货款
戴尔显示器	6210	11178000
华硕显示器	5670	90714330
三星显示器	7770	7770000
总计	19650	109662330

图 4-97　各产品的销售数量、应收货款统计结果

- 按业务日期统计各产品的销量，统计结果如图 4-98 所示。

求和项:销售数量		
业务日期	产品名称	汇总
9月4日	华硕显示器	500
	三星显示器	1200
9月4日 汇总		1700
9月5日	戴尔显示器	1200
	三星显示器	1240
9月5日 汇总		2440
9月8日	戴尔显示器	3210
	华硕显示器	1860
9月8日 汇总		5070
9月10日	三星显示器	3330
9月10日 汇总		3330
9月12日	戴尔显示器	1800
	华硕显示器	3310
	三星显示器	2000
9月12日 汇总		7110
总计		19650

图 4-98　按业务日期统计的各产品销量

- 统计各客户的应收账款余额，统计结果如图 4-99 所示。

求和项:应收账款余额	
客户	汇总
辰星科技公司	1232820
芬丽公司	1488000
美丽达公司	926700
诺明公司	884000
总计	4531520

图 4-99　各客户的应收账款余额

- 以客户为报表筛选项，查看辰星科技公司的购买数据，结果如图 4-100 所示。

客户	辰星科技公司			
		产品销售统计		
业务日期	产品名称	求和项:应收货款	求和项:实收货款	求和项:应收账款余额
9月8日	华硕显示器	29758140	29038140	720000
9月8日 汇总		29758140	29038140	720000
9月10日	三星显示器	3330000	2817180	512820
9月10日 汇总		3330000	2817180	512820
总计		33088140	31855320	1232820

图 4-100　辰星科技公司的购买数据

- 统计各客户 9 月的购买数据，统计结果如图 4-101 所示。

			产品销售统计		
客户	业务日期	产品名称	求和项:应收货款	求和项:实收货款	求和项:应收账款余额
⊟辰星科技公司	⊟9月8日	华硕显示器	29758140	29038140	720000
	9月8日 汇总		29758140	29038140	720000
	⊟9月10日	三星显示器	3330000	2817180	512820
	9月10日 汇总		3330000	2817180	512820
辰星科技公司 汇总			33088140	31855320	1232820
⊟芬丽公司	⊟9月5日	戴尔显示器	2160000	2160000	0
		三星显示器	1240000	372000	868000
	9月5日 汇总		3400000	2532000	868000
	⊟9月12日	华硕显示器	52956690	52336690	620000
	9月12日 汇总		52956690	52336690	620000
芬丽公司 汇总			56356690	54868690	1488000
⊟美丽达公司	⊟9月4日	华硕显示器	7999500	7100000	899500
		三星显示器	1200000	1200000	0
	9月4日 汇总		9199500	8300000	899500
	⊟9月8日	戴尔显示器	5778000	5750800	27200
	9月8日 汇总		5778000	5750800	27200
美丽达公司 汇总			14977500	14050800	926700
⊟诺明公司	⊟9月12日	戴尔显示器	3240000	2664000	576000
		三星显示器	2000000	1692000	308000
	9月12日 汇总		5240000	4356000	884000
诺明公司 汇总			5240000	4356000	884000
总计			109662330	105130810	4531520

图 4-101 各客户 9 月购买数据统计结果

项目五 PowerPoint 演示文稿制作

学习目标

PowerPoint 简称 PPT，是 Microsoft Office 组件中用于制作演示文稿的软件，被广泛应用于办公、教学、商展等活动，其以易学易用、功能强大等诸多优点深受广大用户的欢迎。

通过本项目的学习，使读者能够认识 PowerPoint 的常见用途，熟悉 PowerPoint 的操作方法，培养利用 PowerPoint 2010 制作演示文稿的能力。

工作任务

利用 PowerPoint 软件可以完成制作演示文稿的工作任务，包括：创建演示文稿，插入文本、图片、形状等元素；设计幻灯片母版；利用表格和图表展现数据；添加幻灯片切换和动画效果；插入音频、视频和超链接等。

根据用户的不同需要，可以使用 PowerPoint 制作多种类型的演示文稿。本项目包括 3 个典型工作任务：制作入职培训演示文稿、制作年度报告演示文稿和制作公司产品宣传册演示文稿，可适用于培训类、总结报告类和产品宣传类等常见的演示文稿使用场合。应用 PowerPoint 2010 制作出精美的演示文稿，能使举办的活动更精彩。

项目引例

众惠电脑官方旗舰店是一家经营电脑销售的电子商务企业，以整机销售和配件销售为主要业务。公司设有市场部、人力资源部、销售部、财务部等多个部门。小李是公司销售部的办公文员，而制作演示文稿是办公文员应该掌握的基本技能。因此，小李选择了 PowerPoint 2010 软件，对该软件的使用进行了系统的学习，并圆满完成了公司安排的演示文稿制作任务。

任务一 制作入职培训演示文稿

【任务引例】

最近，公司销售部新招聘了一批员工，为了让新员工对自己的工作有进一步的认识，需要在参加工作之前先进行简单的入职培训活动，因此主管安排小李制作一份入职培训演示文稿。通过入职培训，可以增强新员工对企业的认同感，使新员工全面了解企业，明确本职工作，建立良好的团队合作关系。演示文稿的制作步骤：先设计内容，再进行制作。

本任务完成后的效果如图 5-1 所示。

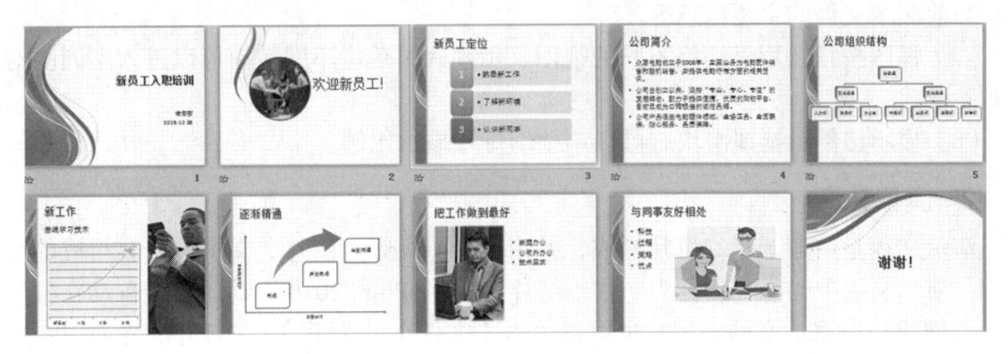

图 5-1 入职培训演示文稿效果

【相关知识】

1. PowerPoint 2010 的工作界面

PowerPoint 2010 的工作界面如图 5-2 所示。

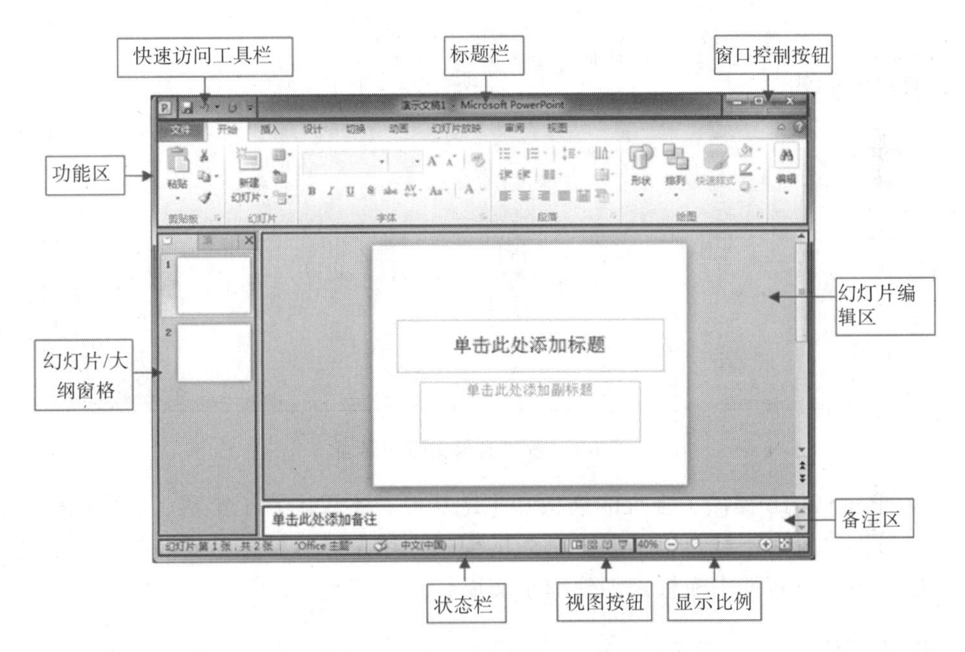

图 5-2 PowerPoint 2010 工作界面

（1）PowerPoint 的标题栏、快速访问工具栏、窗口控制按钮的含义与 Word 的标题栏、快速访问工具栏、窗口控制按钮的含义相同。

（2）功能区：包含 PowerPoint 主要功能组的区域，由选项卡、组和命令按钮等组成。通过单击选项卡标签可以切换到相应的选项卡中，然后单击相应组中的命令按钮完成所需的操作。

（3）【幻灯片/大纲】窗格：切换查看方式，显示幻灯片缩略图或幻灯片文本的大纲。

（4）幻灯片编辑区：显示当前的幻灯片效果，可以进行各种编辑操作。

（5）备注区：添加与幻灯片有关的备注信息，供演讲者演示幻灯片时参考。

（6）状态栏：显示当前文件的相关信息，如正在操作的幻灯片的页码和幻灯片总页码、当前演示文稿的主题信息等。

（7）视图按钮：用于切换不同的视图显示模式，单击不同按钮可以进入不同的幻灯片观看模式。

（8）显示比例：拖拽滑块，可以调整幻灯片显示比例。

2. 演示文稿

演示文稿是由若干张幻灯片构成，并由声音、视频、图片、文字等内容组成的复合文档。演示文稿中的每一页称为一张幻灯片。PowerPoint 2010 启动后，会自动在打开的界面上创建空白演示文稿。用户也可以单击【文件】|【新建】，在打开的界面中，选择创建空白演示文稿或者根据模板创建演示文稿，如图 5-3 所示。

图 5-3　新建演示文稿的界面

PowerPoint 2010 提供了强大的模板和主题功能，不仅内置了丰富、实用的模板，而且可以通过网络资源下载自己需要和喜爱的模板，用户可以根据已安装的模板创建新的演示文稿。本任务将使用模板来创建演示文稿。

【业务操作】

步骤 1：启动 PowerPoint 2010，选择【文件】|【新建】命令。

步骤 2：在【可用的模板和主题】中，选择【样本模板】，如图 5-3 所示。

步骤 3：在打开的【样本模板】列表框中选择“培训”模板，在右侧预览框中可以看到该模板的预览效果，如图 5-4 所示。

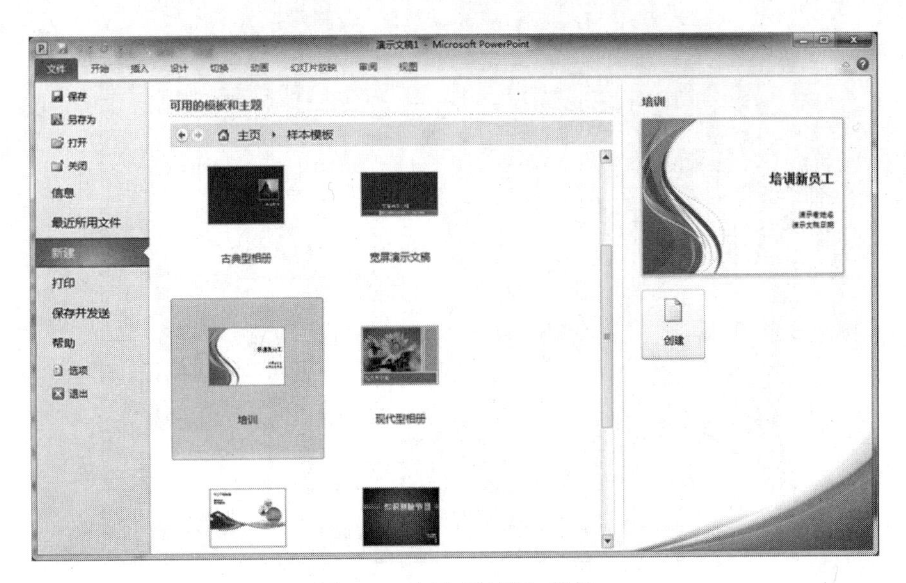

图 5-4　选择“培训”模板

步骤 4：单击“创建”按钮，即生成一个包含多张幻灯片的演示文稿框架，如图 5-5 所示。

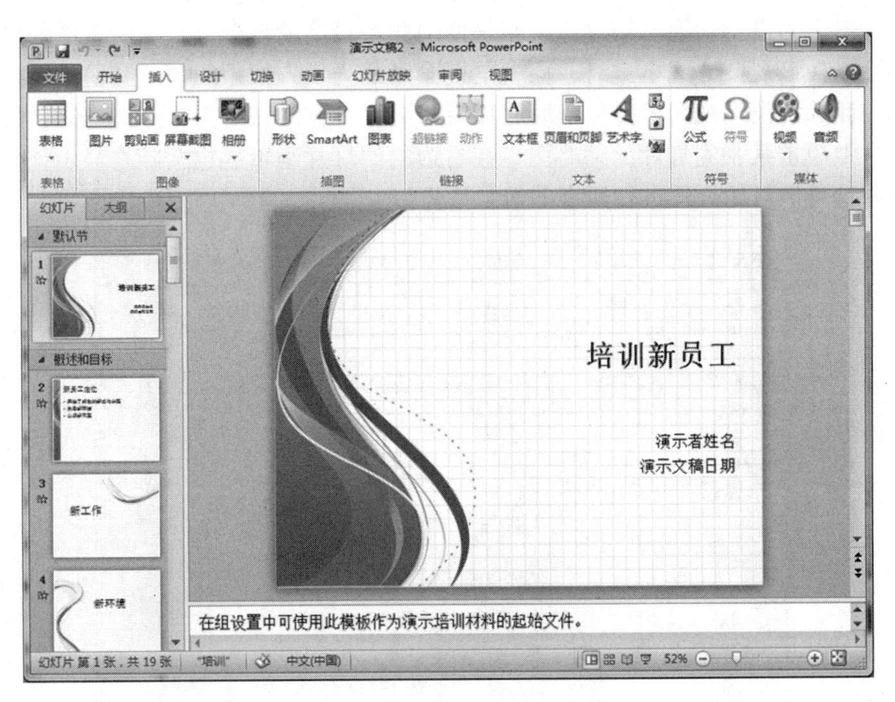

图 5-5　创建的培训演示文稿

步骤 5：在不同的视图下查看当前演示文稿。

切换到【视图】选项卡，单击“幻灯片浏览”按钮，切换到幻灯片浏览视图，可以看到以缩略图形式显示的幻灯片，如图 5-6 所示。在该视图下，用户可以从整体浏览所有的幻灯片效果，也可以方便地进行幻灯片的复制、移动和删除等操作，但是在此视图中不能直接对幻灯片的内容进行编辑和修改。

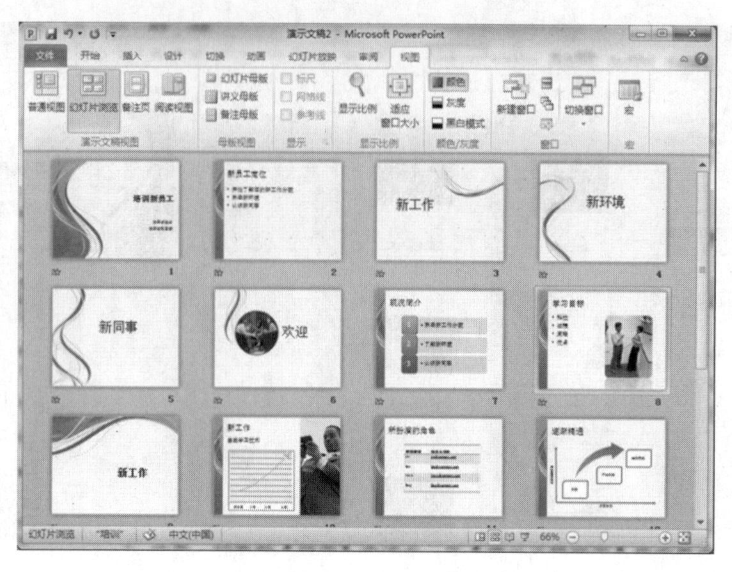

图 5-6 幻灯片浏览视图

在【视图】选项卡上单击“普通视图”按钮，返回幻灯片视图，左侧是“大纲/幻灯片”窗格，右侧是幻灯片编辑区。单击左侧的【幻灯片】或【大纲】，可以在幻灯片视图和大纲视图之间进行切换。幻灯片视图是使用频率最高的视图方式，所有的幻灯片编辑操作都可以在该视图方式下进行，而大纲视图则是为了方便组织演示文稿的结构和编辑文本而设计的，大纲视图里只显示幻灯片中的文本内容，如图 5-7 所示。在【大纲/幻灯片】窗格中单击某张幻灯片的缩略图，在右边的幻灯片编辑区也会随之显示该幻灯片的内容，并且可以对幻灯片进行所有的编辑操作。

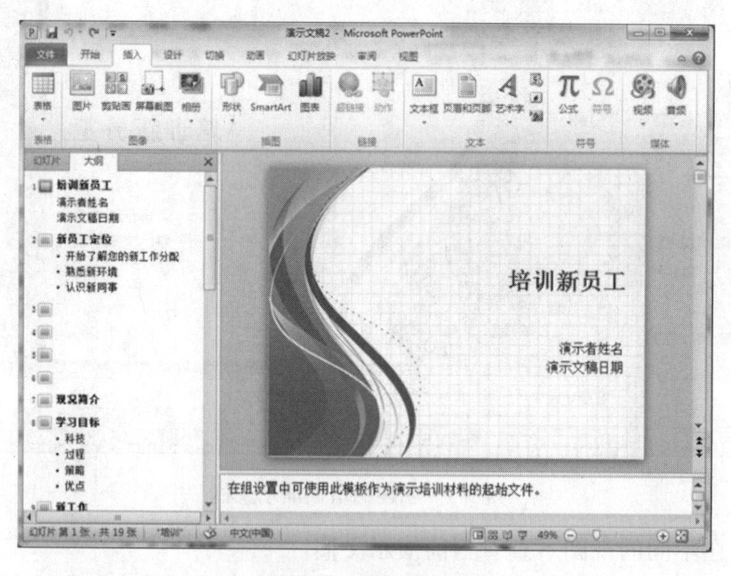

图 5-7 普通视图

单击【视图】|【备注页】命令，可以查看和编辑幻灯片的备注内容，如图 5-8 所示。需要展示给观众的内容放在幻灯片里，不需要展示给观众的内容，可以写在备注里。

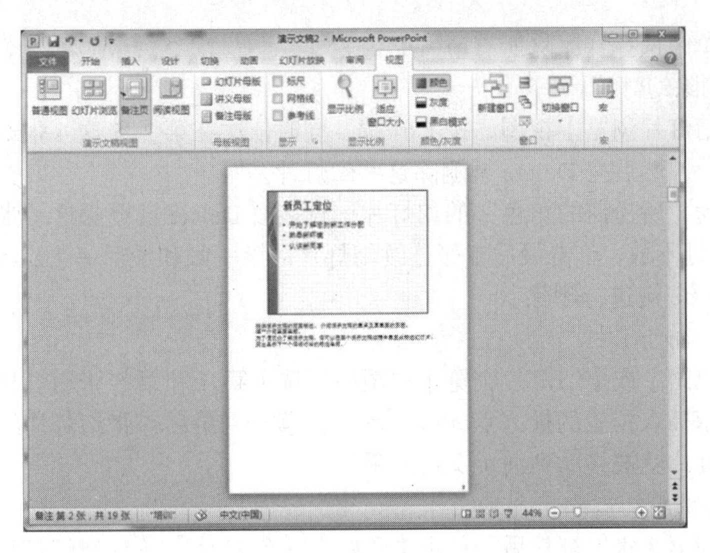

图 5-8 备注页视图

单击【视图】|【阅读视图】命令，可以观看幻灯片放映效果，如图 5-9 所示。此视图将演示文稿以适应窗口大小的幻灯片进行放映查看，但在此视图下不能对幻灯片内容进行编辑和修改。

图 5-9 阅读视图

温馨提示

所谓演示文稿视图即演示文稿的呈现形式，不同的视图模式即不同的呈现方式。PowerPoint 2010 中提供了普通视图、大纲视图、幻灯片浏览、备注页和阅读视图这 5 种不同的视图，每一种视图都有自己的特点，用户可以根据需要在各种视图之间切换。

步骤 6：删除所有节。

在【幻灯片/大纲】窗格中，右击第一张幻灯片上方的“默认节”标题 默认节 ，在弹出的快捷菜单中选择“删除所有节”命令。

步骤 7：删除幻灯片。

切换到【幻灯片浏览】视图，按 Ctrl 键，同时依次在第 2~5 这 4 张幻灯片上单击，选中多张幻灯片，然后按 Delete 键删除这些幻灯片。

单击标题为“所扮演的角色”的幻灯片，直接按 Delete 键删除这一张幻灯片。

按住 Shift 键不放，单击最后 6 张连续幻灯片的第一张和最后一张，选中这 6 张幻灯片，然后按 Delete 键进行删除。

步骤 8：移动幻灯片。

在【普通视图】或【幻灯片浏览】视图中，选中第 4 和第 5 张幻灯片，拖动鼠标，此时可看到指示插入位置的插入点光标移动。待移动到最后一张幻灯片的后面时释放鼠标，这两张幻灯片就被移动到演示文稿的最后了。

步骤 9：添加新幻灯片。

定位光标到第 3 张幻灯片后，单击【开始】|【幻灯片】|【新建幻灯片】命令，在弹出的幻灯片版式下拉列表中选择“标题和内容”选项，如图 5-10 所示。这样即可插入一张新的幻灯片。在普通视图左侧的幻灯片列表中定位光标于某一页幻灯片之后，然后按 Enter 键，也可以快速添加与上一张幻灯片相同版式的空白幻灯片。

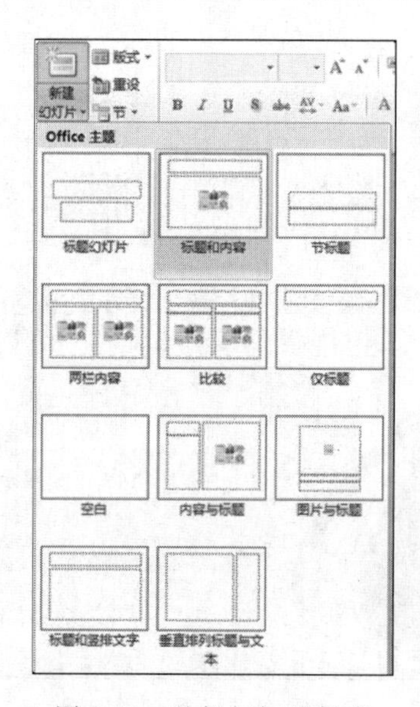

图 5-10　选择幻灯片版式

温馨提示

幻灯片版式是 PowerPoint 中的一种常规排版的格式。幻灯片版式是由占位符组成的，在占位符中可以放置标题、文本和其他的内容，包括表格、图表、图片、组织结构图、剪贴画和媒体剪辑等。PowerPoint 2010 为用户提供多种幻灯片版式，可根据不同的内容和要求进行选择。

步骤 10：复制幻灯片。

在上一步骤中插入的新幻灯片上右击，在弹出的快捷菜单中选择“复制幻灯片”命

令，在该幻灯片下面复制出一张相同的幻灯片。单击【开始】|【剪贴板】组中的“复制”和“粘贴”按钮，也可将选中的幻灯片复制到演示文稿的其他位置。

步骤 11：删除备注内容。

单击【视图】|【演示文稿视图】|【备注页】命令，切换到备注页视图。选择幻灯片中的“备注页”文本后，按 Delete 键删除备注内容。

按照相同的操作方法，删除其他幻灯片中的备注内容。

步骤 12：上述幻灯片操作完成后的效果如图 5-11 所示。

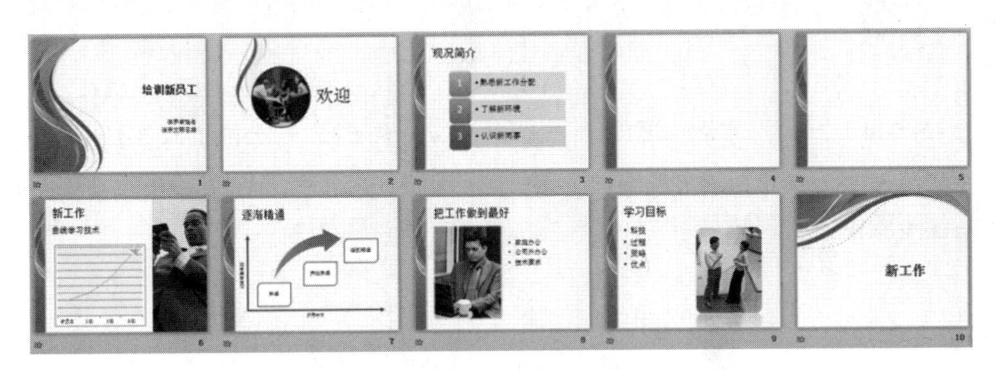

图 5-11　幻灯片编辑效果

步骤 13：修改幻灯片中的文本。

在“幻灯片/大纲”窗格中，选中第 1 张幻灯片。将光标定位到“标题”占位符中，修改标题文本为“新员工入职培训”。再将光标定位到“副标题”占位符中，将演示者姓名改为“销售部”，演示文稿日期改为“2016.12.28”，如图 5-12 所示。

选择第 2 张幻灯片，修改文本为“欢迎新员工!”。选中该文本，在【开始】选项卡的【字体】组中，设置字号大小为 54，如图 5-13 所示。

图 5-12　封面幻灯片

图 5-13　“欢迎新员工”幻灯片

选择第 3 张幻灯片，把标题“现状简介”改为“新员工定位”，并修改目录一的内容，删除“分配”两个字，如图 5-14 所示。

选择第 4 张幻灯片，在标题占位符中输入“公司简介”，并在文本占位符中输入公司的介绍文字，如图 5-15 所示。

图 5-14 “新员工定位”幻灯片

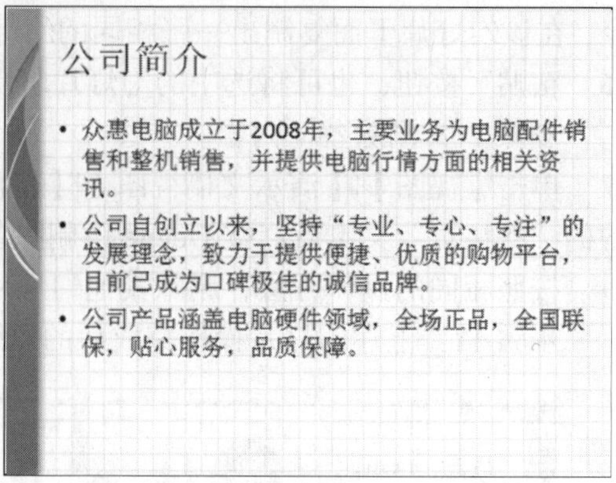

图 5-15 “公司简介”幻灯片

选择第 5 张幻灯片，输入标题“公司组织结构”（见图 5-16），其中组织结构图的编辑在后续步骤中完成。

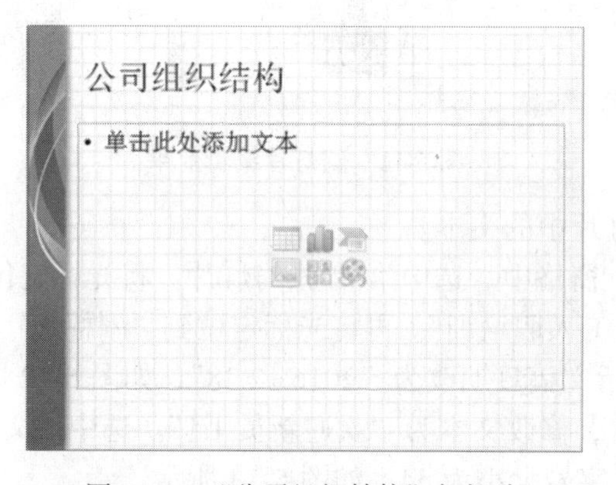

图 5-16 “公司组织结构”幻灯片

保持第 6~8 张幻灯片内容与格式不变，如图 5-17 所示。

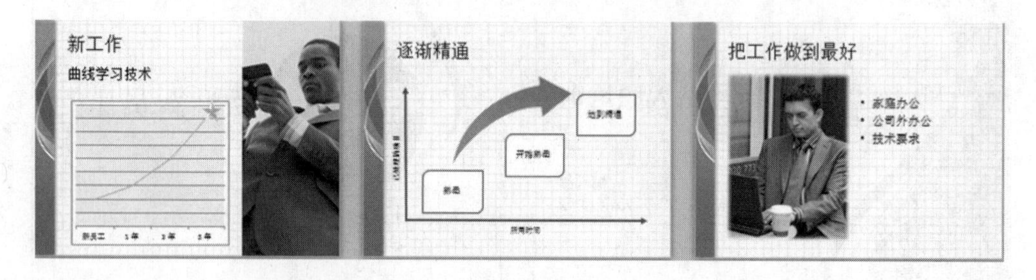

图 5-17 保留第 6~8 张幻灯片

选择第 9 张幻灯片，修改标题为“与同事友好相处”，如图 5-18 所示。

选择第 10 张幻灯片，修改文字“新工作”为“谢谢!”，如图 5-19 所示。

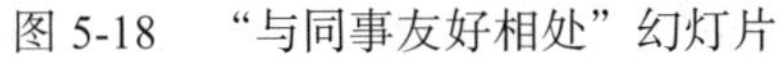
图 5-18　“与同事友好相处”幻灯片

图 5-19　封底幻灯片

做中学

文本是演示文稿中最基本的元素，PowerPoint 中有占位符、文本框等多种输入文本的方式。占位符是指系统预先设置的输入位置，用户可直接在占位符中添加内容。占位符在幻灯片中显示为一个带有虚线的框，内部往往有“单击此处添加标题”之类的提示语。占位符可以是标题占位符、正文占位符、表格或图片占位符。单击占位符，示例文本将消失，占位符内会出现闪烁的编辑光标，此时即可进行文本编辑。

PowerPoint 中设置文本格式和段落格式的方法与 Word 相似。字体、字号、字体颜色等的设置可以在【开始】|【字体】组中进行。段落格式的设置可以在【开始】|【段落】组中进行。设置格式时，还可使用格式刷快速复制排版格式。

步骤 14：插入 SmartArt 图形。

在第 5 张幻灯片中，单击【单击此处添加文本】占位符中的“插入 SmartArt 图形”按钮，在弹出的【选择 SmartArt 图形】对话框中，单击【层次结构】，再从右侧的层次结构列表中选择“层次结构”，用于显示从上到下的层次关系，单击“确定”按钮，添加图形到幻灯片中（见图 5-20）。

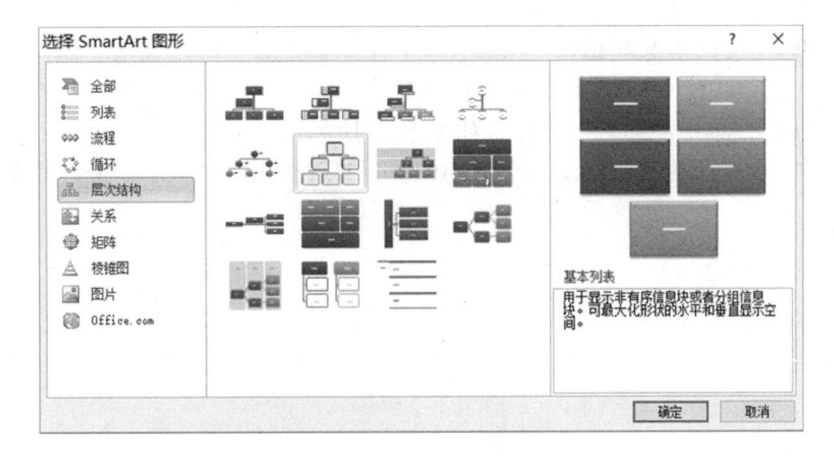

图 5-20　选择 SmartArt 图形

做中学

SmartArt 图形是信息和观点的视图表示形式，有多种不同的 SmartArt 图形布局可供选择，方便用户快速、轻松、有效地传达信息。

插入 SmartArt 图形的方法有：

- 单击占位符中的【插入 SmartArt 图形】按钮。
- 单击【插入】|【插图】|【Smart】命令。

步骤 15：编辑 SmartArt 图形。

单击 SmartArt 图形中的“文本”字样，按照图 5-21 所示输入组织结构名称。编辑 SmartArt 图形的过程中，可选中 SmartArt 图形中的某一形状，单击【SmartArt 工具】|【设计】|【创建图形】组中的【添加形状】命令右侧的下拉三角，在展开的下拉列表中选择相应的选项，即可在 SmartArt 图形中添加形状，如图 5-22 所示。还可以通过【SmartArt 工具】|【设计】|【创建图形】组中的 升级 、 降级 、 上移 、 下移 等按钮进行形状所处层次的调整。若需要删除形状，只需单击选中要删除的形状的边框，按 Delete 键，即可将所选形状删除。

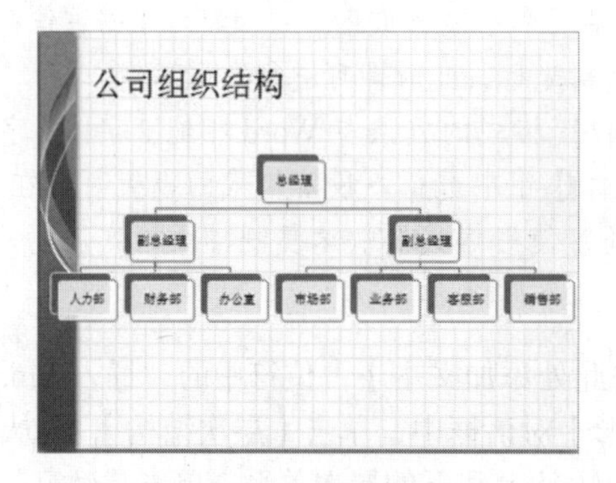

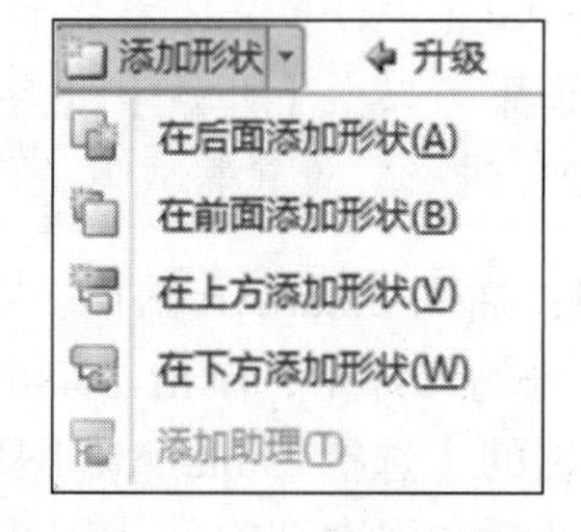

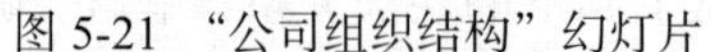

图 5-21 “公司组织结构”幻灯片　　图 5-22 添加形状

步骤 16：插入图片。

在第 9 张“与同事友好相处”幻灯片中，单击占位符中的“图片”按钮，弹出“插入图片”对话框。在对话框中选择要插入的图片文件（PowerPoint 素材文件夹中的 image.jpg 文件），单击“插入”按钮，如图 5-23 所示。

步骤 17：将插入的图片拖动到合适的位置，并调整图片的大小，最终效果如图 5-24 所示。

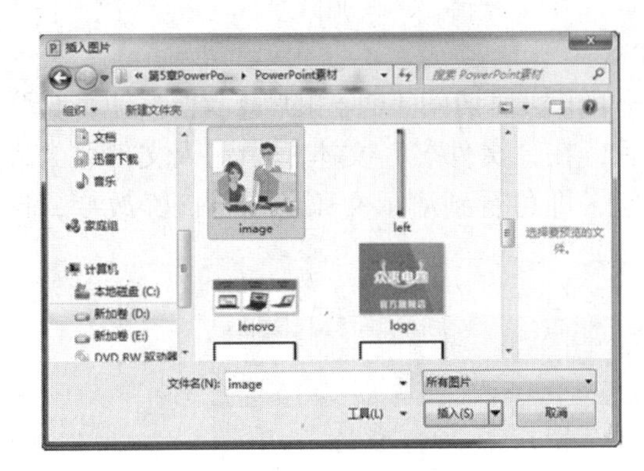

图 5-23　插入图片

图 5-24　调整图片后的最终效果

做中学

在制作幻灯片时，只有文字会比较单调，插入一些与内容相关的图片，会有图文并茂的效果，让演示文稿更加丰富多彩。常见的插入图片方式如下：

- 插入剪贴画

单击【插入】|【图像】|【剪贴画】命令，可以在演示文稿中插入 PowerPoint 自带的剪贴画。

- 插入来自文件的图片

单击【插入】|【图像】|【图片】命令，可以在演示文稿中插入用户事先准备好的图片。

- 创建电子相册

如果想在幻灯片中插入多张图片，并且希望这些图片按一定顺序分布在每一张幻灯片中，可以使用 PowerPoint 2010 的创建电子相册的方法。单击【插入】|【图像】|【相册】命令，打开如图 5-25 所示的“相册”对话框，单击“文件/磁盘”按钮，在打开的“插入新图片”对话框中，选择多张图片并单击“插入”按钮后，再次返回“相册”对话框，单击其中的“创建”按钮，即可完成电子相册文件的创建。

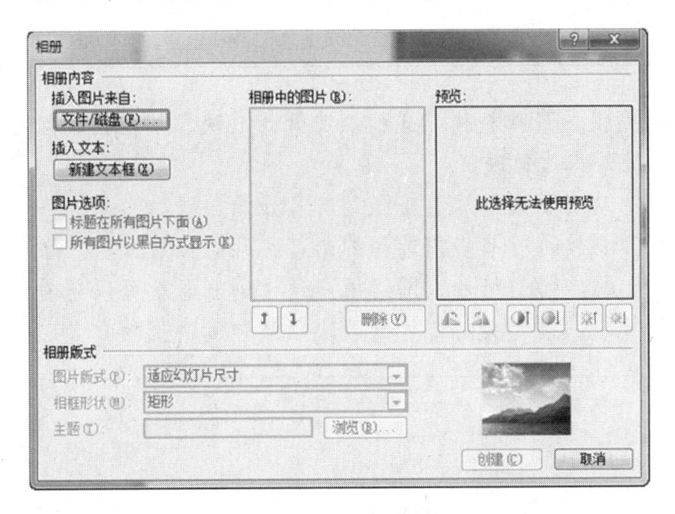

图 5-25　相册对话框

步骤 18：保存演示文稿为“入职培训.pptx”。

单击【文件】菜单的【保存】命令，或者单击快速访问工具栏的 保存 按钮，会弹出“另存为”对话框。选择相应的保存位置后，在“文件名”文本框中输入文件名“入职培训”，如图 5-26 所示。单击“保存”按钮，即可看到演示文稿的名称已经改变，该演示文稿已被保存。

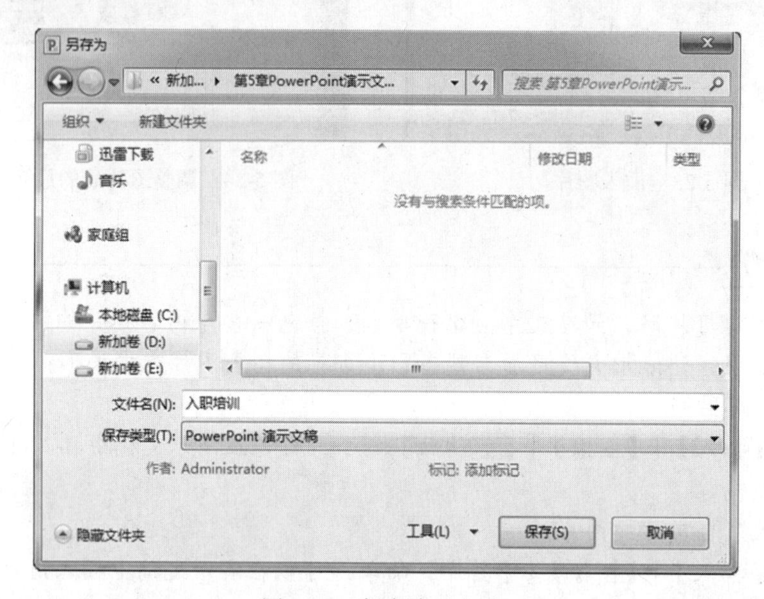

图 5-26 保存演示文稿

步骤 19：放映演示文稿。

单击【幻灯片放映】|【开始放映幻灯片】组中的“从头开始”命令，或者按 F5 快捷键，演示文稿将从第 1 张幻灯片开始放映。

单击【幻灯片放映】|【开始放映幻灯片】组中的“从当前幻灯片开始放映”命令，或者单击视图按钮区的幻灯片放映按钮，或者按 Shift+F5 组合键，演示文稿将从当前幻灯片开始播放。

做中学

PowerPoint 提供了四种放映方式：从头开始放映、从当前幻灯片开始放映、广播幻灯片和自定义幻灯片放映。

- 从头开始放映：从演示文稿的第 1 张幻灯片开始放映。
- 从当前幻灯片开始放映：从当前选择的幻灯片开始往后放映。
- 广播幻灯片：远程广播幻灯片，网络用户通过浏览器就可以观看幻灯片的放映。
- 自定义幻灯片放映：自定义幻灯片的放映顺序和放映张数。

任务二 制作年度报告演示文稿

【任务引例】

一年的工作即将结束，按照惯例公司将于年底召开年终会议，届时各部门经理要对本部门当年的工作做一个总结。销售经理让小李制作一份年度销售报告演示文稿。

本任务完成后的效果如图 5-27 所示。

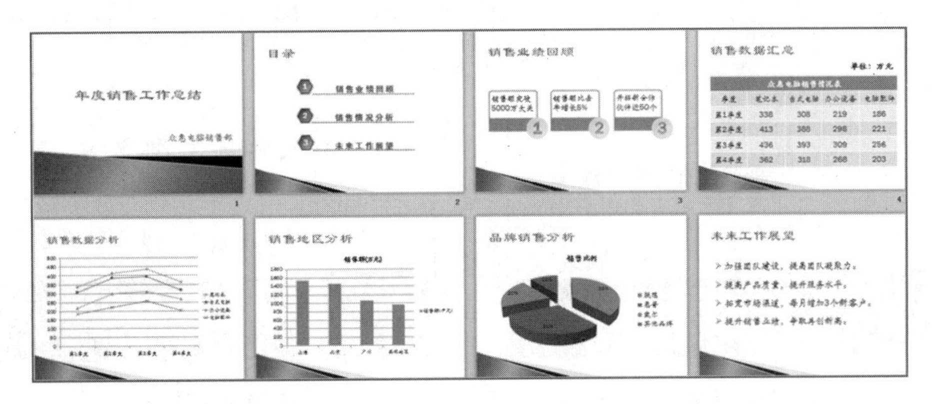

图 5-27 年度销售报告演示文稿

【相关知识】

1. 幻灯片主题

幻灯片主题是对幻灯片版式、字体格式和颜色搭配等方案进行了预定义。PowerPoint 2010 中提供了几十种主题方案供用户选择。通过使用主题功能，可以快速地美化和统一每一张幻灯片的风格。当选择某个主题方案后，如果对主题效果的某一部分设计不够满意，还可以通过颜色、字体、效果对该主题进行修改。

2. 表格和图表

表格是一种常见的展现数据的方式，较为直观。PowerPoint 中表格的概念与 Excel 类似，它由多个单元格组成，可以插入到幻灯片中表格显示数据。图表也是用来展示数据及数据关系的，图表的组成部分包括图表标题、数据系列、坐标轴、图例等，其展示数据的方式更为直观生动。PowerPoint 为用户提供了 11 种不同类型的图表，其中包括柱形图、折线图、饼图、面积图、雷达图等。

【业务操作】

步骤 1：新建一个空白演示文稿，保存为“年度销售报告.pptx”。

步骤 2：应用主题样式。

切换到【设计】选项卡，在【主题】组中列出了多个主题。将光标指向【设计】|【主题】组中的某个主题，可实时预览到该主题的应用效果。单击“主题”列表右侧的 ，展开主题下拉列表，从中单击选择“聚合”主题，此时幻灯片将应用该主题的设计风格，如图 5-28 所示。利用【主题】组中的“颜色”命令，可更改当前主题的颜色，此处保持默认的“聚合”。单击【主题】组中的“字体”命令，将当前主题的字体更改为“跋涉”。

步骤 3：编辑标题幻灯片。

单击标题幻灯片中的“单击此处添加标题”占位符，输入文本“年度销售工作总结”，然后选中该文本，设置字体为“隶书”，字号为“54”，对齐方式为“居中对齐”。单击“单击此处添加副标题”占位符，输入文本“众惠电脑销售部”，设置文本的字体为“楷体”，字号为“32”。再分别选中标题占位符和副标题占位符，调整各自文本的位置，效果如图 5-29 所示。

图 5-28 应用“聚合”主题

图 5-29 标题幻灯片

步骤 4：在第 1 张标题幻灯片后插入第 2 张幻灯片，幻灯片版式选择“标题和内容”。

步骤 5：在标题占位符中输入“目录”，并删除下面的“单击此处添加文本”占位符。

步骤 6：绘制图形。

在【开始】|【绘图】组的“形状”列表中选择“六边形”选项 ，当光标变成“+”形状时，按住左键拖曳，到合适大小的时候释放左键，完成六边形的绘制。

选择所绘的六边形，右击，在快捷菜单中选择“设置形状格式”命令，弹出“设置形状格式”对话框（见图 5-30），设置填充效果为渐变填充。

右击所绘的六边形，在快捷菜单中选择“编辑文字”，在六边形中输入文本“1”。

复制两个同样的六边形，排成竖直的一列，分别输入文本“2”和“3”。

图 5-30 设置六边形形状格式

步骤 7：绘制直线。

在【开始】|【绘图】组的“形状”列表中选择“直线”，按 Shift 键的同时按住鼠标左键不放并向右拖动，绘制一条直线。

右击所绘的直线，在快捷菜单中选择“设置形状格式”，弹出“设置形状格式”对话框，如图 5-31 所示。在“线条颜色”选项中选择“黑色”，在“线型”的“宽度”数字框中输入“2 磅”，在“短划线类型”下拉列表中选择“方点”选项，最后单击“关闭”按钮。

复制两条同样的直线，并移动到合适的位置。第 2 张幻灯片的最终效果如图 5-32 所示。

图 5-31 设置直线格式

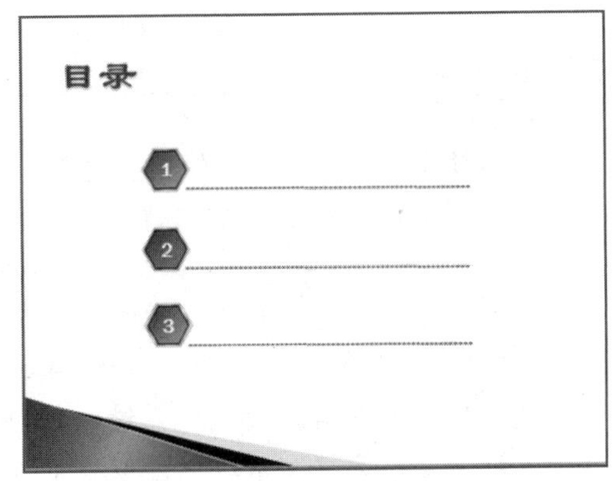

图 5-32 添加图形后的目录幻灯片

做中学

在制作幻灯片时，经常需要绘制一些图形。PowerPoint2010 中提供了很多图形，如线条、连接符、基本形状、箭头总汇、流程图以及其他的自选图形等。在幻灯片中绘制图形的方法有 2 种：

- 利用【开始】|【绘图】组中的形状列表。
- 利用【插入】|【插图】组中的“形状”命令。

步骤 8：编辑文本框。

单击【插入】|【文本】|【文本框】中的“横排文本框”命令，在第 2 张幻灯片的第一条直线上方插入一个横排文本框。

在文本框中输入文本内容“销售业绩回顾”。

选中文本框，在【开始】|【字体】组中的【字号】下拉列表中选择字号大小为“28”。

复制两个同样的文本框，排列好位置，修改其中的文字，完成后效果如图 5-33 所示。

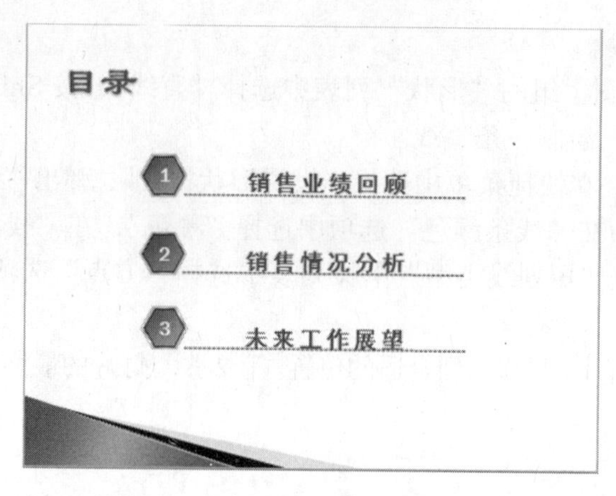

图 5-33　添加文本框后的目录幻灯片

做中学

文本框是用来输入文本的重要对象。如果想在占位符以外的地方输入文本，可以通过插入文本框的方法实现文本输入。文本框分为两种：横排文本框和垂直文本框。横排文本框中的文字从左向右水平排列，垂直文本框中的文字从上往下竖直排列。

切换到【插入】选项卡，单击“文本框”命令，可在下拉列表中选择“横排文本框”或“垂直文本框”。然后在想要添加文本的位置按住鼠标左键，拖出一个方框，确认文本框的宽度后释放鼠标左键，即可在闪烁的插入点处输入内容，此时可以看到输入的文本会依据文本框的宽度自动换行。在文本的四周可以看到 8 个尺寸控制点，按住鼠标左键拖曳控制点，可以改变文本框大小。

步骤 9：组合对象。

拖动鼠标选中幻灯片中除标题外的所有对象，如图 5-34 所示。单击【开始】|【绘图】|【排列】命令，在展开的下拉列表中选择“组合”命令，将所选对象组合为一个对象。

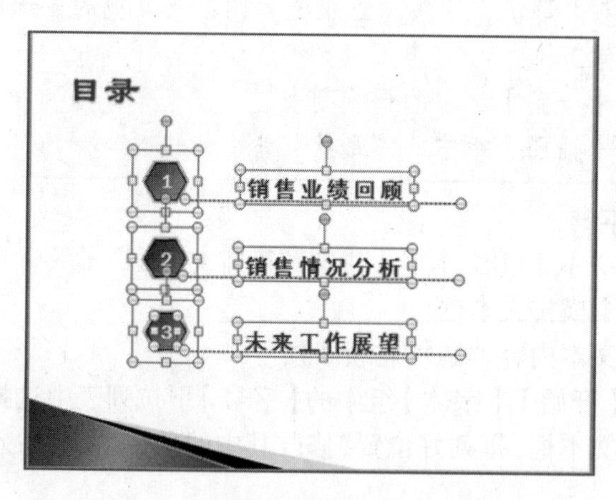

图 5-34　组合对象

步骤 10：编辑第 3 张幻灯片。

选择【开始】|【幻灯片】|【新建幻灯片】命令，新建第 3 张幻灯片，输入标题“销

售业绩回顾”，删除其余的文本占位符。

绘制一个“同侧圆角矩形”，设置填充颜色为灰色，线条颜色为蓝色，并按照如图 5-35 所示在其中添加文字。

选中圆角矩形中的文本，单击【开始】|【字体】组右下角的对话框启动器按钮，打开【字体】对话框。设置“中文字体”为楷体，“字体样式”为常规，“大小”为 28。

在圆角矩形下方绘制一个矩形，设置填充颜色为蓝色。

绘制一个圆，设置背景颜色为浅蓝色，并将其放置在圆角矩形的右下方。

复制圆和圆角矩形，按照图 5-35 所示修改文字，并排列好其位置。

步骤 11：在幻灯片中插入艺术字。

在第 3 张幻灯片中，切换到【插入】选项卡，单击【文本】组中的【艺术字】命令，在弹出的下拉列表中选择艺术字样式“渐变填充—青绿，强调文字颜色 1”，如图 5-36 所示。

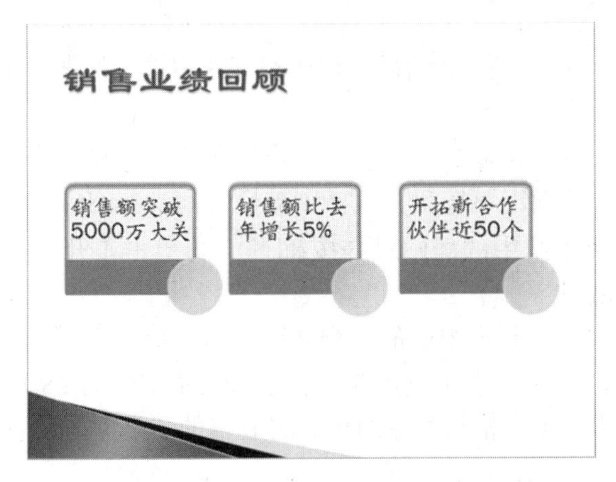

图 5-35　“销售业绩回顾”幻灯片

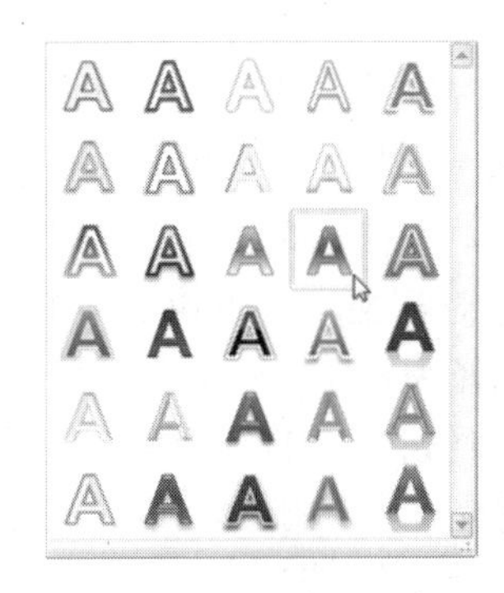

图 5-36　艺术字样式

幻灯片中出现艺术字文本框，其中“请在此键入您的文字”为选中状态，如图 5-37 所示。输入艺术字文本“1”，再将其拖动到第一个圆内。然后，再复制两个相同的艺术字，分别修改文本为“2”和“3”，再分别移动到第二、第三个圆内。幻灯片最终效果如图 5-38 所示。

图 5-37　插入艺术字

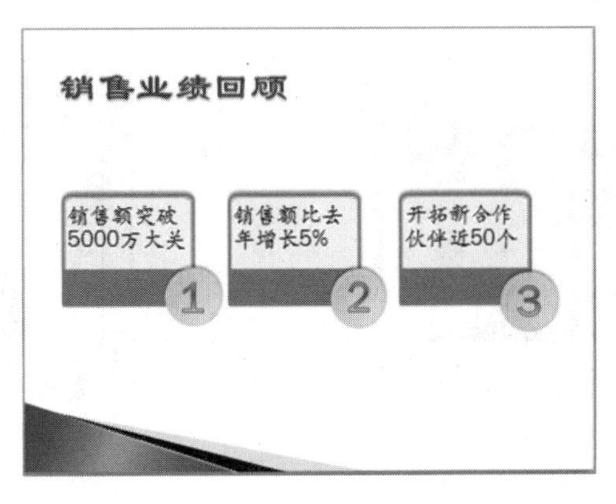

图 5-38　添加艺术字后的幻灯片

做中学

选中艺术字，可以在【绘图工具】|【格式】|【艺术字样式】组的【文本填充】下拉列表中设置艺术字填充色，在【文本轮廓】列表中设置艺术字轮廓边线的颜色、线型和宽度，在【文本效果】列表中设置艺术字的外观效果，如图 5-39 所示。

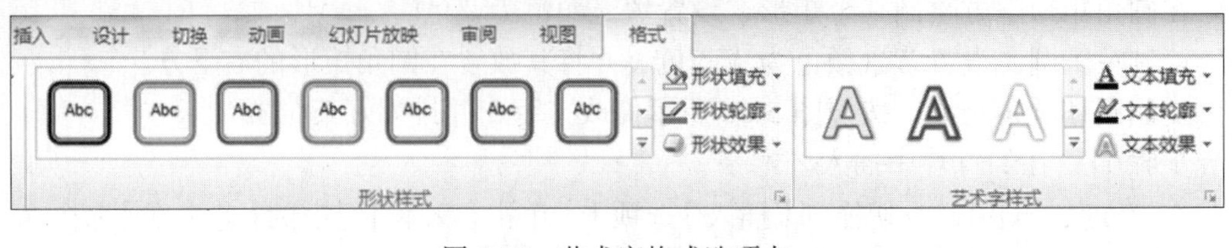

图 5-39 艺术字格式选项卡

步骤 12：在幻灯片中插入表格。

新建第 4 张幻灯片，幻灯片版式为“标题和内容”，在该幻灯片中输入标题“销售数据汇总”。

在占位符中单击“插入表格”按钮，在打开的【插入表格】对话框中输入表格的行数为 6，列数为 5（见图 5-40），单击“确定”按钮，表格则被插入到当前幻灯片中。

选中表格，单击【开始】|【段落】组中的居中对齐按钮，再单击【开始】|【段落】|【对齐文本】下拉框中的“中部对齐”。

选择表格第一行，单击【布局】|【合并】组中的“合并单元格”命令。

按照如图 5-41 所示输入表格中的文字。选中整个表格，设置文本字号为 28。

将光标定位于表格内，在【布局】|【表格尺寸】组中，将表格的“高度”设置为 9，“宽度”设置为 23。

在幻灯片中调整表格位置，并在表格上方插入一个横排文本框，输入文本“单位：万元”，最终效果如图 5-41 所示。

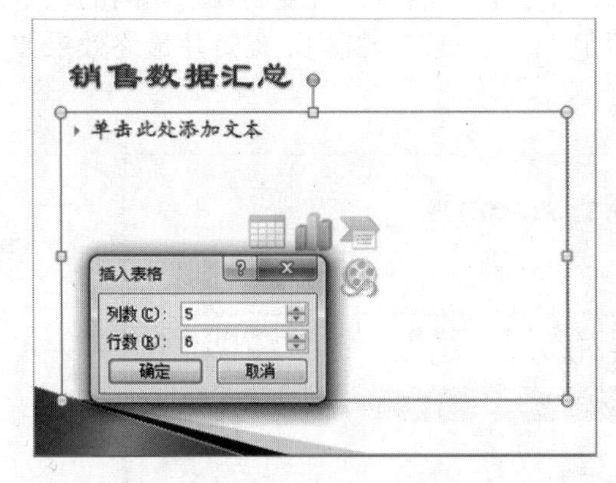

图 5-40 单击占位符中的“插入表格”功能插入表格

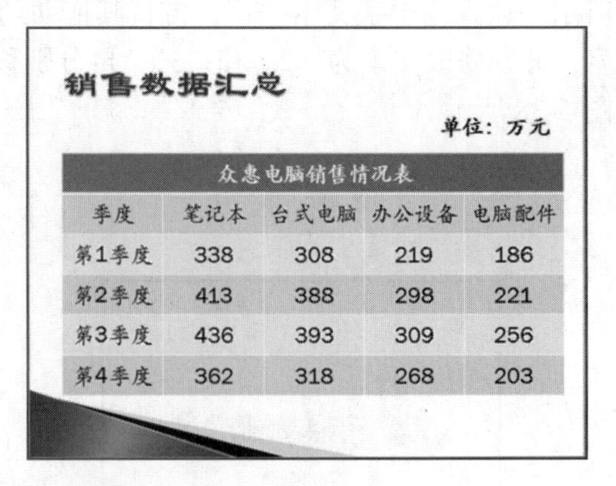

众惠电脑销售情况表				
季度	笔记本	台式电脑	办公设备	电脑配件
第1季度	338	308	219	186
第2季度	413	388	298	221
第3季度	436	393	309	256
第4季度	362	318	268	203

图 5-41 “销售数据汇总”幻灯片

做中学

在演示文稿中，利用表格来展现数据更为直观、清晰、有条理。表格是由单元格组成的，在每个单元格中都可以输入文字或数据。

创建表格的方法有：单击 【插入】|【表格】|【插入表格】命令；或者直接使用占位符中的“插入表格”按钮创建表格。

在表格中添加或删除行或列。将插入点光标置于表格的某一单元格，单击【表格工具】|【布局】|【行和列】组中的相应命令即可在当前所选单元格的上方、下方、左方或者右方插入行或者列。若单击【表格工具】|【布局】|【行和列】组中的“删除”命令，可在打开的下拉列表中，选择删除当前单元格所在的行或列或当前表格。

利用【表格工具】|【布局】|【合并】组中的功能可以完成单元格的合并与拆分。

利用【表格工具】|【布局】|【表格尺寸】组中的功能可以调整表格的行高和列宽。或者将光标指向某单元格的边线上，当光标变成双向箭头形状时，按住鼠标左键拖曳边线至合适的位置，这种方法也可以调整表格的行高或列宽。

利用【表格工具】|【布局】|【单元格大小】组中的“分布行”或“分布列”功能可以在所选行之间平均分配行高或在所选列之间平均分配列宽。

利用【表格工具】|【设计】|【表格样式】功能组中的“底纹”、“边框”、“效果”等功能，可以为所选单元格设置底纹、边框和效果。

步骤 13：在幻灯片中插入折线图。

新建第 5 张幻灯片，输入标题“销售数据分析”。

单击【插入】|【插图】组中的“图表”命令，在弹出的【插入图表】对话框中选择折线图中的“带数据标记的折线图”，如图 5-42 所示，单击“确定”按钮后则所选样式的图表被插入到当前幻灯片中。

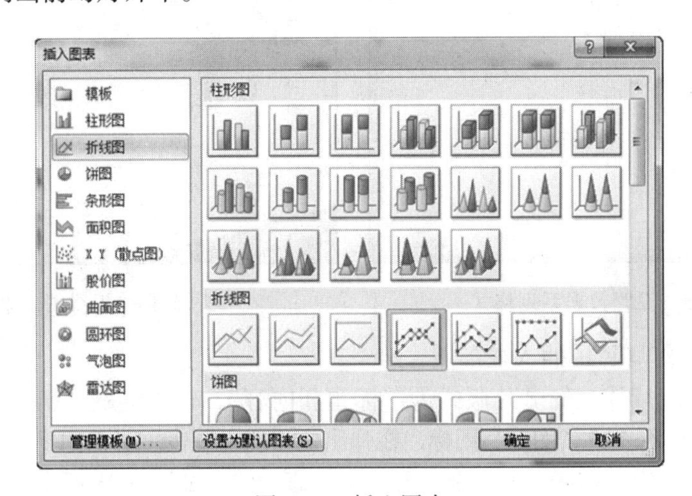

图 5-42　插入图表

与此同时，系统会自动打开与图表数据关联的工作簿，这里可将上一幻灯片表格中的销售数据输入或复制到此工作表中，如图 5-43 所示。

输入完成后，关闭工作簿，返回到当前幻灯片，即可看见所插入的图表，如图 5-44

所示。

	A	B	C	D	E
1	设备	笔记本	台式机	办公设备	电脑配件
2	第1季度	338	308	219	186
3	第2季度	413	388	298	221
4	第3季度	436	393	309	256
5	第4季度	362	318	268	203

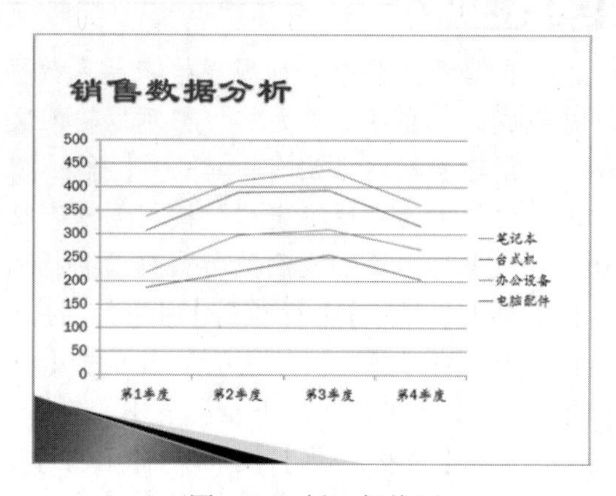

图 5-43 输入折线图数据　　　　图 5-44 插入折线图

右击图表上的第一条折线，在弹出的右键菜单中选择“设置数据系列格式”，弹出设置数据系列格式对话框，单击【数据标记选项】，把【数据标记类型】由“无”修改为“自动”，如图 5-45 所示。对其他三条折线执行同样的操作设置，完成后的折线图效果如图 5-46 所示。

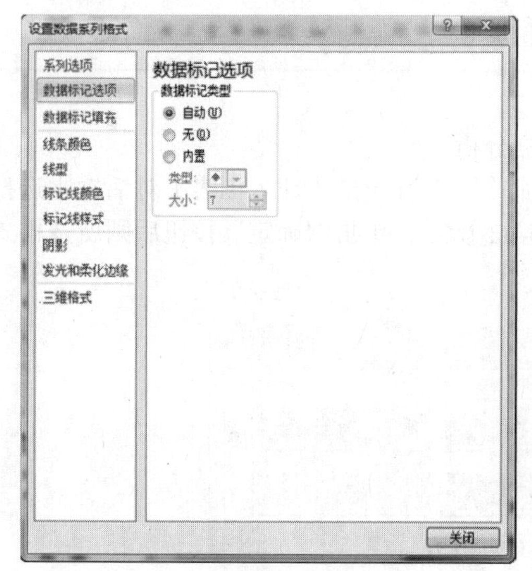

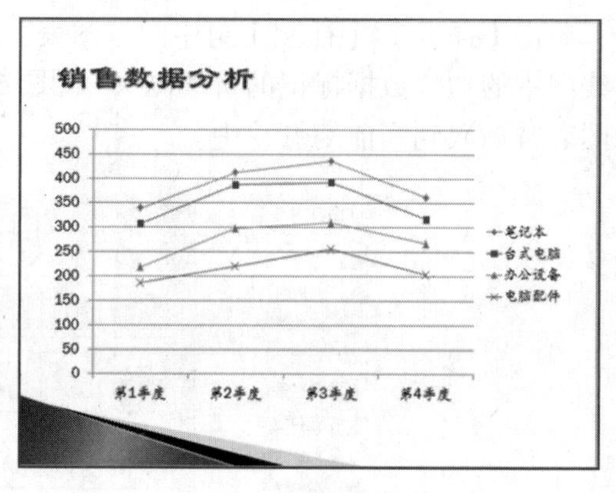

图 5-45 设置数据系列格式　　　　图 5-46 折线图效果

步骤 14：在幻灯片中插入柱形图。

新建第 6 张幻灯片，幻灯片版式为“标题和内容”，输入标题“销售地区分析”。

单击内容占位符中的“图表”图标，在弹出的“插入图表”对话框中选择柱形图（见图 5-47），并单击“确定”按钮。然后在打开的工作表中输入如图 5-48 所示的数据。

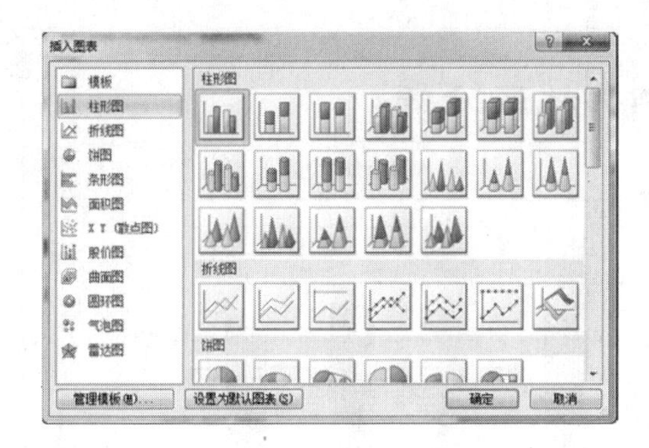

图 5-47　插入柱形图

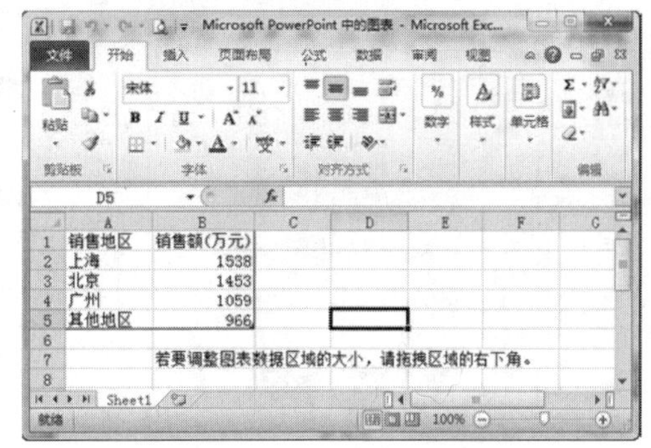

图 5-48　编辑图表数据

关闭工作簿，返回当前幻灯片，此时柱形图已被插入第 6 张幻灯片，如图 5-49 所示。

步骤 15：编辑图表。

在图表的绘图区上右击，在弹出的快捷菜单中选择“设置绘图区格式”命令。在打开的“设置绘图区格式”对话框中，设置“填充”为“纯色填充”，单击“填充颜色”中的“颜色”下拉列表，选择“其他颜色”，在打开的颜色对话框中，单击“自定义”选项卡，将“红色”、“绿色”、“蓝色”的数值分别设为 237、246、249，如图 5-50 所示，单击“确定”按钮后返回到“设置绘图区格式”对话框。

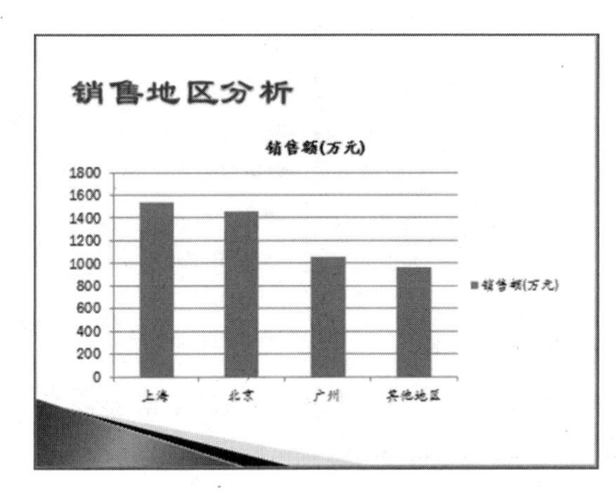

图 5-49　插入图表效果

图 5-50　设置填充颜色

在“设置绘图区格式”对话框的“三维格式”设置界面中，设置“棱台”选项组中的“顶端”为“艺术装饰”（见图 5-51），单击“关闭”按钮完成绘图区格式设置。

第 6 张幻灯片的最终效果如图 5-52 所示。

图 5-51 设置三维格式

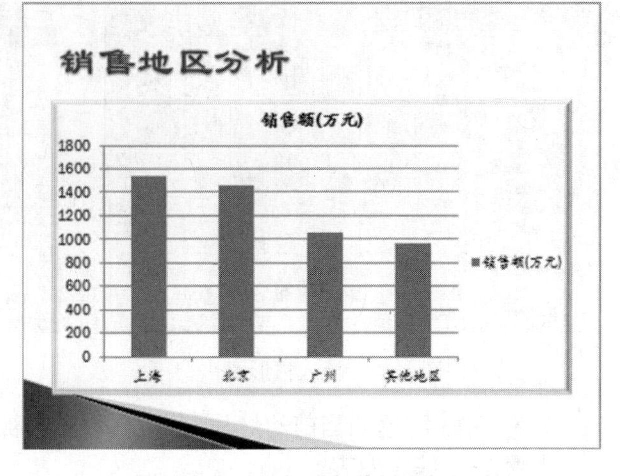

图 5-52 “销售地区分析”幻灯片

步骤 16：在幻灯片中插入饼图。

新建第 7 张幻灯片，幻灯片版式选择“标题和内容”，并输入标题“品牌销售分析”。在幻灯片中插入一个饼图，输入如图 5-53 所示的数据。右击已显示的饼图区域，在如图 5-54 的右键菜单上选择“添加数据标签”，把销售比例数据显示在饼图上。幻灯片的最终效果如图 5-55 所示。

	A	B	C	D	E	F
1	品牌名称	销售比例				
2	联想	38%				
3	惠普	31%				
4	戴尔	20%				
5	其他品牌	11%				
6						
7						
8		若要调整图表数据区域的大小，请拖拽区域的右下角。				

图 5-53 “品牌销售分析”数据

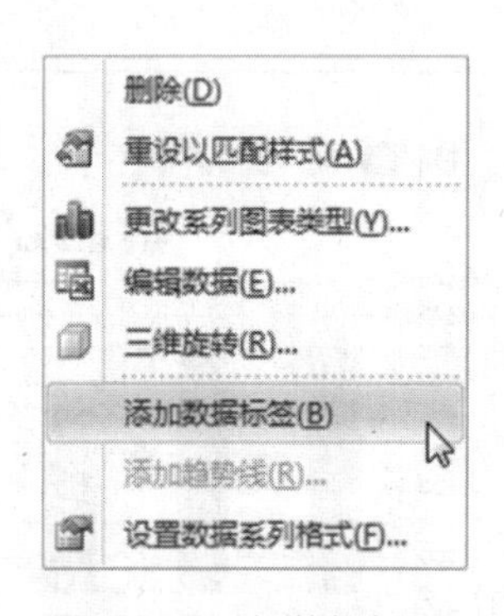

图 5-54 添加数据标签

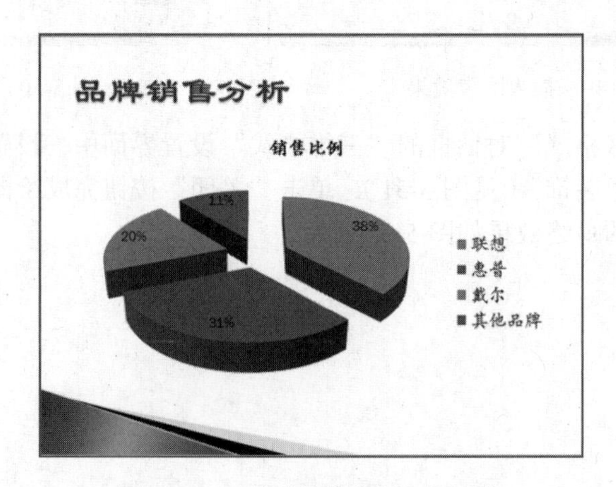

图 5-55 “品牌销售分析”幻灯片

做中学

图表是演示文稿非常重要的一部分，因为它能更直观、形象、清晰地表达演示文稿的主题，使要表现的数据更加直观、生动和有说服力。图表有很多种类型，如饼图、柱状图、条形图和折线图等。

插入图表可以单击【插入】|【插图】|【图表】命令，也可以使用占位符中的“插入图表”按钮插入图表。

在插入图表后，还可以进一步设置图表的样式，方法与 Excel 中的图表格式设置类似。设置图表样式可以使用右击图表中的相应对象，利用快捷菜单中的功能进行设置。还可以利用【图表工具】|【设计】、【图表工具】|【布局】、【图表工具】|【格式】这三个选项卡便捷地进行图表设计。

步骤 17：编辑第 8 张幻灯片，设置项目符号。

新建第 8 张幻灯片，幻灯片版式选择“标题和内容”，并输入标题“未来工作展望”。

在内容占位符中输入文本，输完一行后按回车键输入下一行，在【开始】|【字体】中设置文本字体为楷体，字号为 32，在【开始】|【段落】组中设置段落行距为 1.5，效果如图 5-56 所示。

选中输入的四行内容文本，单击【开始】|【段落】组中项目符号按钮右侧的下拉三角按钮，从弹出的下拉列表中选择如图 5-57 所示的项目符号，则文本的项目符号被修改。

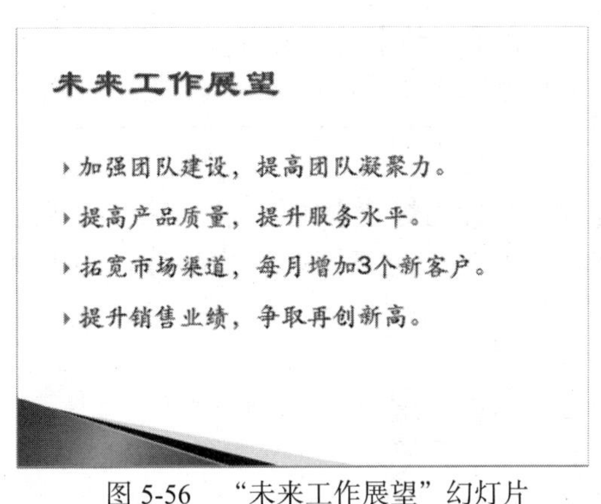

图 5-56　“未来工作展望”幻灯片

图 5-57　选择项目符号

选中添加了项目符号的文本，在项目符号的下拉列表中单击“项目符号和编号”命令，弹出“项目符号和编号”对话框，如图 5-58 所示。【项目符号】选项卡中的【大小】默认值为 68%字高，这里把 68%修改为 100%，调大项目符号的大小，完成效果如图 5-59 所示。

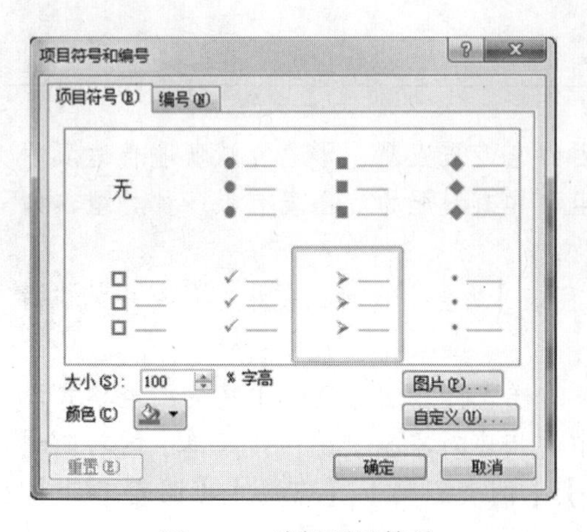

图 5-58 编辑项目符号

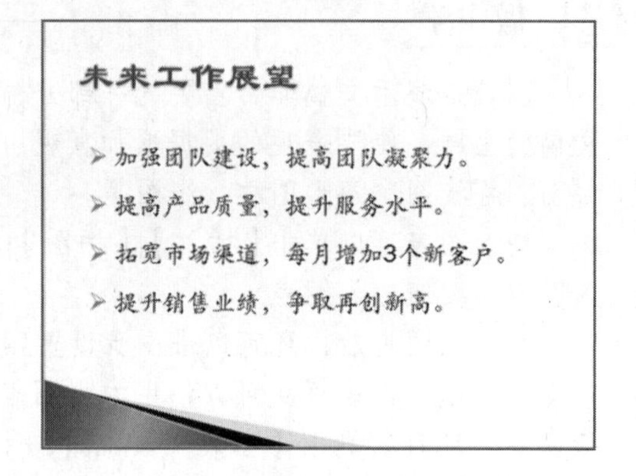

图 5-59 设置了项目符号的幻灯片

做中学

在如图 5-58 所示的【项目符号和编号】对话框的【项目符号】选项卡中，还可以单击“颜色”按钮，从弹出的颜色列表中为项目符号选择一种合适的颜色；单击“图片”按钮选择一个图片作为项目符号。

如果在项目符号列表中没有合适的项目符号，则单击【项目符号】选项卡中的“自定义”按钮，弹出“符号”对话框，从打开的“符号”列表框中选择一种合适的符号即可。

同样的，选中要添加编号的文本，单击【开始】|【段落】组中编号按钮右侧的下拉三角，打开编号下拉列表，从中可为所选文本选择一种编号格式。

步骤 18：设置幻灯片切换效果。

选择第 1 张幻灯片，在【切换】|【切换到此幻灯片】的幻灯片切换效果列表中选择“华丽型”组中的“立方体”效果，如图 5-60 所示。然后单击【切换】|【切换到此幻灯片】|【效果选项】命令，设置方向为“自顶部”。

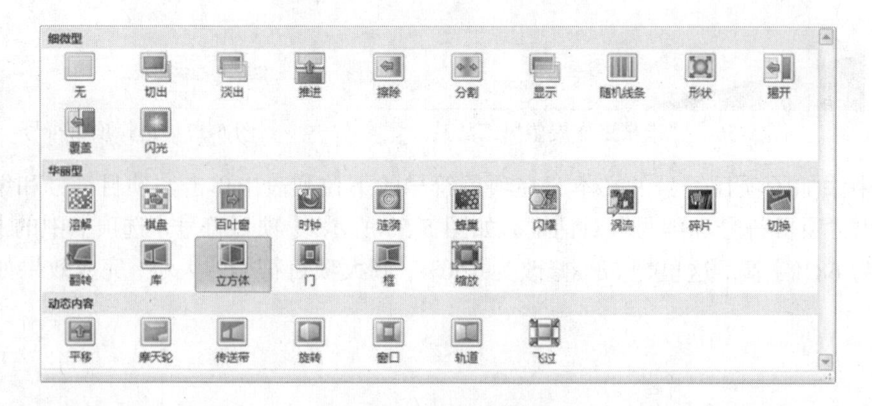

图 5-60 选择切换效果

选择第 2 张幻灯片，设置幻灯片切换方式为“细微型”—“形状”。

选择第 3 张幻灯片，设置幻灯片切换方式为“华丽型”—“时钟”。

选择第 4 张幻灯片，设置幻灯片切换方式为“华丽型”—“时钟”。

选择第 5 张幻灯片，设置幻灯片切换方式为“华丽型”—“时钟”。

选择第 6 张幻灯片，设置幻灯片切换方式为“华丽型”—“时钟”。

选择第 7 张幻灯片，设置幻灯片切换方式为“动态内容”—“旋转”。

选择第 8 张幻灯片，设置幻灯片切换方式为“华丽型”—“溶解”。

做中学

幻灯片的切换效果是指在幻灯片播放过程中，从一张幻灯片切换到另一张幻灯片时的效果。对幻灯片设置切换效果后，可丰富放映时的动态效果。

在【切换】|【切换到此幻灯片】的切换效果下拉列表中，PowerPoint 2010 提供了许多种切换方式。为幻灯片设置切换方式后，还可在【切换到此幻灯片】组中单击“效果选项”按钮，对所选切换效果的属性进行更改，比如方向或颜色。

切换效果设置好后，系统会自动演示该切换效果，用户还可以通过单击【切换】|【预览】组的“预览”按钮，预览所设的切换效果。

利用【切换】|【计时】组中的【声音】可以给切换加上声音，【持续时间】可以设置切换效果的时长，【换片方式】可以设置幻灯片的换片方式等。

在【切换】|【切换到此幻灯片】的切换效果下拉列表中选择“无”选项，即可删除当前幻灯片的切换效果。在【切换】|【计时】|【声音】下拉列表中选择“无声音”选项，可删除切换声音。

步骤 19：保存演示文稿并观看放映效果。

步骤 20：把演示文稿生成为视频文件。

单击【文件】|【保存并发送】|【创建视频】命令，如图 5-61 所示。单击右侧的“创建视频”按钮，弹出如图 5-62 所示的对话框，选择保存文件的位置，输入文件名“年度销售报告”，保存类型默认为 Windows Media 视频，单击“保存”按钮，则生成了一个“年度销售报告.wmv”视频文件。

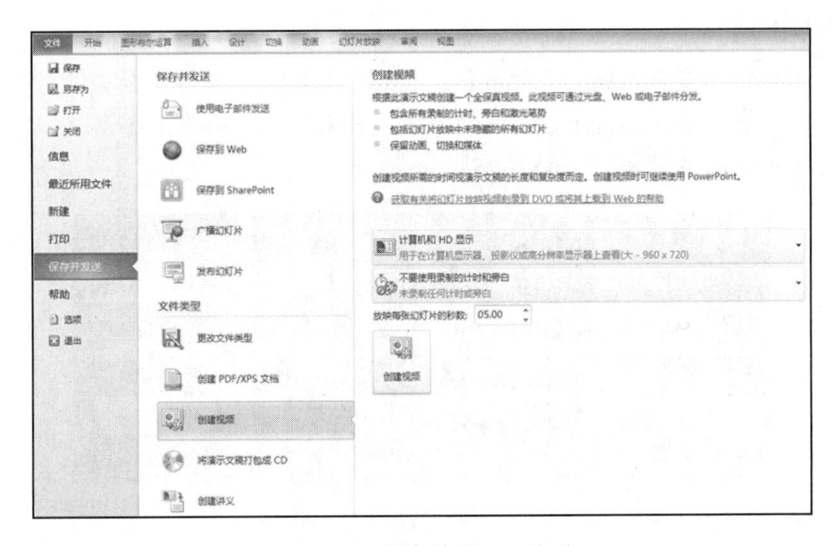

图 5-61 “保存并发送”选项

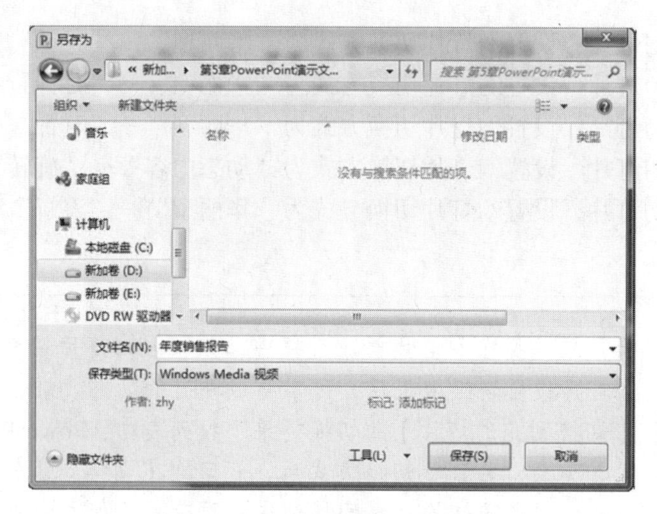

图 5-62 “另存为视频”对话框

拓展阅读

利用【文件】|【保存并发送】菜单，可以：

- 创建 PDF：将演示文稿 PPTX 文件转换成 PDF 文件。
- 创建视频：将演示文稿 PPTX 文件转换成 Windows Media 视频文件。
- 将演示文稿打包成 CD：将演示文稿 PPTX 文件转换成光盘（CD）文件。
- 创建讲义：使用 Microsoft Word 创建讲义，则可以将演示文稿内容转成 Word 文档。

步骤 21：用 Windows Media Player 播放转换出来的视频文件。

任务三　制作公司产品宣传册演示文稿

【任务引例】

为了更好地宣传众惠电脑官方旗舰店，公司需要准备一份介绍公司业务范围和主营产品的电子宣传册。公司主管把这个制作演示文稿的任务安排给了小李。

本任务完成后的效果如图 5-63 所示。

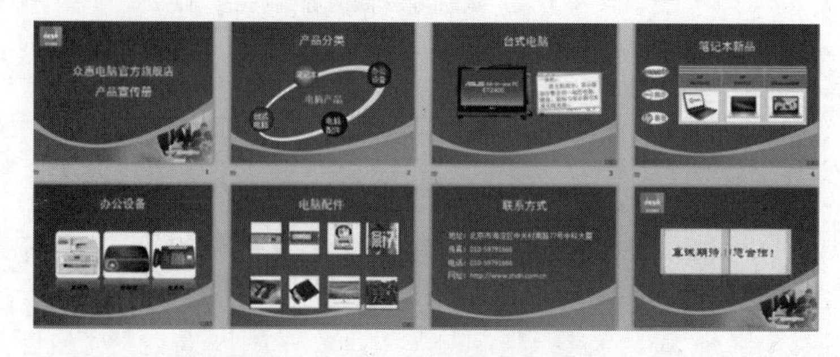

图 5-63 公司产品宣传册演示文稿

【相关知识】

1. 幻灯片母版

幻灯片母版是存储关于模板信息的设计模板，包括字形、占位符大小和位置、图形、背景设计和配色方案等。幻灯片母版上的对象将出现在每张幻灯片的相同位置上。使用母版可以方便地统一幻灯片的风格，并减少很多重复性的编辑工作。用户可以在母版视图中自己制作母版。

2. 幻灯片动画

动画效果是演示文稿中常用的辅助和强调表现手段，也是制作演示文稿最出彩和最重要的一步。它可以对幻灯片中的标题、文本和图片等对象设置动画效果，赋予它们进入、退出、变化及移动等动态的视觉效果，让幻灯片动起来。

在 PowerPoint 2010 中，动画效果主要包括进入、强调、退出和动作路径 4 种。

- 进入效果：设置对象逐渐淡入、从边缘飞入或者跳入幻灯片等效果。
- 强调效果：设置对象缩小或放大、更改颜色或沿着其中心旋转等效果。
- 退出效果：设置对象飞出幻灯片、从视图中消失或者从幻灯片旋出等效果。
- 动作路径效果：设置对象以指定的模式或路径进入幻灯片的效果。

【业务操作】

步骤 1：新建空白演示文稿“公司产品宣传册.pptx”，切换到【视图】选项卡，在【母版视图】组中单击“幻灯片母版”按钮，切换到幻灯片母版视图中。

步骤 2：编辑主题母版。

选择标号为 1 的“Office 主题 幻灯片母版”，单击【幻灯片母版】|【背景】功能组右下角的对话框启动器，打开【设置背景格式】对话框，在“填充”选项中设置填充为“图片或纹理填充”，在“插入自”选项组中单击 文件(F)... 按钮，打开“插入图片”对话框。

在对话框中选择 PowerPoint 素材文件夹中的图片“background1.jpg”，如图 5-64 所示。

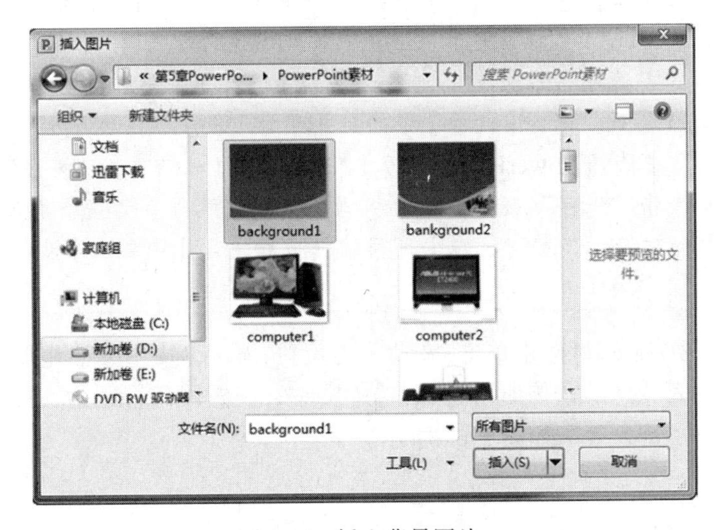

图 5-64 插入背景图片

单击“插入”按钮，返回“设置背景格式”对话框，单击“关闭”按钮，返回母版视图，效果如图 5-65 所示。

步骤 3：编辑“标题幻灯片 版式”母版。

选择“Office 主题 幻灯片母版”下的“标题幻灯片版式”母版，设置其背景图片为 PowerPoint 素材文件夹中的图片“background 2.jpg”。再在“标题幻灯片版式”母版中插入公司 Logo 图片（PowerPoint 素材文件夹中的图片文件“logo.jpg”），并将其放置在左上角，效果如图 5-66 所示。

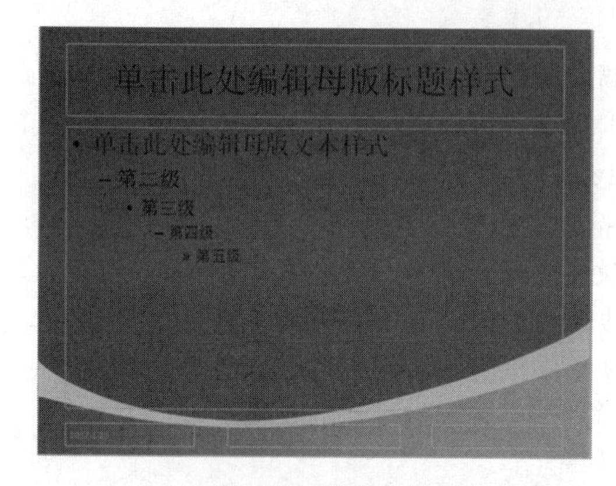

图 5-65 幻灯片母版

图 5-66 标题幻灯片母版

选中“单击此处编辑母版标题样式”占位符，切换到【开始】选项卡，设置字体为“黑体”，设置字体颜色为“黄色”。

步骤 4：单击【幻灯片母版】|【关闭】组中的“关闭母版视图”命令，返回到幻灯片编辑界面。

做中学

在母版编辑中，可以对不同版式的母版进行格式编辑。选中母版中的标题、副标题、内容等占位符，像编排幻灯片一样，可使用各功能选项卡进行格式设置。母版中的这些排版格式将自动应用于对应版式的幻灯片中。

如果以后想在其他演示文稿中使用自己制作的某个母版，可以先把演示文稿另存为 PowerPoint 模板。单击【文件】中的“另存为”命令，打开“另存为”对话框，在“保存类型”中选择 PowerPoint 模板（*.potx），输入文件名，保存位置为系统默认路径，然后单击“保存”按钮，即可将当前演示文稿保存为一份 PowerPoint 模板文件。今后再新建演示文稿时，在【可用的模板和主题】中单击【我的模板】，就可以看到自己已保存的模板。

步骤 5：在第 1 张幻灯片中单击“标题”占位符，输入标题“众惠电脑官方旗舰店”，回车在下一行输入“产品宣传册”，然后选中文本，设置段落行距为“1.5 倍行距”。删除“副标题”占位符，效果如图 5-67 所示。

图 5-67　封面幻灯片

步骤 6：在母版中设置标题的进入动画。

单击【视图】|【母版视图】|【幻灯片母版】，进入幻灯片母版视图。

单击编号为 1 的母版，选中“标题”占位符，切换到【动画】选项卡，在【动画】组中单击动画效果列表框的下拉按钮▾，如图 5-68 所示。

图 5-68　动画选项卡

在弹出的动画效果下拉列表中为“标题”占位符添加一个“进入”动画——“劈裂”效果，如图 5-69 所示。

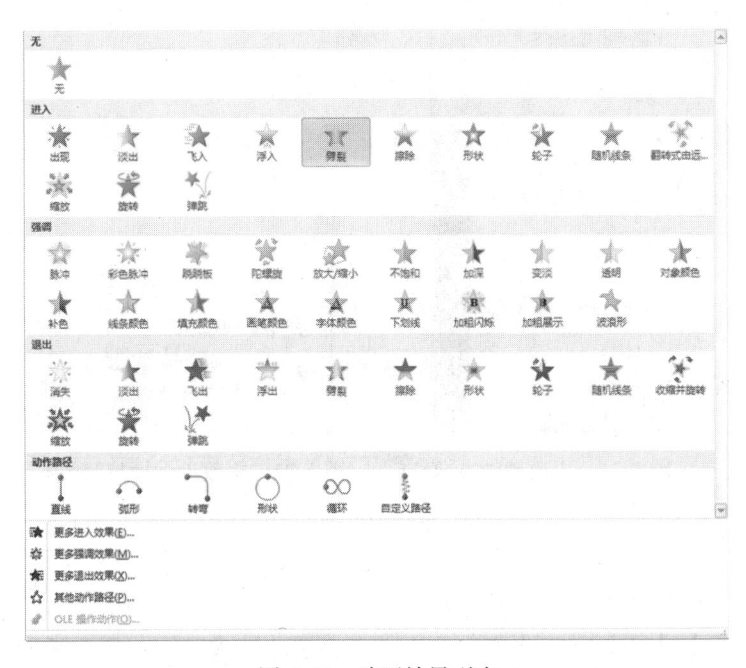

图 5-69　动画效果列表

做中学

如果动画列表的“进入”效果组中没有需要的动画效果，可单击列表下方的“更多进入效果”，在弹出的“更改进入效果”对话框中进行选择，如图5-70所示。

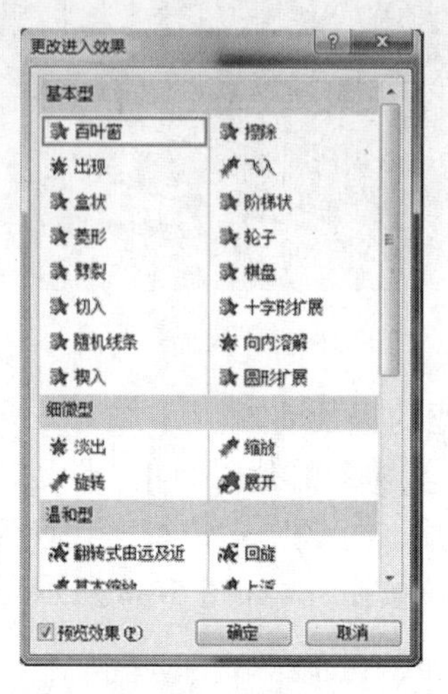

图5-70 “更改进入效果”对话框

单击【动画】|【动画】组的【效果选项】命令，设置“劈裂”方向为“中央向左右展开”，如图5-71所示；在【动画】|【计时】组的【开始】选项中，设置开始播放动画的时间为“与上一动画同时”，如图5-72所示。

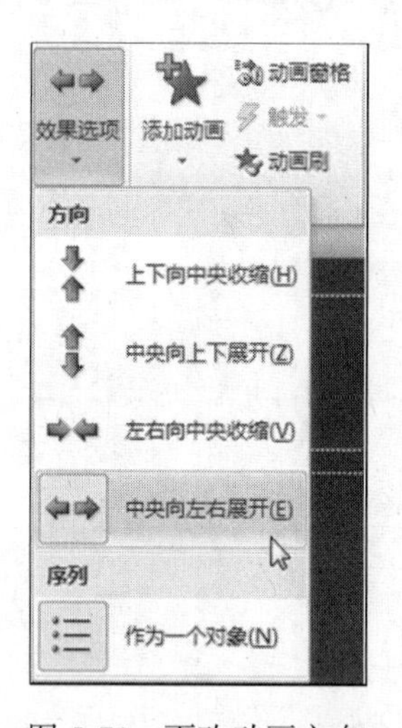

图5-71 更改动画方向

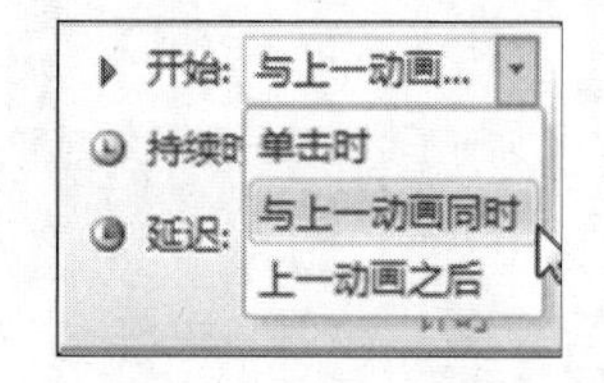

图5-72 更改动画播放时间

做中学

可以利用动画窗格进行动画效果设置。

- 在【动画】|【高级动画】组中单击“动画窗格”按钮，打开动画窗格，显示当前幻灯片的动画效果列表。单击动画窗格中的某个动画效果，便可对该动画效果的设置进行修改。

- 在“动画窗格”中，选择需要重新排序的动画效果，单击窗格下方“重新排序”两侧的“向上”或“向下”按钮，调整该动画到适当的播放位置。
- 在“动画窗格”中选中要设置参数的动画效果，然后可以利用【动画】组的【效果选项】、【计时】组的“开始”、“持续时间”、“延迟”等选项对该动画进行参数调整。
- 【计时】组的【开始】播放动画的时间有3个选项。“单击时”：上一个动画播放完后，单击鼠标才能播放当前动画；“与上一动画同时”：与前一个动画同时播放；“上一动画之后”：在上一个动画播放完毕后自动播放当前动画。
- 在“动画窗格”中选中需要删除的动画效果，单击该动画效果右侧的下拉按钮，在打开的列表中选择“删除”命令，或者直接按键盘上的Delete键即可删除该动画效果。
- 在“动画窗格”中，单击“播放”按钮，可观看当前幻灯片的动画效果。

步骤7：在母版中设置标题幻灯片母版的进入动画。

在标题幻灯片的母版中，单击选中“单击此处编辑母版标题样式”占位符，切换到【动画】选项卡，选择“进入”动画的“飞入”效果，单击【效果选项】右侧的下拉按钮，弹出方向下拉列表，选择“自顶部”，【开始】设置为“与上一动画同时”。

步骤8：切换回【幻灯片母版】选项卡，单击“关闭幻灯片母版”按钮，返回普通视图。

步骤9：编辑“产品分类”幻灯片，添加进入动画和强调动画。

新建第2张幻灯片，输入标题“产品分类”，绘制多个椭圆形状，设置填充、阴影等格式，并按图5-73所示在形状中添加文字。

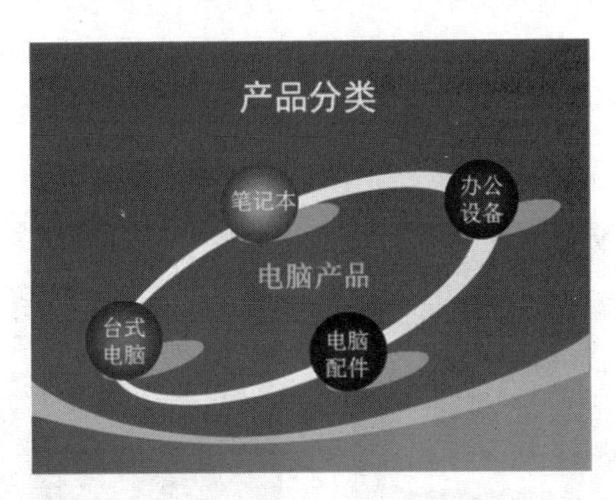

图5-73 “产品分类”幻灯片

按住Ctrl键的同时单击选中四个椭圆，在【动画】|【动画】组的动画列表中选择“形状”进入动画效果，【开始】设置为“上一动画之后”。单击“动画窗格”按钮，可以在动画窗格中看到已设置的动画列表。

按住Ctrl键的同时选中四个文本框，在【动画】|【动画】组的动画列表中选择“淡出”进入动画效果，【开始】设置为“与上一动画同时”。然后，单击【高级动画】组中的“添加动画”按钮，为四个文本框再添加“陀螺旋”强调动画（见图5-74），【开始】设置为“与上一动画同时”。

5-74 强调动画效果列表

温馨提示

在设置动画效果时，如果要给同一对象添加多种动画效果，必须在“添加动画”下拉菜单中选择动画，否则第二次选择的动画将覆盖之前的动画。

步骤 10：编辑“台式电脑”幻灯片。

新建第 3 张幻灯片，输入标题“台式电脑”。

在幻灯片中插入 PowerPoint 素材文件夹下的台式机图片“computer1.jpg”，调整图片大小和位置。选中该图片，单击【图片工具】|【格式】|【调整】功能组中的“删除背景”命令，此时图片四周会出现图片的 8 个调整框，拖动调整框到合适位置后，单击幻灯片其他位置即可看到图片背景被删除。

在幻灯片中插入一个文本框，设置文本框样式，填充为“白色”，线条颜色为“茶色”，线条宽度为“6 磅”，然后输入文字，如图 5-75 所示。

复制图片和文本框副本，然后选中图片副本，更改图片为 PowerPoint 素材文件夹下的一体机图片“computer2.jpg”，将文本框副本旋转-3°，并修改其文本，效果如图 5-76 所示。

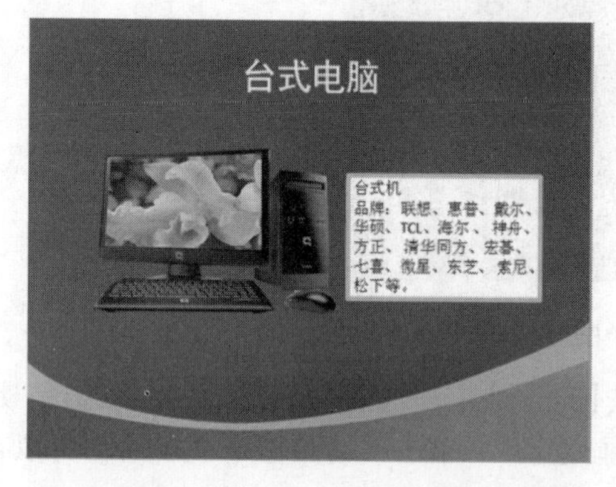

图 5-75 “台式电脑”幻灯片

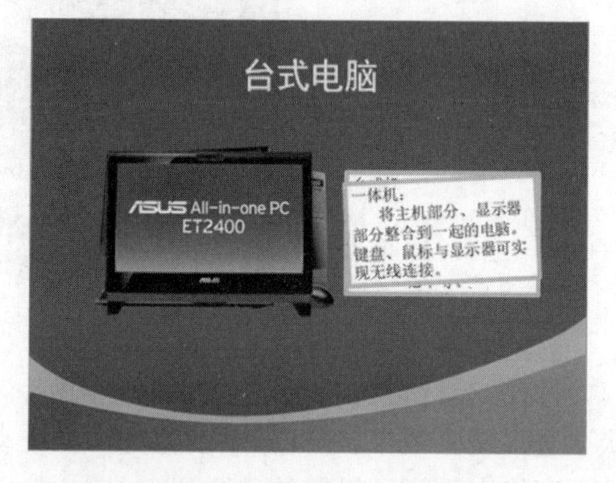

图 5-76 复制图片和文本框

温馨提示

制作 PPT 时，图片处理也非常重要。PowerPoint 2010 的图像处理整合了很多 Photoshop 的功能，如强大的抠图功能。选中图片后，单击【图片工具】|【格式】，可以便捷地执行删除背景、剪裁图片、更改图片颜色、更改图片样式等图片编辑操作。

步骤 11：添加进入动画和退出动画。

在第 3 张幻灯片中，选择台式机图片，添加“劈裂”进入动画效果，将【效果选项】|【方向】设为“中央向上下展开”，【开始】设为“与上一动画同时”。选中台式机介绍的文本框，添加“浮入”进入动画效果，将【效果选项】|【方向】设为“下浮”，【开始】设为“与上一动画同时”。

再次选中台式机图片，单击【添加效果】按钮，添加【退出】动画列表中的“收缩并旋转”效果，【开始】设为“单击时”，退出动画效果列表如图 5-77 所示。选中台式机介绍的文本框，添加“淡出”退出动画效果，【开始】设为“与上一动画同时”。

选中一体机图片，添加“浮入”进入动画效果，将【效果选项】|【方向】设为“上浮”，【开始】设为“与上一动画同时”。选中一体机介绍的文本框，添加“翻转式由远及近”进入动画效果，将【开始】设为“与上一动画同时”。

步骤 12：单击“动画窗格”按钮，屏幕右侧出现动画窗格，在动画窗格中显示了第 3 张幻灯片的全部动画效果列表，如图 5-78 所示。单击“播放”按钮，查看动画效果。如果有的动画顺序不符合要求，可以单击该动画，然后单击窗格下方的向上、向下箭头来更改动画顺序。

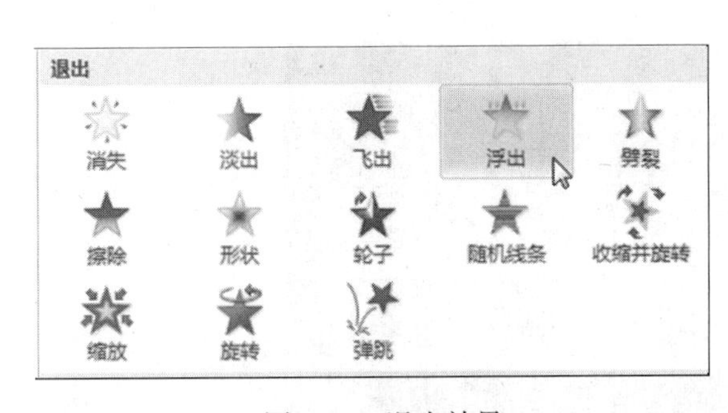

图 5-77　退出效果

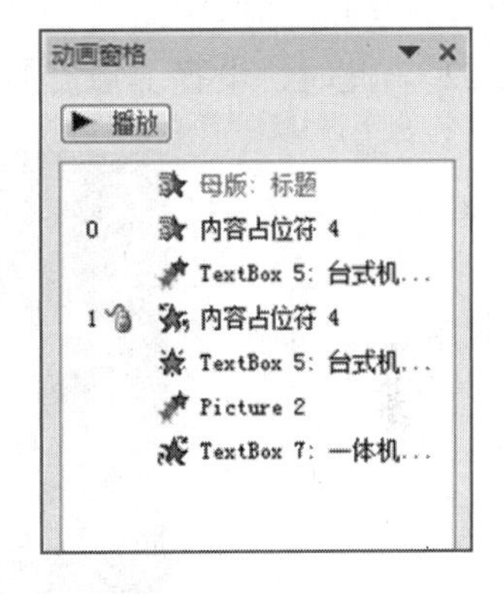

图 5-78　查看动画顺序

步骤 13：编辑“笔记本电脑新品”幻灯片。

新建第 4 张幻灯片，输入标题“笔记本电脑新品”。

插入联想、戴尔和惠普的三个小图标，分别为 PowerPoint 素材文件夹下的“icon1.jpg”、“icon2.jpg”和“icon3.jpg”，把图标垂直排列在左侧。选中这三个小图标，单击【图片工具】|【格式】|【大小】组中【裁剪】按钮下方的下拉三角，选择“裁剪为形状”—“椭圆”，图标变为椭圆形状。

在幻灯片中插入 PowerPoint 素材文件夹下的 lenovo.jpg、dell.jpg 和 hp.jpg 三张笔记本电脑图片，排列好位置，完成后效果如图 5-79 所示。

选中 lenovo.jpg 笔记本电脑图片，为其添加进入动画效果和退出动画效果，效果自行设定。同样，给 dell.jpg 和 hp.jpg 笔记本电脑图片也添加进入动画效果和退出动画效果，效果自行设定。

步骤 14：使用触发器制作导航菜单效果。

在第 4 张幻灯片中，选中联想笔记本电脑图片，单击【高级动画】组中的【触发】下拉三角按钮，在弹出的菜单中选择“单击”选项下的 lenovo 联想小图标（Picture4），如图 5-80 所示。这样，在播放幻灯片时，单击 lenovo 联想图标可以触发联想笔记本电脑图片动画的执行。

图 5-79 “笔记本电脑新品”幻灯片

图 5-80 使用触发器

用同样的操作方法，选中戴尔笔记本电脑图片，设置其动画效果的触发器为戴尔图标（Picture5），再选中惠普笔记本电脑图片，设置其动画效果的触发器为惠普图标（Picture2）。此时，设置了触发器的图片旁边都出现了闪电图标，如图 5-81 所示。

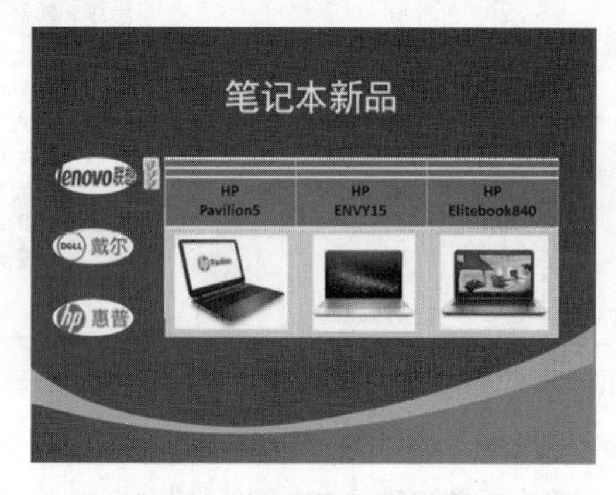

图 5-81 设置了触发器的幻灯片

放映幻灯片时，单击某一个触发器，则显示对应的图片。再次单击触发器，则对应图片消失。

温馨提示

在指定触发器时，常常不知道对象名称，此时可以先在幻灯片中选择对象，然后单击【开始】|【编辑】|【选择】下拉菜单中的“选择窗格”，在“选择和可见性”窗口中查看选中项，该选项名称为对象名称。

步骤 15：编辑“办公设备”幻灯片。

新建第 5 张幻灯片，输入标题“办公设备”，插入电脑办公设备图片（PowerPoint 素材文件夹下的打印机图片“printer.jpg”、投影仪图片“projector.jpg”、传真机图片“fax.jpg”）。

同时选中这三张图片，切换到【图片工具】|【格式】选项卡，设置图片样式为“映像圆角矩形”，如图 5-82 所示。

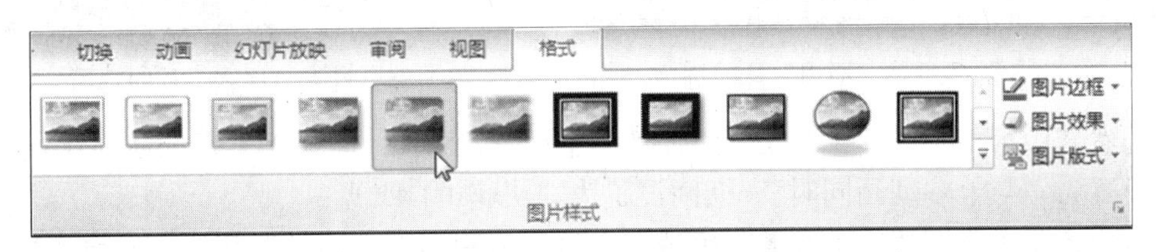

图 5-82　设置图片样式

选中该幻灯片上的三张图片，添加动画效果为“进入”动画效果组的“轮子”效果，设置动画开始时间为“与上一动画同时”。

插入三个文本框，依次放置在三张图片下面，文字分别为“复印机”、“投影仪”和“传真机”，并设置文本框的进入动画效果为“淡入”，动画开始时间为“与上一动画同时”。完成后效果如图 5-83 所示。

图 5-83　“办公设备”幻灯片

步骤 16：制作多种动画组合的动态效果。

新建第 6 张幻灯片，输入标题“电脑配件”，插入 8 张电脑配件图片（PowerPoint 素材文件夹下的 part1.jpg 至part8.jpg），并调整好图片位置，排列成两行。

选中第 1 张图片，设置“淡出”进入动画效果，打开“效果选项”对话框，在【计时】选项卡中，将“开始”选项设置为“与上一动画同时”，“期间”选项设置为“1.25 秒”，如图 5-84 所示。

再次选中第 1 张图片，单击【添加动画】命令，添加“飞入”进入动画效果，“方向”设置为“自左下部”，“开始”设置为“与上一动画同时”，“期间”设置为“快速（1 秒）”，如图 5-85 所示。

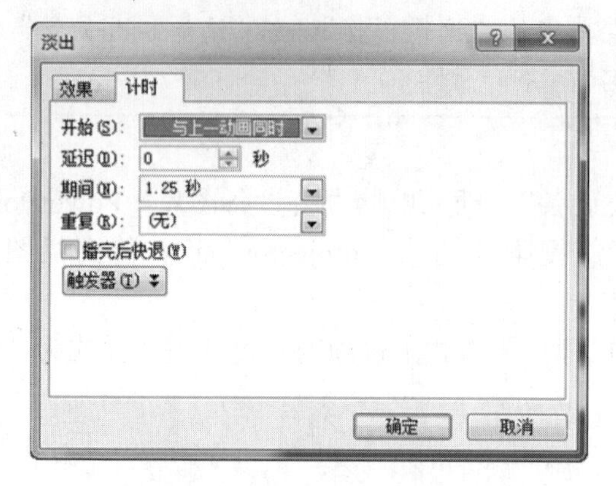

图 5-84 设置“淡出”计时选项

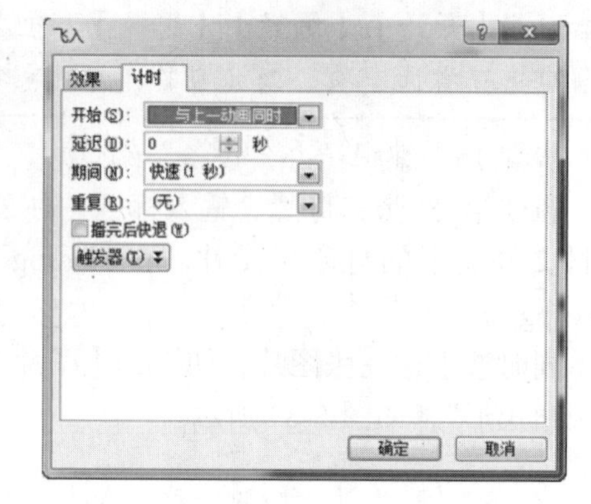

图 5-85 设置“飞入”计时选项

仍然选中第 1 张图片，单击【添加动画】命令，添加“陀螺旋”强调动画效果，“开始”设置为“与上一动画同时”，期间设置为“快速（1 秒）”。

这样，第 1 张图片的动画效果完成了。接下来利用动画刷设置其他图片动画效果。

在幻灯片中选中第 1 张图片，单击【动画】|【高级动画】的“动画刷”按钮，然后在第 2 张图片上单击，则第 2 张图片具有了和第 1 张图片相同的动画效果。在【动画窗格】中修改第 2 张图片“淡出”效果的【延迟】为“0.1 秒”，“飞入”效果的【方向】为“自左侧”。

在幻灯片中选中第 2 张图片，双击【动画刷】按钮，然后依次单击第 3 张图片、第 4 张图片、第 5 张图片、第 6 张图片、第 7 张图片和第 8 张图片，最后单击【动画刷】，取消动画刷的选中状态。

修改第 3~8 张图片的“飞入”动画方向：第 3 张图片的飞入方向设为“自左下部”；第 4 张图片的飞入方向设为“自左上部”；第 5 张图片的飞入方向设为“自右部”；第 6 张图片的飞入方向设为“自右上部”；第 7 张图片的飞入方向设为“自顶部”；第 8 张图片的飞入方向设为“自右下部”。

完成后的幻灯片效果如图 5-86 所示。

图 5-86 “电脑配件”幻灯片

做中学

PowerPoint 2010 新增了动画刷的工具，与 Word 里面的“格式刷”类似，可以将一个对象的格式复制到其他对象上。该工具可以对动画效果进行复制操作，即将某一个对象上的动画复制到另一个对象上。

先在幻灯片中选中需要复制其动画效果的对象，再单击【动画】|【高级动画】组中的“动画刷”按钮，这时光标右边将出现一个刷子的图案，单击目标对象，即可将源对象的动画效果复制到目标对象上，从而实现动画效果的复制。

如果要让多个对象都应用相同的动画效果，则双击“动画刷”，此时“动画刷”呈橙色选中状态，再单击各个目标对象，给多个目标对象“刷上”相同的动画效果，使用完动画刷后再次单击“动画刷”按钮即可取消动画刷。

步骤 17：制作文字打印机效果。

新建第 7 张幻灯片，输入标题“联系方式”。

插入文本框，按照图 5-87 输入文本，设置文本字体为“宋体”，字号为“28”，字的颜色为“白色”，段落行距为“1.5 倍行距”。

设置文本框的动画效果为“进入”动画效果组的“淡出”效果，动画开始方式为“与上一动画同时”。

选中文本框，在【动画窗格】面板中，单击该文本框动画效果右侧的下拉三角按钮，在展开的菜单中选择“效果选项”命令，在打开的对话框中选择【效果】选项卡，设置【动画文本】为“按字母”，如图 5-88 所示，然后单击“确定”按钮，该文本的动画效果就设置好了。

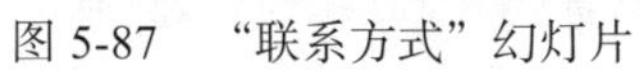
图 5-87 “联系方式”幻灯片

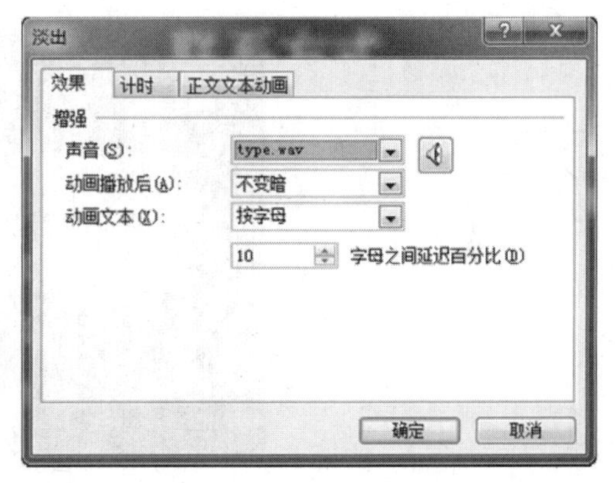

图 5-88 文本效果选项

步骤 18：制作卷轴效果。

新建第 8 张幻灯片，幻灯片版式为“标题幻灯片”。删除标题和副标题占位符。

插入 PowerPoint 素材文件夹下的卷轴图片“scroll.jpg”，并删除图片背景。

插入两个左右边轴图片（PowerPoint 素材文件夹下的“left.jpg”和“right.jpg”），放置于卷轴图片中央。

选中左边轴图片，在【动画】|【动画】组的动画效果下拉列表中选择“动作路径”

列表中的“直线”，设置【动画】|【动画】组中的【效果选项】中的“方向”为“靠左”，“开始”为“与上一动画同时”，期间为“中速（2 秒）”，如图 5-89 所示。此时会出现一条直线动作路径，按住左键向左拖动左侧红色箭头，将动作路径的结束位置调整为与卷轴图片左轴重合的位置。

用同样的操作方法，设置右边轴图片的动作路径，“方向”设置为“右”，“期间”设置为“中速（2 秒）”，结束位置为与卷轴图片右轴重合的位置。

选中卷轴图片，添加“劈裂”进入动画效果，设置【效果选项】中的“方向”为“中央向左右展开”，“开始”方式为“与上一动画同时”，“延迟”为“0.2 秒”，“期间”为“中速（2 秒）”，如图 5-90 所示。

图 5-89　设置动作路径

图 5-90　设置卷轴动画

完成后幻灯片效果如图 5-91 所示。

图 5-91　制作卷轴效果

做中学

● 动作路径动画

用户可以为对象设置一定的动作路径，使其按照指定的路径移动，如沿直线、弧形、圆形等路径进行移动。除了动画效果列表的动作路径项中列出的几种路径外，如果需要添加其他动作路径，可以先在幻灯片中选中需要编辑的对象，再单击图 5-69

中的“其他动作路径”选项，打开“添加动作路径”对话框（见图 5-92），在其中选择一个动作路径，单击“确定”按钮，即可完成动作路径动画的添加。

图 5-92　添加动作路径

- 自定义路径动画

前面的动作路径可以让对象按一定形状的轨迹进行运动。如果想更加灵活地设置动画对象运动的轨迹，可以使用自定义路径动画。单击要设置自定义路径动画的对象，在【动画】|【动画】组的下拉列表里的“动作路径”项中选择“自定义路径”选项。当光标变成十字形状时，按住鼠标左键不放，任意绘制一条轨迹，绘制完后在幻灯片上双击，即可完成自定义路径的绘制。

步骤 19：为幻灯片插入音频或视频。

插入音频或视频的操作方法很相似，下面以插入音频为例。

选择第 1 张幻灯片，切换到【插入】选项卡，选择【媒体】组中的插入音频按钮。在弹出的“插入音频”对话框中选择 PowerPoint 素材文件夹中的音频文件 music.mp3，单击“插入”按钮，如图 5-93 所示。

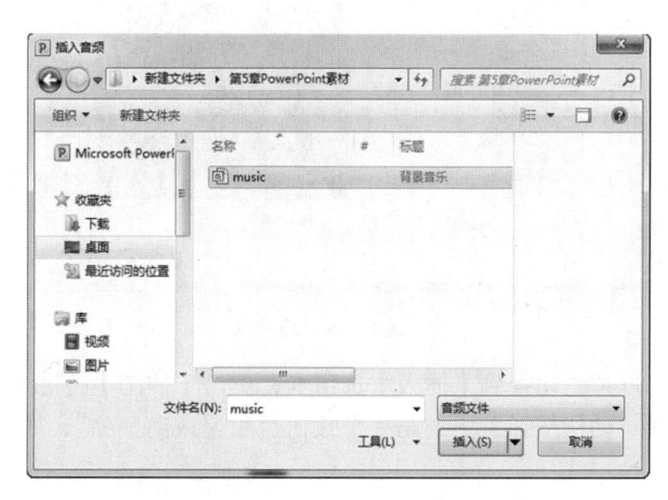

图 5-93　“插入音频”对话框

在幻灯片中，将代表声音文件的喇叭图标缩小，放置在幻灯片右下角。

选中声音文件图标，单击【音频工具】|【播放】选项卡，在【音频选项】组中勾选“循环播放，直到停止”，如图 5-94 所示。

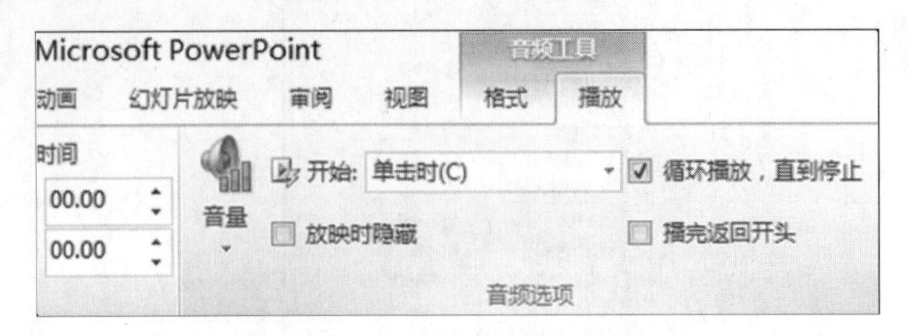

图 5-94　音频工具“播放”选项卡

做中学

为了使幻灯片带给观众听觉、视觉上的冲击，可在演示文稿中插入音频和视频。

单击【插入】|【媒体】|【音频】命令，在下拉列表中可选择音频文件的来源，包括文件中的音频、剪贴画音频和录制音频。

单击【插入】|【媒体】|【视频】命令，在下拉列表中可选择视频文件的来源，包括文件中的视频、来自网站的视频和剪贴画视频。

步骤 20：插入超链接和动作按钮。

在第 2 张“产品分类”幻灯片中，选择要添加链接的“台式电脑”文本框，单击【插入】|【链接】|【超链接】命令，打开“插入超链接”对话框。在左侧“链接到”列表框中单击“本文档中的位置”，并在“请选择文档中的位置”列表框中选择第 3 张“台式电脑”幻灯片（见图 5-95），然后单击“确定”按钮。

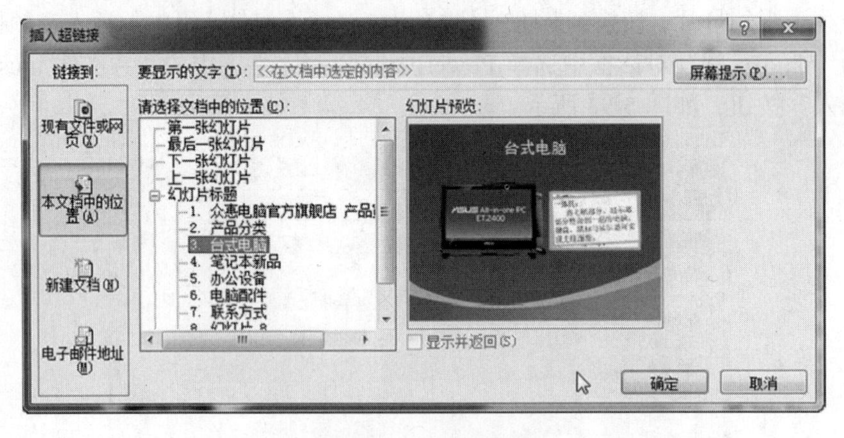

图 5-95　插入超链接

选中第 3 张幻灯片，切换到【插入】选项卡，单击【插图】|【形状】命令，在弹出的下拉列表中选择“动作按钮”中的第一个按钮“后退或前一项”，如图 5-96 所示。

图 5-96　动作按钮

此时光标变成十字形，按住左键在幻灯片上进行拖曳，绘制动作按钮◀。松开左键，弹出“动作设置”对话框，在“超链接到”下拉列表中选择“幻灯片…”，如图 5-97 所示。

在自动弹出的“超链接到幻灯片”对话框中选择第 2 张“产品分类”幻灯片（见图 5-98），然后单击“确定”按钮，返回到“动作设置”对话框，再单击“确定”按钮完成动作设置。

动作设置
单击鼠标　鼠标移过
单击鼠标时的动作
无动作(N)
超链接到(H):
上一张幻灯片
结束放映
自定义放映...
幻灯片...
URL...
其他 PowerPoint 演示文稿...
其他文件...
对象动作(A):
播放声音(P):
[无声音]
单击时突出显示(C)
确定　取消

图 5-97　动作设置对话框

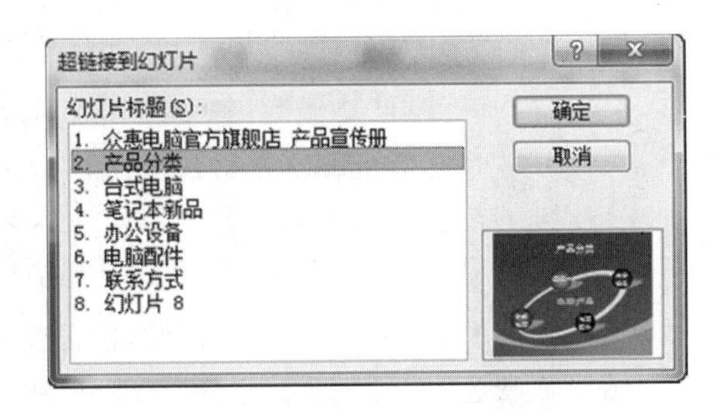

图 5-98　超链接到幻灯片对话框

温馨提示

设置完超链接和动作按钮后，在幻灯片放映状态下，单击第 2 张“产品分类”幻灯片中的“台式电脑”超链接，可以跳转到第 3 张幻灯片，在第 3 张幻灯片中单击“后退或前一项”动作按钮，可返回到第 2 张“产品分类”幻灯片。

步骤 21：用同样的操作方法，为第 2 张幻灯片的“笔记本电脑”、“办公设备”、“电脑配件”三个文本框添加超链接，分别超链接到第 4 张、第 5 张、第 6 张幻灯片。复制第 3 张幻灯片的“后退或前一项”动作按钮到第 4 张、第 5 张、第 6 张幻灯片，从而这三张幻灯片均可链接到第 2 张幻灯片。

做中学

制作演示文稿时，可以为任何一个文本或者其他的对象（如图片、图形、图表和表格）插入超链接，实现放映时幻灯片之间的跳转。超链接的链接目标有四种：现有文件或网页、本文档中的位置、新建文档、电子邮件地址。

动作设置是指为对象设置单击或者悬停鼠标时要执行的操作，通过动作设置可以创建超链接。动作设置可以通过【插入】|【插图】|【形状】列表中的“动作按钮”

来设置，也可以在幻灯片中选择要添加动作的对象，单击【插入】|【链接】|【动作】命令来设置。

右键单击已经创建了超链接的对象或动作按钮对象，在弹出的快捷菜单中选择“编辑超链接”或“取消超链接”，即可修改超链接或删除超链接。

步骤 22：设置演示文稿的放映方式。

单击【幻灯片放映】|【设置】|【设置幻灯片放映】命令，弹出“设置放映方式”对话框，如图 5-99 所示。

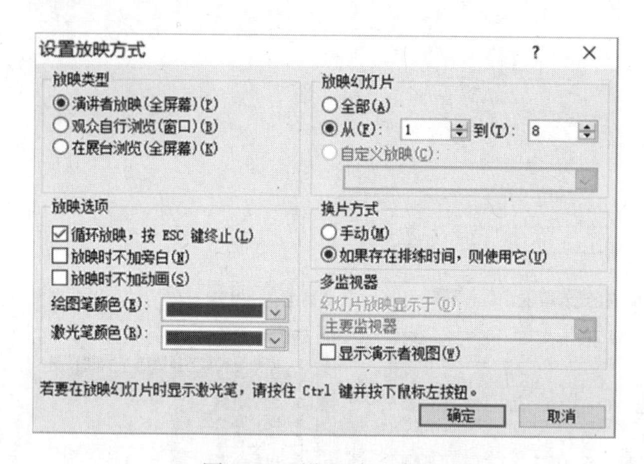

图 5-99 设置放映方式

在“放映类型”设置中，选择“演讲者放映（全屏幕）”选项。

在“放映选项”设置中，选择“循环放映，按 ESC 键终止”选项。

在“放映幻灯片”设置中，系统默认设置为放映全部幻灯片。如果需要指定只放映其中的几张幻灯片，则可以选中“从……到……”单选按钮，在两个微调框中分别输入开始放映和结束放映的幻灯片编号。

设置完成，单击“确定”按钮。

拓展阅读

PowerPoint 2010 提供了 3 种放映类型，分别是演讲者放映（全屏幕）、观众自行浏览（窗口）和在展台浏览（全屏幕）。在放映幻灯片时，用户可以根据自己的需要设置幻灯片放映类型，其中演讲者放映为默认放映方式。

- 演讲者放映（全屏幕）

该方式是传统的全屏放映方式，常应用于演讲者亲自播放演示文稿。对于这种方式，演讲者具有完全的控制权，可以决定采用自动方式还是人工方式放映。同时，还可以在放映的过程中进行暂停、回放、录入旁白、添加会议细节等操作。

- 观众自行浏览（窗口）

该方式是以一种较小的规模进行放映。以这种方式放映演示文稿时，该演示文稿会出现在标准窗口内，并提供相应的操作命令，允许用户移动、编辑、复制和打印幻灯片。

- 展台浏览（全屏幕）

该方式是一种自动运行全屏循环放映的方式，放映结束 5 分钟之内，用户没有指令则重新放映。另外，在这种方式下，演示文稿通常会自动放映，并且大多数的控制命令都不可以使用，只能使用【Esc】键终止幻灯片的放映。观众可以切换幻灯片，单击超链接或动作按钮，但是不可以更改演示文稿。

步骤 23：保存并播放演示文稿。

保存演示文稿为“公司产品宣传册.pptx”。单击【幻灯片放映】|【开始放映幻灯片】|【从头开始】选项，观看幻灯片的放映效果。

在播放演示文稿时，用户可以使用画笔在幻灯片上进行圈注、勾画等操作，以吸引观众的注意力和增强演示文稿的表达能力。在放映界面上右击，在弹出的快捷菜单中选择【指针选项】|【笔】（见图 5-100），能将光标变成笔，启动画笔功能。当退出放映时，系统会弹出对话框，提示是否保留墨迹注释，如图 5-101 所示，一般选择“放弃”即可。

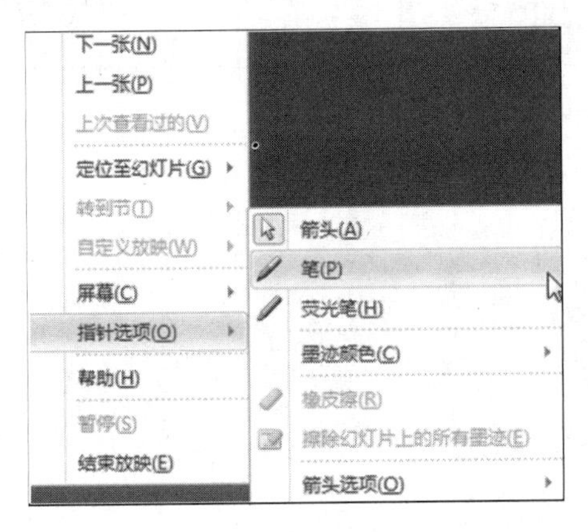

图 5-100 播放时使用画笔

图 5-101 是否保留墨迹注释

项目小结

本项目针对众惠电脑官方旗舰店销售部的日常文秘业务，使用 PowerPoint 2010 软件完成了三个演示文稿的制作任务，分别为入职培训演示文稿、年度报告演示文稿和公司宣传册演示文稿。项目的操作涵盖 PowerPoint 2010 软件的演示文稿创建、幻灯片编辑、插入对象、设置格式、插入动画、设计母版、演示文稿播放等常用功能。通过本项目的学习，读者能够熟练使用 PowerPoint 2010 软件完成日常工作中的演示文稿设计、制作和播放任务。

习题与实训

制作一个关于大学生网购情况的调查报告演示文稿，操作要求如下：

（1）新建一个“网购调查报告.pptx”演示文稿。

（2）制作封面幻灯片，输入“大学生网购情况调查报告”，并设置文字格式。

（3）制作目录幻灯片，插入“矩形”形状，输入文字，设置形状和文字格式。

（4）制作多张内容页幻灯片，综合使用文字、表格、图表、图形、图片等形式。

（5）制作封底幻灯片，输入“Thank you!”，设置文字格式。

（6）设置各幻灯片的动画效果和切换效果。

演示文稿完成效果参考图 5-102。

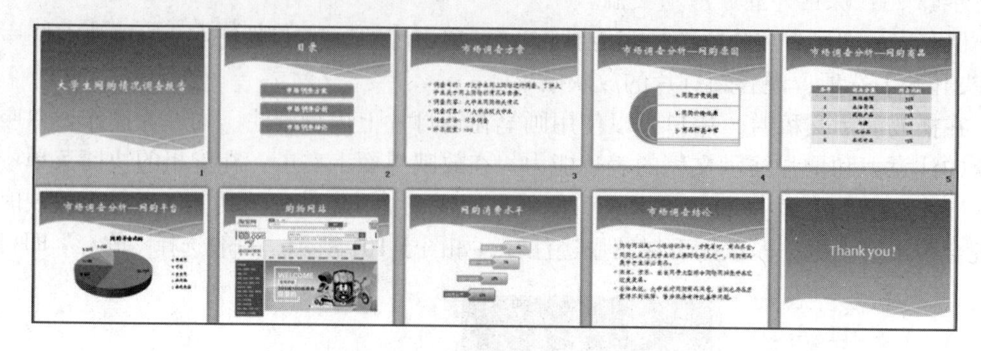

图 5-102 “网购调查报告”演示文稿

项目六 Internet 应用

学习目标

随着网络进入千家万户，Internet 技术及电子商务发展给人们生活工作的各个层面带来了深刻的影响。Internet 技术广泛应用于家庭生活、日常办公、企业管理、商业金融、教育教学、科学技术、医疗卫生、军事指挥等各个领域。在这个科技迅速发展的时代，人人应该与时俱进。掌握必要的信息技术，将其熟练地应用于工作和生活中，以便更好地为日常工作和学习服务。

通过本项目的学习，使读者学会无线办公网络环境的搭建；学会使用搜索引擎；掌握电子邮件的收发；掌握 QQ 即时通信工具的使用方法；掌握网上购物的操作流程。

工作任务

利用 Internet 常用技术完成上网、搜索、收发电子邮件、QQ 通信和网络采购等任务。

通过本项目的实践，围绕国庆节销售活动，使用 Internet 的常用技能，完成公司销售活动的前期准备。

项目引例

众惠电脑官方旗舰店是一家以电脑硬件销售和整机组装销售为主要业务的小型电商企业。公司为了回馈老顾客，吸引新客户，从而提升销售额，增长店铺的人气，希望在国庆节搞促销活动。为了保障活动的顺利进行，总经理给小张下达了如下任务：（1）搭建公司无线上网环境；（2）查找邮箱、即时通信工具、智能定时插座等；（3）安装即时通信工具，增加客户交流平台；（4）针对部分老客户，发出活动电子邀请函；（5）网络采购 50 个智能定时插座作为购机活动赠送礼品。

任务一 搭建无线网络办公环境

【任务引例】

由于众惠电脑官方旗舰店的日常销售、办公需要无线上网，因此公司采购了一台企业级无线路由器，安排小张为公司搭建一个无线上网环境。企业宽带接入方式为光纤接入，ISP 提供光纤“猫”及其固定 IP 地址，设备连接方式如图 6-1 所示。小张主要针对无线路由器进行相关设置，保证企业内部用网的方便与安全。本任务完成后，公司员工可以通过无线 SSID 和密码登录上网。

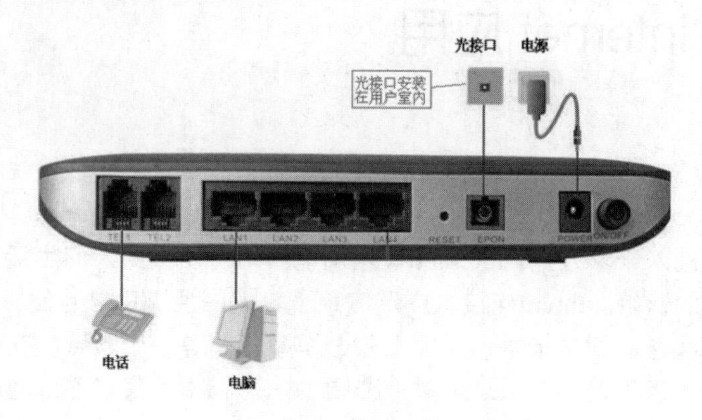

图 6-1 光纤“猫”和无线路由器的连接

【相关知识】

无线路由器是家庭网络和小型办公网络环境搭建的必选产品。消费者在购买时，经常会在产品的外包装上看到一些路由器的具体参数。下面就选购无线路由器产品应该关注的主要性能指标做一些详细说明。

（1）无线标准

常用的无线网络标准主要有美国 IEEE（电气电子工程师协会，The Institute of Electrical and Electronics Engineers）所制定的 802.11 标准。

- IEEE 802.11a：使用 5 GHz 频段，传输速度 54 Mbps，与 802.11b 不兼容。
- IEEE 802.11b：使用 2.4 GHz 频段，传输速度 11 Mbps 。
- IEEE 802.11g：使用 2.4 GHz 频段，传输速度主要有 54 Mbps、108 Mbps，可向下兼容 802.11b。
- IEEE 802.11n：使用 2.4 GHz 频段，传输速度可达 300 Mbps，目前 IEEE 802.11n 已经成为无线网络产品的主流，并兼容 IEEE 802.11b、IEEE 802.11g 标准。
- IEEE 802.11ac：第五代无线标准，这种无线标准的最低速度可达 450 Mbps，最高速度可达 1 Gbps 以上。

（2）支持双频

双频智能无线路由器是指同时工作在 2.4 GHz 和 5.0 GHz 频段的无线路由器，相比于单频段无线路由器，它具有更高的无线传输速率，具备更强的抗干扰性，无线信号更强，稳定性更高，不容易掉线。

【业务操作】

步骤 1：连接无线路由器与光接口。

将无线路由器的 WAN 口（一般为蓝色接口）与光纤“猫”的任一 LAN 接口（一般为黄色接口）用以太网网线连接。

步骤 2：接通电源并连接电脑。

给光纤“猫”和无线路由器接通电源，再用一根网线连接无线路由器和电脑。

步骤 3：进入无线路由器调试页面。

打开电脑上的 IE 浏览器，在地址栏中输入“192.168.31.1”之后按回车键，进入无线路由器调试页面，如图 6-2 所示，单击该页面的“同意，继续”按钮。

图 6-2　路由器调试页面

温馨提示

本任务所选无线路由器为小米 3 双频智能无线路由器，访问该路由器的管理 IP 在设备的背面已经标识好了，如图 6-3、图 6-4 所示。

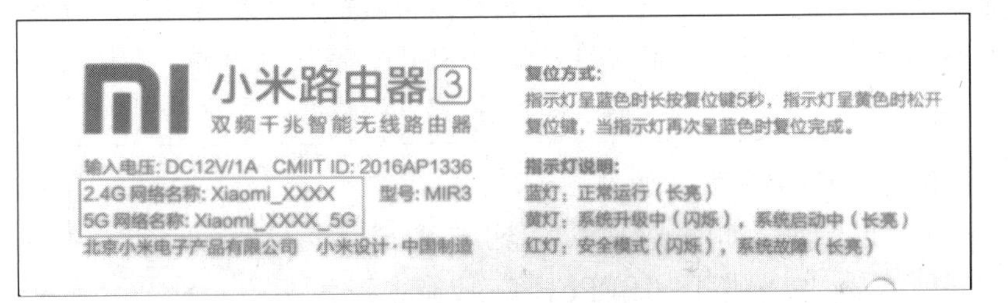

图 6-3　路由器默认网络名称

图 6-4　路由器管理 IP 地址

步骤 4：选择路由器工作模式。

进入路由器工作模式选择页面，如图 6-5 所示，单击“路由器工作模式（创建一个无线网络）”按钮。

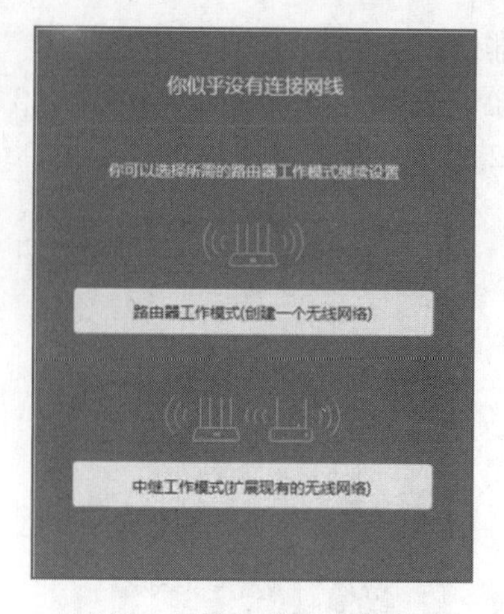

图 6-5　路由器工作模式

温馨提示

路由器工作模式，一般需要配置 PPPoE 拨号连接到外网，如果小区宽带提供了局域网的网口，直接在 WAN 口配置动态获取 IP 或静态 IP 即可。有线接口 WAN 接到 ADSL Modem 或者光纤“猫”提供的网口，所有的无线设备将使用无线路由器进行 IP 地址分配，它们形成一个单独的局域网，所有无线设备仅处在无线路由器的管理下。

中继工作模式用来扩展已有 AP 或无线路由器的信号覆盖范围。简单点理解就相当于信号放大器。需要配置前端路由器的 SSID，密码也一样。本模式适用于大面积场所。

步骤 5：设置 WiFi 名称和密码。

进入 WiFi 设置界面，如图 6-6 所示，输入 WiFi 名称“zonghuiqj”，输入 WiFi 密码“#xm123456”。单击“需要拨号（PPPoE）”按钮。

图 6-6　设置 WiFi 名称与密码

温馨提示

PPPoE 全称 Point to Point Protocol over Ethernet，意思是基于以太网的点对点协议，实质是以太网和拨号网络之间的一个中继协议。之所以采用该方式给小区计时/计流量用户，是为了方便计算时长和流量。

步骤 6：设置网络运营商提供的用户名与密码。

进入拨号设置页面，如图 6-7 所示，输入网络运营商提供的用户名与密码，单击“返回”按钮。

返回到如图 6-6 所示的 WiFi 设置界面，单击该页面的“下一步”按钮。

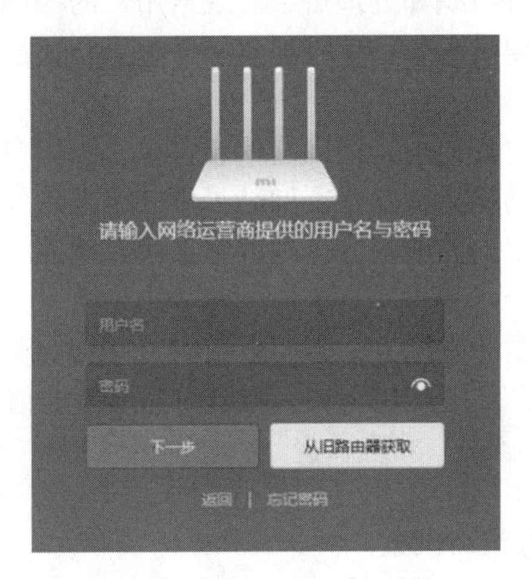

图 6-7　设置运营商拨号信息

步骤 7：设置管理密码。

进入路由器管理设置页面，如图 6-8 所示，在“位置”下拉列表选择“公司”，勾选“与 WiFi 密码相同”，单击“配置完成”按钮。

WiFi 创建成功，如图 6-9 所示。

图 6-8　管理设置

图 6-9　创建成功

任务二　使用搜索引擎

【任务引例】

为了配合众惠电脑官方旗舰店的国庆销售宣传活动，小张通过网络查找电子邮箱、即时通信工具、礼品等的相关资料，为后续继续完成任务做好准备工作。

【相关知识】

搜索引擎（Search Engine）是指根据一定的策略、运用特定的计算机程序从互联网上搜集信息，在对信息进行组织和处理后，展现给用户的一种网络服务。搜索引擎包括全文索引、目录索引、元搜索引擎、垂直搜索引擎、集合式搜索引擎、门户搜索引擎与免费链接列表等。

搜索引擎可以帮助用户方便地查询网络信息资源，当用户输入搜索关键词后，搜索引擎会返回成百上千个查询结果，这些查询结果不一定准确包含用户想要的信息。这不是搜索引擎没有用，而是用户没能很好地驾驭它，没有掌握它的使用技巧，才导致这样的查无所用的后果。

虽然不同搜索引擎提供的查询方法不完全相同，但它们都具有一些通用的查询方法，熟练地掌握这些查询技巧，才能运用自如，找到自己所需的信息。

【业务操作】

步骤 1：打开百度主页进行搜索。

打开 360 安全浏览器，在地址栏输入 http://www.baidu.com，如图 6-10 所示，在搜索文本框中输入“QQ”，单击“百度一下”按钮。

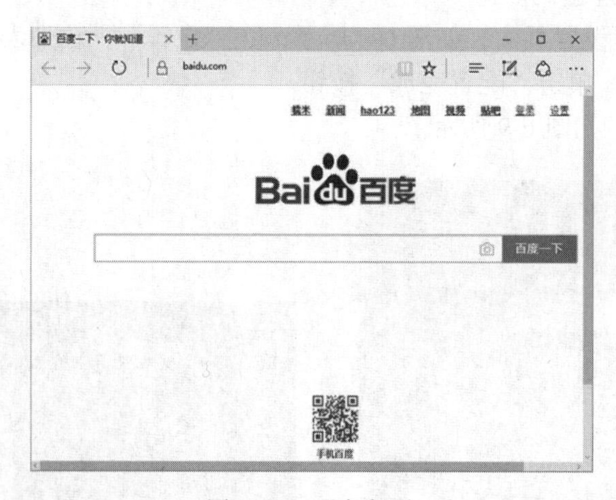

图 6-10　百度主页

拓展阅读

百度是全球最大的中文搜索引擎、最大的中文网站。1999 年底，身在美国硅谷的李彦宏看到了中国互联网及中文搜索引擎服务的巨大发展潜力，抱着技术改变世界的梦想，他毅然辞掉硅谷的高薪工作，携搜索引擎专利技术，于 2000 年 1 月 1 日在中关村创建了百度公司。

“百度”二字，来自八百多年前南宋词人辛弃疾的一句词：众里寻他千百度。这句话描述了词人对理想的执著追求。

百度拥有数万名研发工程师，是中国乃至全球最为优秀的技术团队。这支队伍掌握着世界上最为先进的搜索引擎技术，使百度成为中国掌握世界尖端科学核心技术的中国高科技企业，也使中国成为除美国、俄罗斯、和韩国之外，全球仅有的 4 个拥有搜索引擎核心技术的国家之一。

步骤 2：单击搜索结果进入腾讯官网。

百度搜索结果如图 6-11 所示，单击最上面一条搜索链接，进入腾讯官网。

图 6-11　查找 QQ 软件

温馨提示

使用搜索引擎搜索时会搜到大量与查询关键词“QQ”相关的网页链接，有的链接会诱导网民点击。网民要注意分辨真伪，避免被别有用心的网站钓鱼或者访问带有木马病毒的网站。

步骤 3：在腾讯官网下载软件。

在腾讯 QQ 官网首页，单击“软件”链接，如图 6-12 所示。找到 QQ 聊天软件，单击该软件进入下载过程，如图 6-13 所示。

图 6-12 腾讯官网首页

图 6-13 下载 QQ 软件

温馨提示

要想提高搜索内容的准确性，必须详细地描述要查找内容的关键字，描述得越详细，就越好找。若搜索使用多个关键字，则多个关键字之间可使用空格分开。

还可以通过逐步改进搜索关键词，提高搜索准确性。一次搜索并不能很准确地找到想要的东西，但是搜索返回的结果中，总有一点相关的内容，这个时候要充分利用相关的内容，作为引子给自己以启发，然后组成一个新的关键词继续搜索。通过这种环环相扣的递进搜索，更容易找到想要的信息。

另外，如果输入一个关键词，返回上万条搜索结果，而前两页结果页面中都没有想要的信息，这个时候最好是增加关键词重新搜索，而不是继续查看后续的结果页。

> 一般而言，当搜索引擎返回的结果记录数量是 1 000 项左右的时候，则较容易在前两页的条目中找到与查询需求较吻合的信息。

步骤 4：搜索 163 网站。

在百度搜索框中输入“163”，单击“百度一下”按钮进行搜索，搜索结果如图 6-14 所示。

图 6-14　163 邮箱网站

步骤 5：搜索淘宝网站。

在百度搜索框中输入“淘宝网”，单击“百度一下”按钮进行搜索，搜索结果如图 6-15 所示。

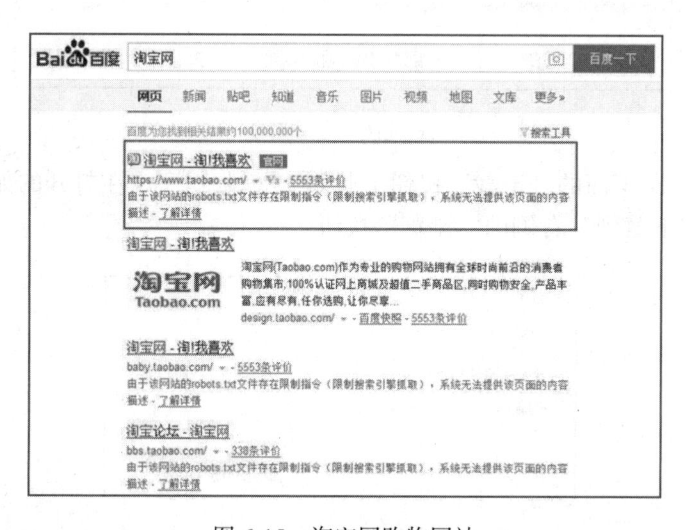

图 6-15　淘宝网购物网站

任务三　安装客户交流软件

【任务引例】

为了配合众惠电脑官方旗舰店的国庆销售宣传活动，小张按照总经理的要求给客服人员安装了即时通信工具 QQ，增加了客户沟通与交流平台，方便了员工之间的及时交流。

【相关知识】

腾讯 QQ（简称“QQ”）是腾讯公司开发的一款基于 Internet 的即时通信（IM）软件。腾讯 QQ 支持在线聊天、视频通话、点对点断点续传文件、共享文件、网络硬盘、自定义面板、QQ 邮箱等多种功能，并可与多种通信终端相连。

此外 QQ 还具有与手机聊天、传送离线文件、网络收藏夹、发送贺卡和储存文件等功能。QQ 不仅仅是简单的即时通信软件，它与全国多家寻呼台、移动通信公司合作，实现传统的无线寻呼网、GSM 移动电话的短消息互联，是国内最为流行、功能最强的即时通信（IM）软件。QQ 还能够提供企业成员内部沟通、多人会议、远程视频等办公需求。

【业务操作】

步骤 1：下载 QQ 软件。

打开 http://im.qq.com/download/ 网站，如图 6-16 所示。

图 6-16　下载 QQ

单击 QQ PC 版下面的“下载”按钮下载 QQ PC 版程序，在打开的如图 6-17 所示的对话框中单击“下载到”右侧的“浏览”按钮。

图 6-17　下载任务

在如图 6-18 所示的“浏览计算机”对话框中，选择“桌面”文件夹，单击“确定”按钮返回如图 6-17 所示的界面，在该界面中单击“下载”按钮进行下载。下载过程中会有下载进度提示，如图 6-19 所示。

图 6-18　路径选择

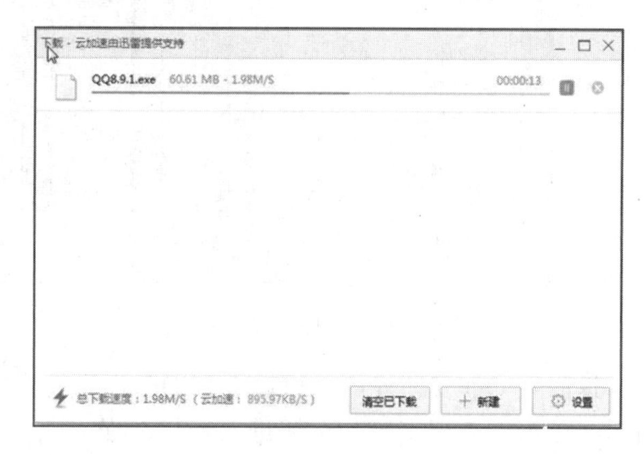

图 6-19　下载进度

步骤 2：安装 QQ 程序。

双击已下载的 QQ 安装程序，启动 QQ 安装过程，如图 6-20 所示，单击右下角的“自定义选项”按钮，展开如图 6-21 所示的界面。

图 6-20　QQ 安装

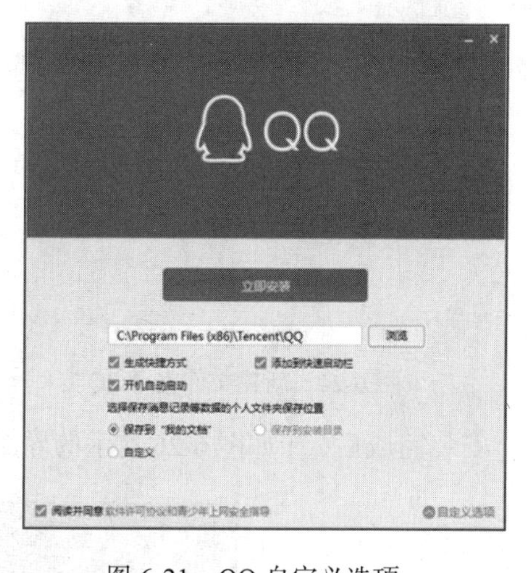

图 6-21　QQ 自定义选项

单击“浏览”按钮，在“浏览文件夹”界面，选择 D 盘，如图 6-22 所示。再单击该界面左下角的“新建文件夹”按钮，输入文件夹名“QQ”后，单击“确定”按钮，如图 6-23 所示。

图 6-22　选择路径

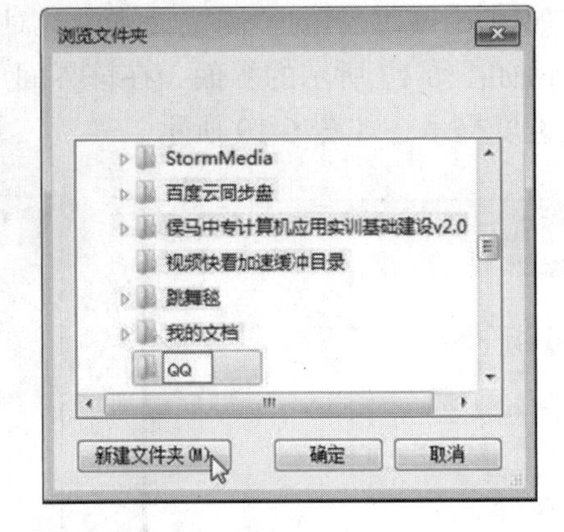

图 6-23　新建文件夹“QQ”

返回到 QQ 安装界面，可以看到 QQ 程序的安装路径被修改为“D:\QQ”，如图 6-24 所示。单击“立即安装”按钮进入安装过程。

安装过程会有安装进度显示，如图 6-25 所示。

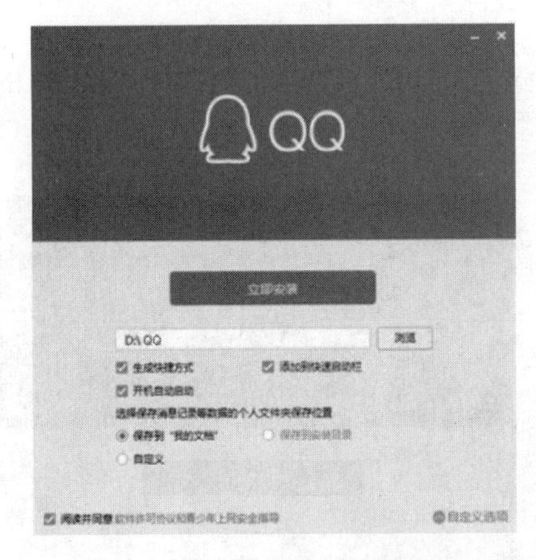

图 6-24　新建文件夹“QQ”

图 6-25　安装过程

安装完成后，在如图 6-26 所示的界面中单击“完成安装”按钮，结束 QQ 程序的安装。

图 6-26　完成安装

温馨提示

在图 6-26 中，选项“使用电脑管家金山套装，享双倍 QQ 等级加速”、“推荐安装最新版 QQ 浏览器”、“安装 QQ 音乐播放器”等为附带软件，与 QQ 本身无关。如果不需要安装此类软件，请在单击“完成安装”按钮前，切记去掉这些选项前面的“√”。

步骤 3：注册 QQ 账号。

QQ 程序安装完成后会自动运行该程序。在如图 6-27 所示的 QQ 启动界面中，单击“注册账号”。

在弹出的 QQ 注册页面中，输入昵称、密码、性别、出生日期、所在省市、手机号等，通过手机获取验证码并输入验证码，最后单击“立即注册”按钮，如图 6-28 所示。

图 6-27　注册账号

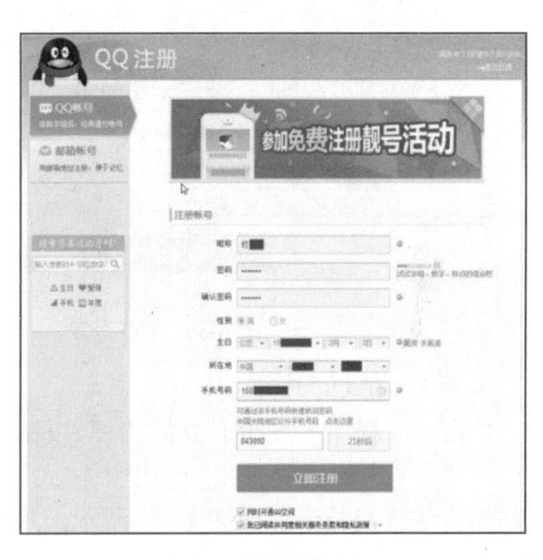

图 6-28　注册信息

QQ 账号注册成功后，出现如图 6-29 所示的界面，在该界面中单击“立即登录”按钮，进入 QQ 登录界面。

图 6-29　申请成功

步骤 4：登录 QQ。

在如图 6-30 所示的登录界面中，输入登录账号和密码，单击“登录”按钮。登录成功后，进入如图 6-31 所示的 QQ 程序主界面，该页面默认显示【联系人】页面。

图 6-30　QQ 登录

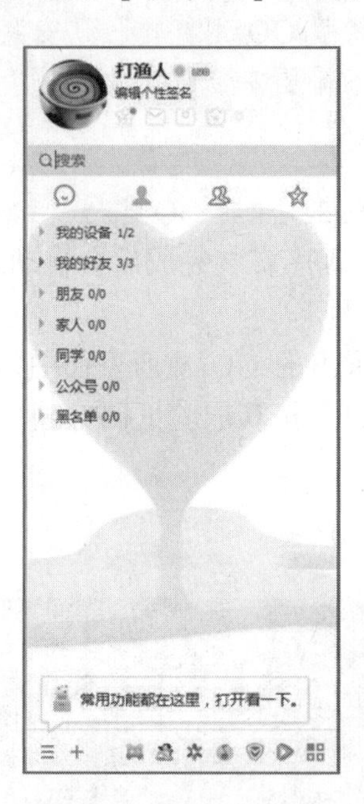

图 6-31　QQ 主界面

步骤 5：在 QQ 中添加好友。

单击 QQ 程序主界面下方的“+”按钮，如图 6-32 所示，进入添加好友界面。

在“找人”界面的查找搜索框中输入好友的 QQ 号，单击“查找”按钮，QQ 程序将返回相应的查找结果，如图 6-33 所示。单击该好友头像右下角的“+好友”按钮，向该好友提出添加好友的请求。

在该好友的“添加好友”界面中，输入该好友的“备注姓名”（备注姓名可用来标注 QQ 好友，以方便识别该好友），在“分组”中选择将该好友添加到 QQ 好友的哪个组中，如图 6-34 所示，单击“下一步”按钮。

图 6-32　添加好友

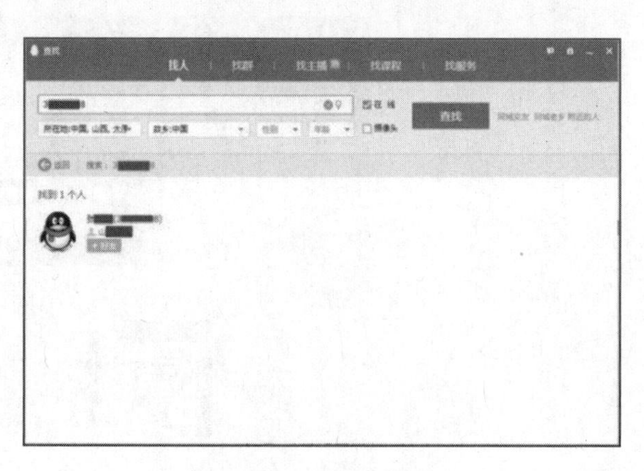

图 6-33　查找好友

在如图 6-35 所示的界面中，单击“完成”按钮。

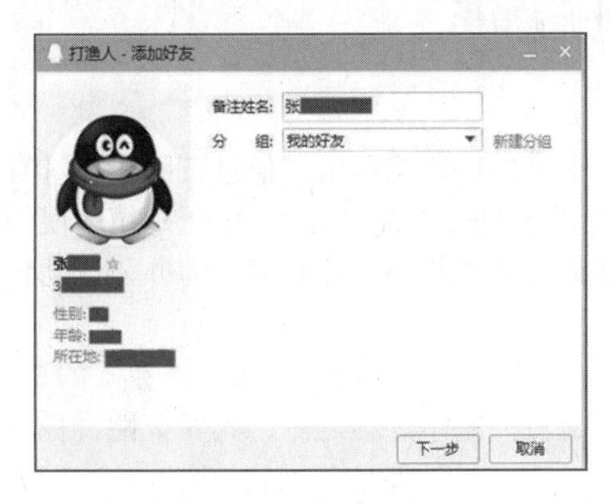

图 6-34 添加好友

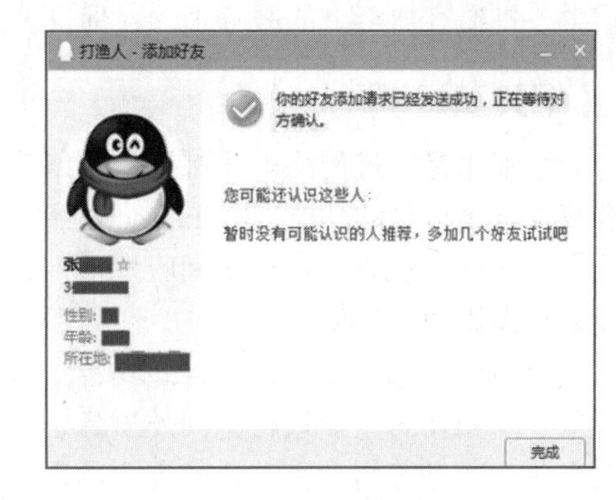

图 6-35 添加好友

步骤 6：查看已添加的好友。

当该好友通过添加申请后，在 QQ【联系人】页面，展开该好友所在的分组，可以看到已添加的好友，如图 6-36 所示。

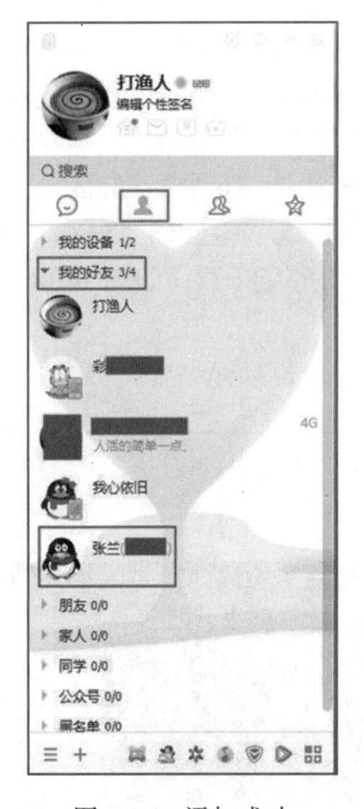

图 6-36 添加成功

任务四 群发国庆活动邀请函

【任务引例】

为了完成众惠电脑官方旗舰店的国庆销售宣传活动，小张按照总经理的要求给老客户发去了国庆活动邀请函，以期提前营造活动氛围，让老用户了解公司优惠细节，扩大影响力，打造客户至上的服务理念，促进公司业绩增长。

【相关知识】

电子邮箱是通过网络电子邮局为网络客户提供的网络交流电子信息空间。它具有存储和收发电子信息的功能，是 Internet 中最重要的信息交流工具之一。电子邮箱的使用可以让人们在任何地方、任何时间收发信件，从而大大地提高工作效率，为办公自动化、商业活动提供极大的便利。

邮箱地址格式：用户标识符@域名，其中：@是“at”的符号，表示“在”的意思。

电子邮箱作为企业进行国内外事务、商务交流的基本途径之一，其安全性、稳定性将对企业的商务等活动有着比较重要的影响。由于电子邮件具备可靠的追溯功能，便于形成文件档案，因此和“快捷”沟通方式如微信、QQ 等应加以区别应用。

通过本项目的学习，读者能够学会申请免费电子邮箱的操作方法，利用电子邮箱收、发电子邮件，完成日常办公。

【业务操作】

步骤 1：注册 163 邮箱。

打开浏览器，在地址栏输入 http://mail.163.com，如图 6-37 所示，单击“去注册”按钮。

进入邮箱申请界面，在注册界面中，单击“注册字母邮箱”，随后逐项填写：邮箱地址 sxtycz123，输入密码@123465（注：6~16 个字符，区分大小写），输入确认密码@123456；输入自己的手机号码，将验证码输入“验证码”框；单击“免费获取验证码”按钮，将手机收到的短信验证码输入“短信验证码”；如图 6-38 所示，最后单击“立即注册”按钮。

邮箱注册成功后的界面如图 6-39 所示。

图 6-37 163 邮箱主页

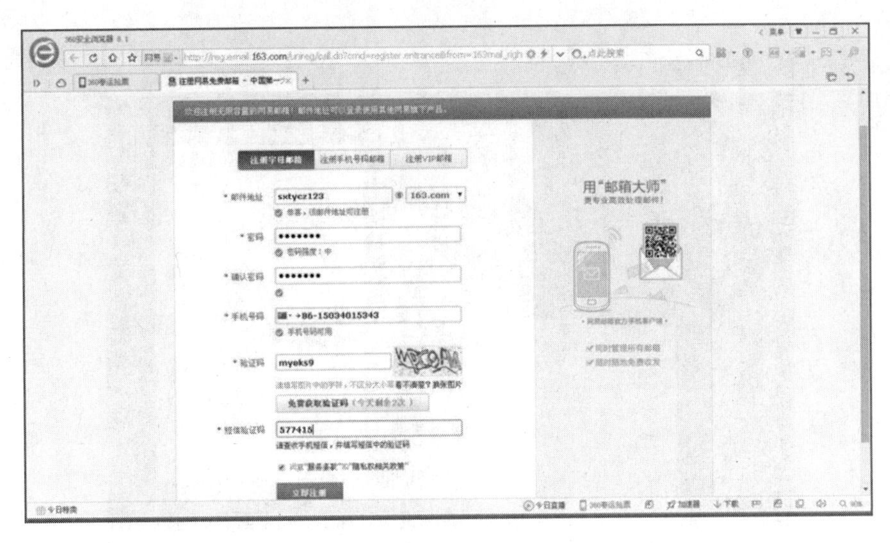

图 6-38 注册字母邮箱

图 6-39 注册成功

温馨提示

常用电子邮箱有：MSN mail（微软）、Gmail（谷歌）、35mail（35 互联）、Yahoo mail（雅虎）、QQ mail（腾讯）、FOXMAIL（腾讯）、163 邮箱（网易）、126 邮箱（网易）、188 邮箱（网易）、21CN 邮箱（世纪龙）、139 邮箱（移动）、189 邮箱（电信）。

申请邮箱时，每个网站对邮件地址和密码都有不同的要求，请务必按照该网站的要求进行输入。

步骤 2：登录 163 邮箱。

在 163 邮箱主页中，切换到“邮箱账号登录”页面，输入邮箱账号“sxtycz123”，密码“@123465”，如图 6-40 所示，单击“登录”按钮。登录邮箱成功后的界面如图 6-41 所示。

图 6-40　邮箱登录界面

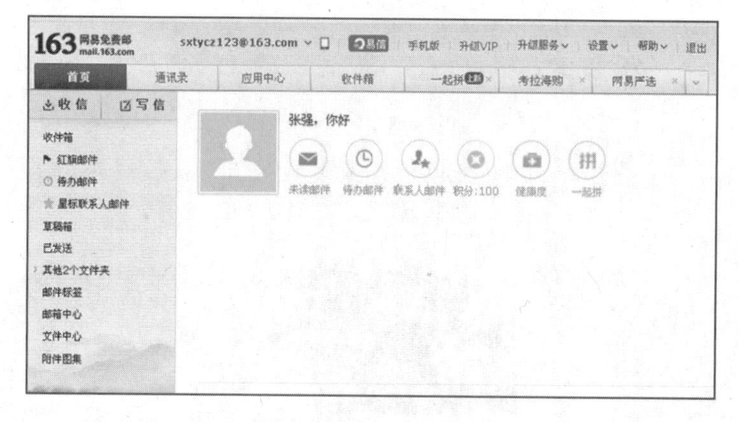

图 6-41　邮箱首页

步骤 3：设置电子名片。

单击【设置】菜单，在展开的菜单中选择【常规设置】，如图 6-42 所示。

在如图 6-43 所示的“常规设置”界面中，单击左侧菜单中的【签名/电子名片】，进入如图 6-44 所示的操作界面。

单击“新建文本签名”按钮，进入签名编辑页，按照图 6-45 录入相应信息，单击“保存并设为默认”按钮。

温馨提示

电子名片（vCard）是互联网中一种规范的文件传播格式，它主要是将传统纸质商业名片上的信息以一种标准格式在互联网中传播。在邮箱里，用户可以将它作为签名档或者是附件使用，为邮箱用户的人际交往提供便利。

图 6-42　设置菜单

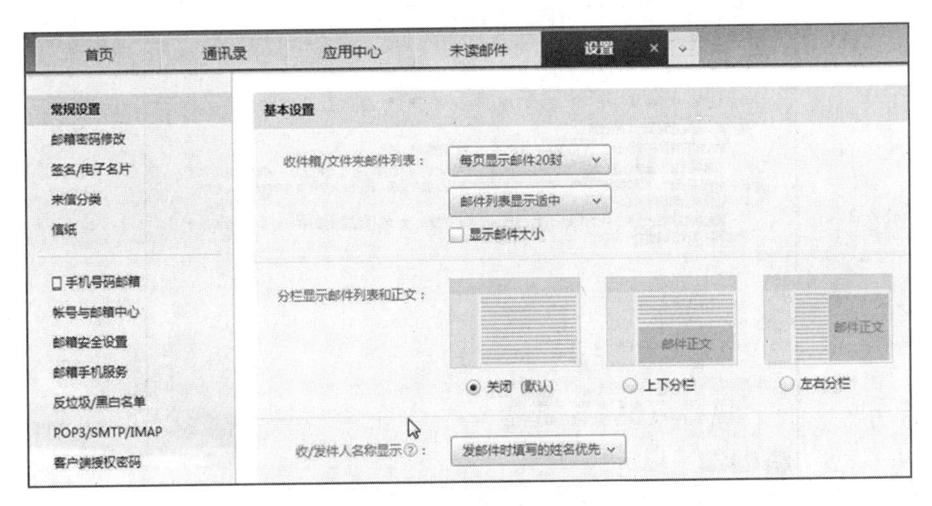

图 6-43　常规设置界面

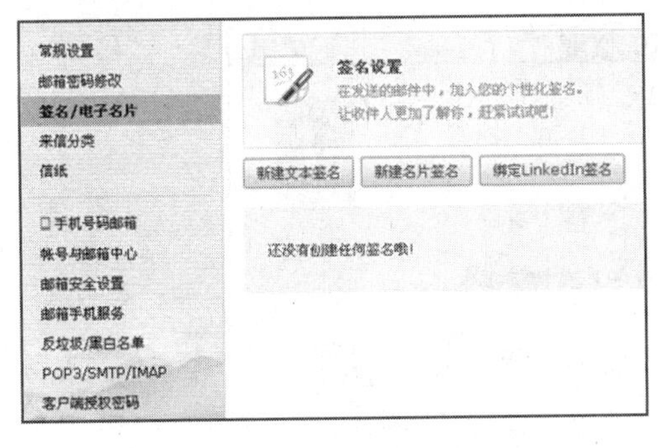

图 6-44　签名/电子名片

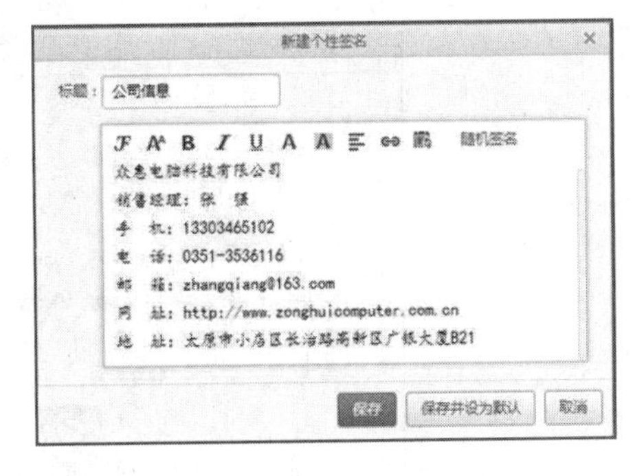

图 6-45　签名/电子名片

步骤 4：写信并发送。

单击“首页”选项卡，显示邮箱首页，如图 6-46 所示。

在“首页”选项卡下单击“写信”按钮，进入邮件内容编辑页面，填写收件人邮箱地址、邮件主题，输入国庆活动邀请函的文本，如图 6-47 所示。

单击“发送”按钮发送邮件。邮件成功发送后，系统会给出相应提示，如图 6-48 所示。

图 6-46　邮箱首页

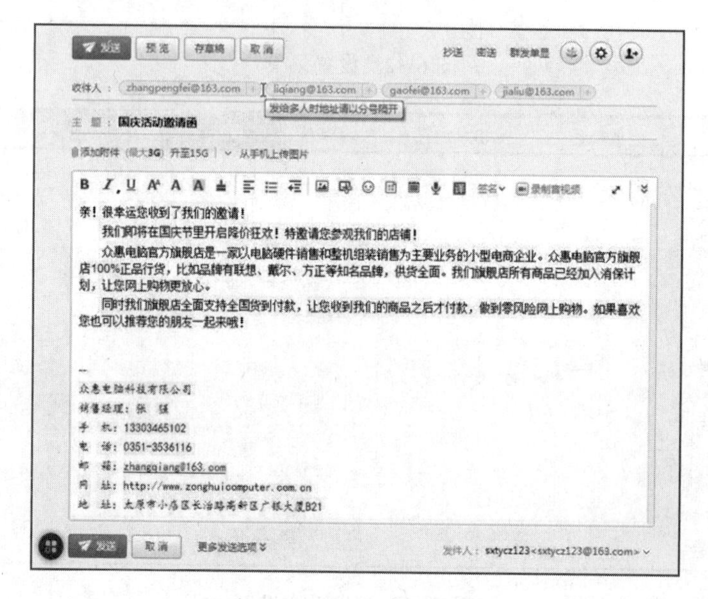

图 6-47　信件内容编辑界面

图 6-48　邮件发送成功界面

步骤 5：查收邮件。

如果收件方设置了邮件自动回复功能，那么在发送完信件后就可以收到对方的回复邮件。回到邮箱首页，单击“收信”按钮，可查收收到的信件，如图 6-49 所示。

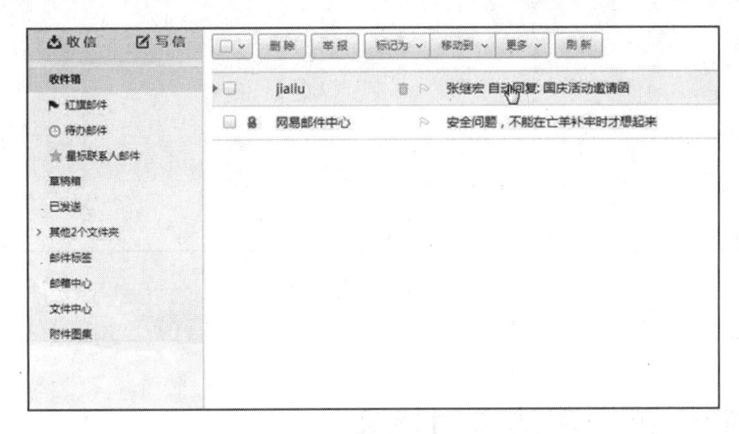

图 6-49　收件箱

单击图 6-49 中的“张继宏自动回复：国庆活动邀请函”，打开邮件，查看邮件内容，如图 6-50 所示。

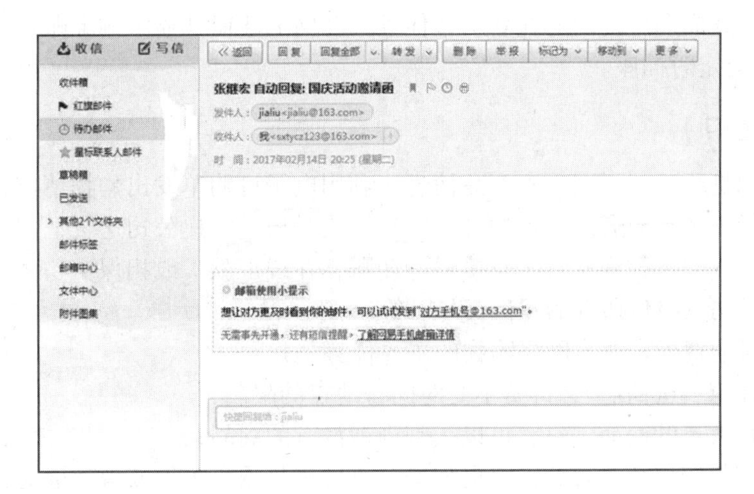

图 6-50　浏览邮件正文

温馨提示

要在一大堆信件中找到想要的信件并不轻松，“查找邮件”功能允许用户在多个文件夹中搜索邮件，以查找文件夹或子文件夹中的任何邮件，如图 6-51 所示。查找邮件的条件包括：谁发送的邮件、邮件的主题或标题、邮件中的文本等。

图 6-51 查找邮件

任务五 网络采购智能定时插座

【任务引例】

小张为了完成众惠公司的礼品采购任务，在网上注册开通了淘宝账户，通过网络采购了 50 个智能定时插座。

【相关知识】

网络购物是通过互联网检索商品信息，利用电子订购单发出购物请求，采用网络支付方式支付货款，厂商通过邮递的方式发货，或是通过快递公司送货上门。国内网络购物的一般付款方式是款到发货（直接银行转账，在线汇款）或担保交易（淘宝支付宝，百度百付宝，腾讯财付通等的担保交易）等。

首先，对消费者来说，网络购物的主要优势是：

- 可以在家“逛商店”，订货不受时间、地点的限制；
- 获得较大量的商品信息，可以买到当地没有的商品；
- 网上支付较传统拿现金支付更加安全，可避免现金丢失或遭到抢劫；
- 从订货、买货到货物上门无须亲临现场，既省时又省力；
- 由于网上商品省去租店面、招聘雇员及储存保管等一系列费用，总的来说其价格较一般商场的同类商品更便宜。

其次，对于商家来说，由于网上销售没有库存压力、经营成本低、经营规模不受场地限制等，在将来会有更多的企业选择网上销售，通过互联网对市场信息的及时反馈，适时调整经营战略，以此提高企业的经济效益和参与国际竞争的能力。

最后，对于整个市场经济来说，这种新型的购物模式可在更大的范围内、更广的层面上以更高的效率实现资源配置。

综上可以看出，网上购物突破了传统商务的障碍，无论对消费者、企业还是市场都有着巨大的吸引力和影响力，在新经济时期无疑是达到了“多赢”效果的理想模式。

【业务操作】

步骤 1：注册淘宝账户。

在浏览器地址栏中输入“www.taobao.com”，进入淘宝网首页。在淘宝首页右侧区域，单击“注册”按钮，如图 6-52 所示。

图 6-52　淘宝首页

在“注册协议”页面，单击“同意协议”按钮，如图 6-53 所示。

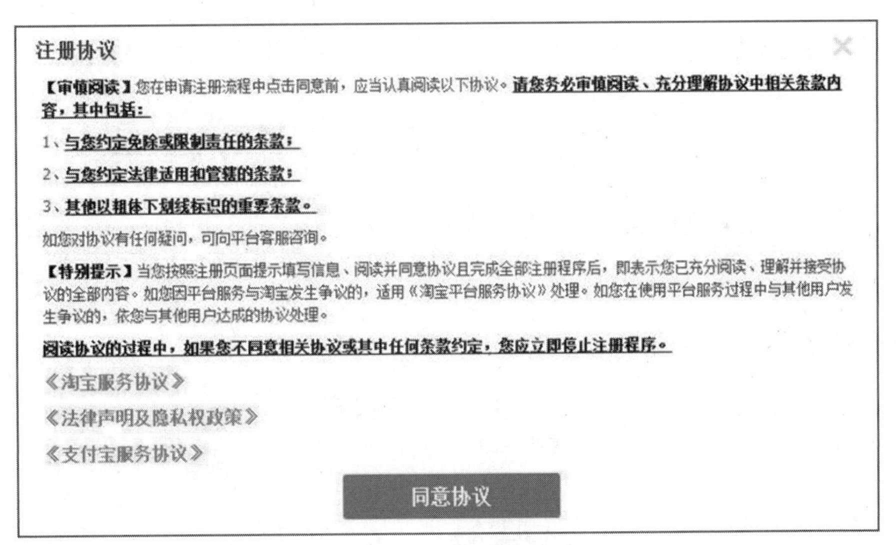

注册协议

【审慎阅读】您在申请注册流程中点击同意前，应当认真阅读以下协议。**请您务必审慎阅读、充分理解协议中相关条款内容，其中包括：**

1、**与您约定免除或限制责任的条款；**

2、**与您约定法律适用和管辖的条款；**

3、**其他以粗体下划线标识的重要条款。**

如您对协议有任何疑问，可向平台客服咨询。

【特别提示】当您按照注册页面提示填写信息、阅读并同意协议且完成全部注册程序后，即表示您已充分阅读、理解并接受协议的全部内容。如您因平台服务与淘宝发生争议的，适用《淘宝平台服务协议》处理。如您在使用平台服务过程中与其他用户发生争议的，依您与其他用户达成的协议处理。

阅读协议的过程中，如果您不同意相关协议或其中任何条款约定，您应立即停止注册程序。

《淘宝服务协议》

《法律声明及隐私权政策》

《支付宝服务协议》

同意协议

图 6-53　注册协议

在“设置用户名”页面，输入手机号，将验证滑块拖到最右边进行手机号验证，验证通过后，单击“下一步”按钮，如图 6-54 所示。

在如图 6-55 所示的界面中，输入手机收到的短信验证码，单击“确认”按钮。

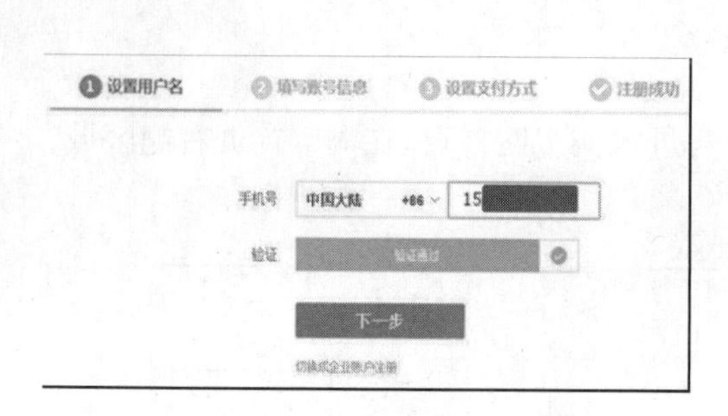

图 6-54　设置用户名

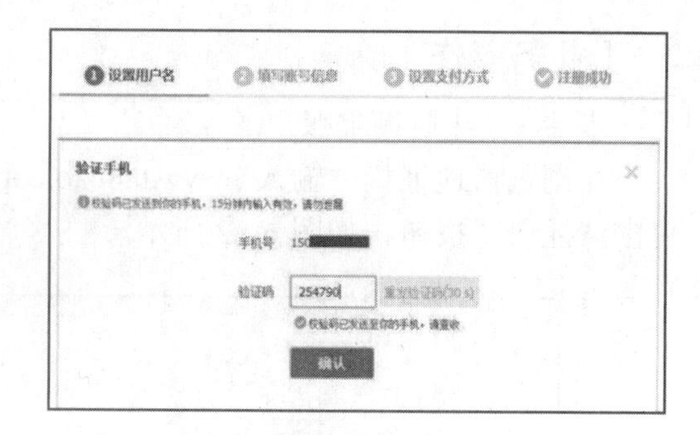

图 6-55　验证码确认

在“填写账号信息”页面，设置登录密码和会员名，单击“提交”按钮，如图 6-56 所示。

在“设置支付方式”页面，输入银行卡号、持卡人姓名、证件及证件号、手机号、校验码（校验码需要通过手机获取）、支付密码等，单击“同意协议并确认”按钮，如图 6-57 所示。

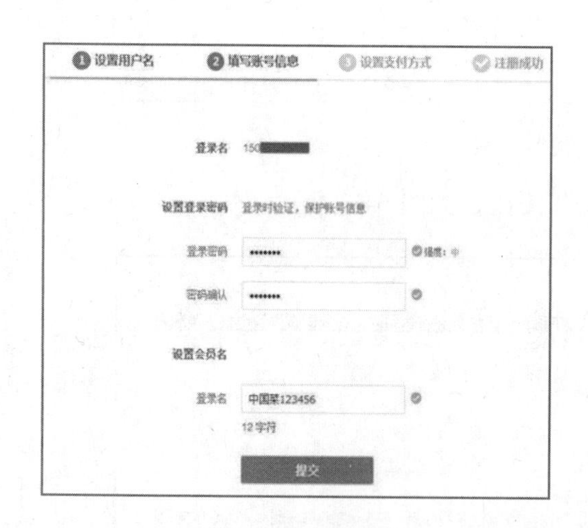

图 6-56　账号设置

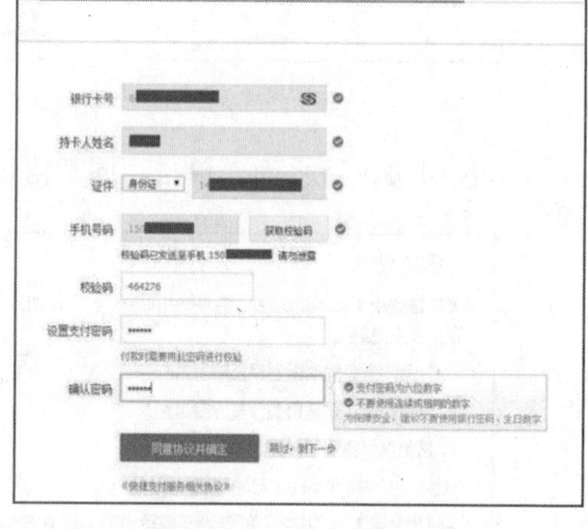

图 6-57　支付信息

注册成功后，自动使用该账号登录淘宝网，如图 6-58 所示。

图 6-58　注册成功

步骤 2：在淘宝网购物。

在淘宝首页的宝贝搜索栏中输入“智能定时插座”，单击“搜索”按钮，如图 6-59 所示。

图 6-59　淘宝搜索

温馨提示

淘宝网上有几十万种商品，要想快速找到想要的商品，可以使用搜索框搜索宝贝、搜索店铺或者在天猫中进行搜索。

在搜索结果页面中，选择插座品牌为“公牛”，选购热点为“预约定时”，如图 6-60 所示。

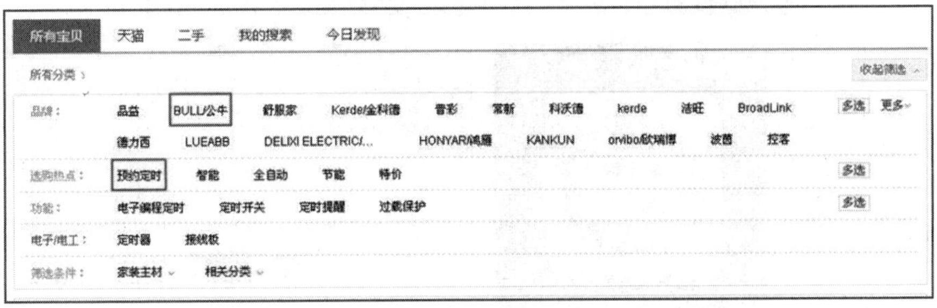

图 6-60　分类选择

单击销量重新排列产品顺序，这里选择销量好的商家进行购买。单击相应的产品图片或图片下方的文本链接，如图 6-61 所示。

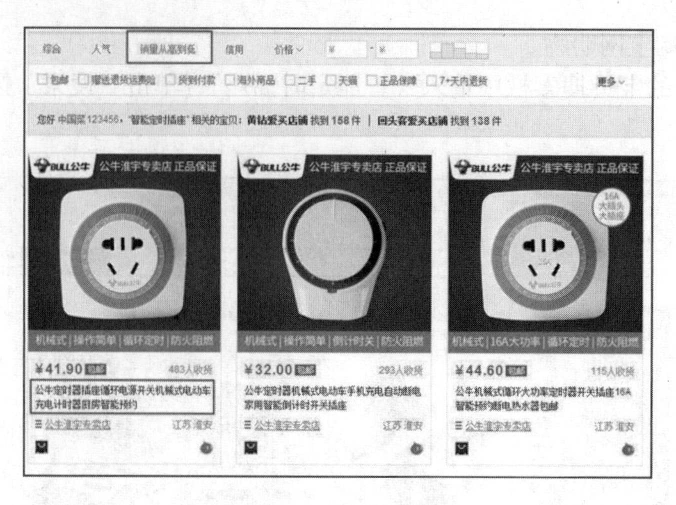

图 6-61　选择产品

温馨提示

按照淘宝商家或者产品排名规则，可以选择“人气由高到低”、“销量由高到低”、“信用从高到低”以及价格区间等筛选条件对商品进行排序显示。

进入该商品的详情页面，仔细甄别后，若决定购买该商品，则单击页面中的“立刻购买”按钮，如图 6-62 所示。

图 6-62　购买产品

温馨提示

搜到宝贝之后，可以单击商品链接进入商品的详细介绍页面，也可以进一步和掌柜沟通交流、询价砍价。购买商品时可以有两种选择，一是直接购买；二是将该商品先放入购物车，然后去购买其他商品，等要买的所有商品都放入购物车之后，再一起结算，这种购物过程有点像在超市买东西。

步骤 3：网上下订单。

在“创建收货地址”页面，输入收货人的相关信息后，单击“保存”按钮，如图 6-63 所示。

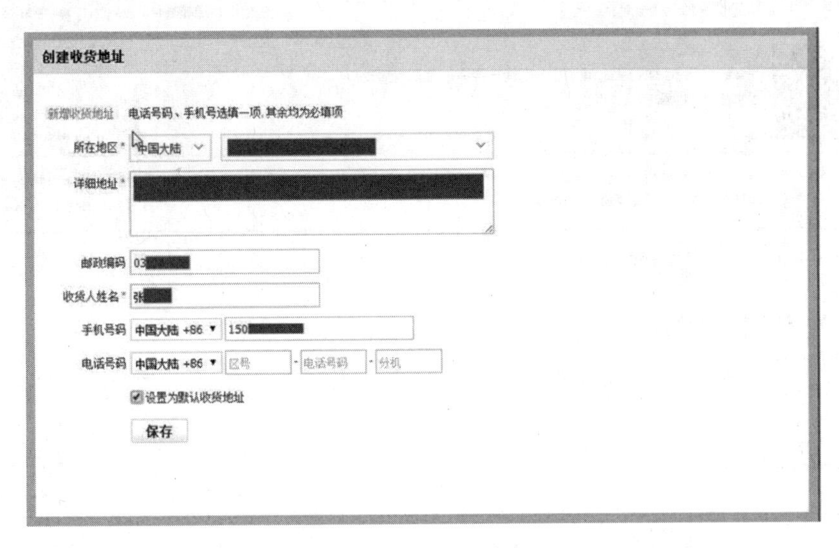

图 6-63　创建收货地址

确认所购的商品名称、规格、颜色、数量、价格等无误后，单击页面下方的“提交订单”按钮，如图 6-64 所示。

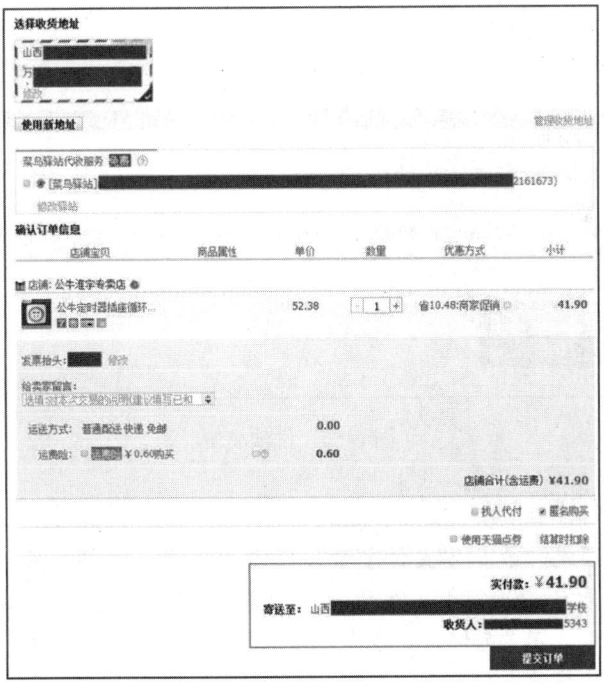

图 6-64　提交订单

步骤 4：网上支付货款。

在支付页面进行货款支付，如图 6-65 所示。

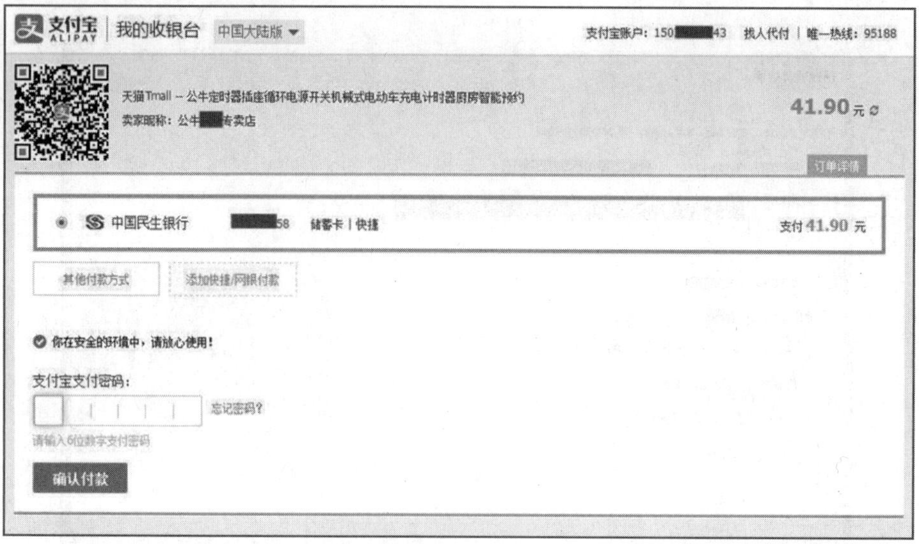

图 6-65 支付货款

支付成功后的界面如图 6-66 所示。

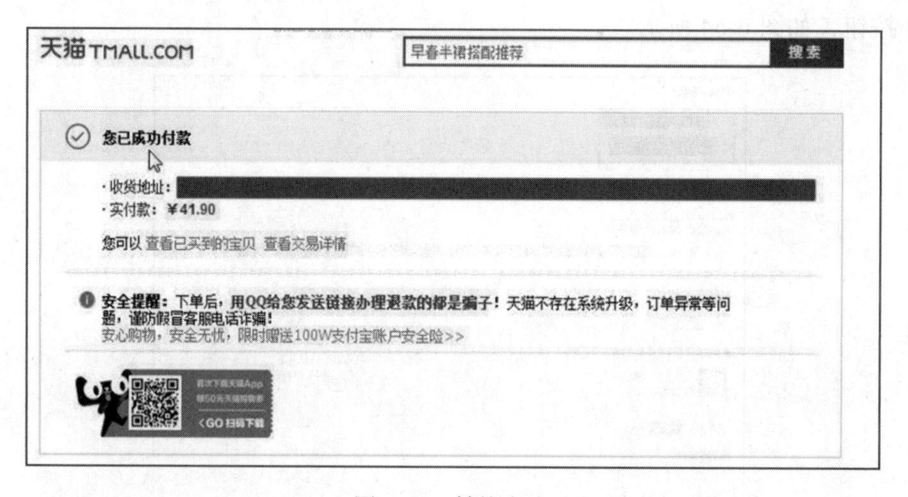

图 6-66 付款成功

拓展阅读

支付宝是国内领先的第三方支付平台，致力于提供“简单、安全、快速”的支付解决方案。支付宝公司从 2004 年建立开始，始终以“信任”作为产品和服务的核心。该公司旗下有“支付宝”与“支付宝钱包”两个独立品牌。自 2014 年第二季度开始支付宝成为当前全球最大的移动支付厂商。

支付宝主要提供支付及理财服务。包括网购担保交易、网络支付、转账、信用卡还款、手机充值、水电煤缴费、个人理财等多个领域。在进入移动支付领域后，支付宝为零售百货、电影院线、连锁超市和出租车等多个行业提供服务。

支付宝与国内外180多家银行以及VISA、MasterCard等国际机构建立战略合作关系，成为金融机构在电子支付领域最为信任的合作伙伴。

步骤5：查看跟踪订单。

回到淘宝网首页，单击“我的淘宝”进入“我的淘宝”页面，单击页面左侧“已买到的宝贝”链接，如图6-67所示，查看已购商品信息和订单执行进度信息。还可以通过“退款/退货”链接进行退款或退货处理。

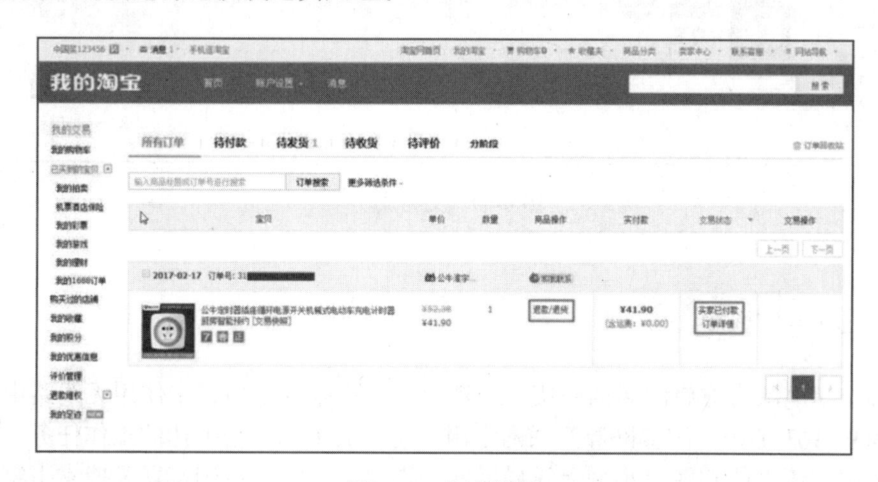

图6-67　订单详情

步骤6：确认收货并支付货款。

在若干天之后（快递一般是三天到五天时间），消费者收到了货物，并且确认货物没有问题后，可以登录淘宝网，进入“我的淘宝”——“已买到的宝贝”页面，单击已收货商品的“确认收货”，通知支付宝把货款转到卖家账户，如图6-68所示。

图6-68　支付店家货款

温馨提示

如果一直没收到货物或者收到的货物有问题，可以通过阿里旺旺聊天软件联系卖家协商解决，此时切记不要急着点击“确认收货”，等问题协商结束后再做处理。

步骤7：交易结束。

确认收货并将货款支付给商家后，商品交易结束，如图6-69所示。单击“追加评论”，可以在交易结束后针对本次交易体验对卖家进行评价。

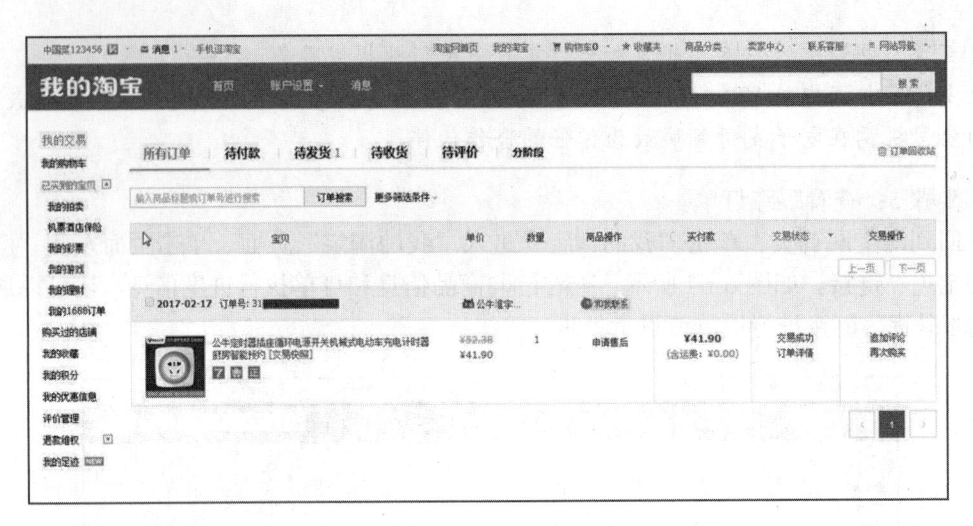

图 6-69 交易成功

项目小结

围绕众惠电脑官方旗舰店的国庆节促销活动，小张在本项目中使用无线路由器、浏览器、QQ、163 邮箱、淘宝网等互联网常用技能完成了总经理下达的工作任务。通过本项目的学习，读者能够解决小型无线局域网的搭建、熟练使用浏览器及搜索引擎、利用即时通信工具、电子邮件完成日常办公中的相关工作。

习题与实训

1．浏览新浪首页（网址：http://www.sina.com.cn/)，将该网页加入收藏夹，取名为“新浪主页”。

2．打开 www.hao123.com，在常用软件里面，下载歌曲播放软件“千千静听”。

3．使用百度搜索引擎检索“大学生心理健康论文”资料，并将该检索网页以“大学生心理健康论文.htm”命名保存到电脑桌面。

4．利用百度识图的功能，搜索一张相似图片。

5．通过 QQ 邮箱，创建一个邮件发送给自己的邻桌。正文为“你好!”，附件要求上传一张图片，邮件发送成功后，要将对方的邮件地址添加到邮箱通讯录中。收到邮件的一方，要求回复邮件，正文为“邮件已收到，谢谢你!”，并选用“美好回忆”信纸。

6．通过 QQ 模拟小企业视频会议的召开。

参考文献

[1] 孔令德，孔德瑾. 计算机公共基础实训指导[M]. 北京：高等教育出版社，2015.
[2] 孔令德，刘钢. 计算机公共基础. 第 2 版[M]. 北京：高等教育出版社，2011.
[3] 孙莲香. 会计电算化应用教程. 第 2 版[M]. 北京：高等教育出版社，2014.
[4] 杨涛，凌洪洋，董自上. 计算机组装与维护[M]. 北京：电子工业出版社，2016.
[5] 严争，疏凤芳. 计算机网络基础教程. 第 4 版[M]. 北京：电子工业出版社，2016.